城镇燃气供应系统产品系列标准应用实施指南

住房和城乡建设部标准定额研究所 编

中国建筑工业出版社

图书在版编目（CIP）数据

城镇燃气供应系统产品系列标准应用实施指南/住房和城乡建设部标准定额研究所编. —北京：中国建筑工业出版社，2019.12
ISBN 978-7-112-24399-0

Ⅰ.①城… Ⅱ.①住… Ⅲ.①城市燃气-供应-系统-产品标准-指南 Ⅳ.①TU996.5-62

中国版本图书馆 CIP 数据核字（2019）第 233561 号

责任编辑：卢泓旭
责任校对：芦欣甜

城镇燃气供应系统产品系列标准应用实施指南
住房和城乡建设部标准定额研究所　编

*

中国建筑工业出版社出版、发行（北京海淀三里河路 9 号）
各地新华书店、建筑书店经销
北京科地亚盟排版公司制版
北京君升印刷有限公司印刷

*

开本：787×1092 毫米　1/16　印张：13¼　字数：328 千字
2019 年 12 月第一版　2019 年 12 月第一次印刷
定价：**53.00** 元
ISBN 978-7-112-24399-0
（34874）

《城镇燃气供应系统产品系列标准应用实施指南》
编委会

主任委员：李　铮
副主任委员：展　磊　王　启
编制组组长：赵　霞　渠艳红
编制组成员：王洪林　赵自军　杨　罗　郑安力　吴文庆
　　　　　　孙　宁　解东来　潘　良　张惠锋　李河山
　　　　　　葛欣军　江　明　曹惠平
评审组成员：黄小美　吴小平　张金环　吴　永　史业腾
　　　　　　胡　宇　徐　毅

编　制　单　位

住房和城乡建设部标准定额研究所
中国市政工程华北设计研究总院有限公司
国家燃气用具质量监督检验中心
中国市政工程西南设计研究总院有限公司
特瑞斯能源装备股份有限公司
杭州万全金属软管有限公司
江苏诚功阀门科技有限公司
中国燃气控股有限公司
上海飞奥燃气设备有限公司
深圳市燃气集团股份有限公司
河北中石油昆仑天然气有限公司

前　言

　　城镇燃气供应系统是现代城镇赖以生存和发展的重要基础设施，是关系人民生活质量、城镇安全的重要市政公用事业，同时，也是城镇的生命线，关系到社会稳定和公共安全，在满足城市工业生产和居民生活能源供给，节约能源、减轻大气污染，保障城市发展发挥重要作用。

　　近年来，随着城镇建设的飞速发展，我国的燃气供应系统标准水平已逐步达到国际水平，形成了基本齐全的标准体系，为我国燃气供应系统技术发展和保证工程质量奠定了坚实基础。但是，在实际应用过程中还存在标准之间协调不够，部分标准内容适用性不强，一线从业人员对燃气供应系统产品相关标准了解不全面、理解不透彻、把握不准确等问题。为此，我所组织有关单位编写了《城镇燃气供应系统产品系列标准应用实施指南》（以下简称《指南》），用于指导燃气供应系统产品设计、加工制作、安装施工、监理、验收及使用维护人员准确理解燃气供应系统产品标准，并在实际工程中结合工程标准进行合理应用。

　　《指南》共分7章，对国内外城镇燃气供应系统产品标准进行了归纳和梳理，总结了城镇燃气供应系统产品设计、施工、验收、使用等环节的应用经验，对于燃气供应系统产品标准的应用实施具有重要的指导作用。第1章对国内外燃气供应系统标准的发展现状进行了概述；第2章对燃气供应系统用产品的分类、材料、性能、特点及其相关附件从标准应用角度进行了介绍；第3章对燃气供应系统产品从工程设计选用要求进行了解析；第4章介绍了燃气供应系统产品安装、施工及验收过程中相关标准的应用；第5章对燃气供应系统产品使用、管理及维护的相关标准及关键技术要求进行了介绍；第6章总结分析了燃气供应系统产品使用过程中常见的主要问题，并给出处理的建议；第7章分析了燃气供应系统产品未来技术发展、应用及标准需求情况。

　　《指南》编写及应用有关事项说明：

　　1. 本《指南》以目前颁布的燃气供应系统产品标准为立足点，以其在工程中的合理应用为目的编写；

　　2. 本《指南》重点介绍燃气供应系统产品相关标准的应用，对标准本身的内容仅作简要说明，详细内容可参阅标准全文，本《指南》不能替代标准条文；

　　3. 本《指南》对涉及的相关标准的状态进行了说明，也参考了部分即将颁布的标准，相关内容仅供参考，使用中仍应以最终发布的标准文本为准；

　　4. 本《指南》列出了燃气供应系统的工程案例，其目的是通过对案例中出现的问题进行分析，指导《指南》使用人员在实际工作中正确运用概念和技术，做到科学选材、合理设计、高效使用，避免同类错误的重复出现，切实提高燃气供应系统产品的质量；

　　5. 本《指南》中案例说明不得转为任何单位的产品宣传内容；

　　6. 本《指南》及内容均不能作为使用者规避或免除相关义务与责任的依据。

　　我所作为住房和城乡建设部工程建设标准化研究与组织机构，在长期标准化研究与管理经验的基础上，结合工程建设标准化改革实践，将组织相关领域的权威机构和人员，通过严谨的研究与编制程序，陆续推出各专业领域的系列标准应用实施指南，以作为指导广大工程技术与管理人员建设实践活动的重要参考，推进建设科技新成果的实际应用，引导工程技术发展方向，促进工程建设标准的准确实施。

　　由于城镇燃气输配系统涵盖内容广泛，书中选材、论述、引用等可能存在不当或错误之处，望请广大读者多加理解，并及时联系作者以便修正，以期在后续出版中不断完善。

住房和城乡建设部标准定额研究所

2019 年 6 月

目　录

第1章 概述

1.1 综述

我国城镇燃气供应系统标准化发展历史可追溯到我国燃气行业第一部标准《城市煤气设计规范》TJ 28—78 的诞生，该规范于 1978 年发布，并分别于 1983 年、2006 年、2012 年先后进行了修订，是奠定我国燃气行业技术发展的基础规范。以此规范为基础，在其初始发布后的 40 年中，先后出台了 140 余部工程规范和产品技术标准。40 年来，我国燃气工作者以燃气安全为己任，经过几代人的努力，燃气行业已逐步建立起以国家标准、行业标准、地方标准以及团体标准为组成的燃气标准化体系，并不断完善。随着我国从过去主要以人工煤气、液化石油气为气源的时代转为以压缩天然气、液化天然气以及管道天然气为主要气源的时代，我国燃气行业将与时俱进、不断创新技术和提高标准水平。

在城市气源方面，先后提出了城市煤气化、液化气掺混、液化天然气、压缩天然气等各类城镇燃气技术发展新模式和相关技术标准，并逐渐规范，加速推动了我国城镇燃气化发展；在燃气输配方面，规范并提升了燃气输配智能调度、地理信息等数字信息技术，燃气调压设备、聚乙烯管道材料、金属管道腐蚀保护等新装备、新材料技术，促进了我国燃气输配安全，相关产业集群产品销售规模和质量水平得到了大幅提升；在燃气应用方面，从淘汰直排燃气热水器、提出燃气灶具配置熄火保护到燃气燃烧器具通用安全技术要求等约 70 部产品技术标准的组织制定和实施，使我国燃气应用方面的安全形势得到了根本性的改善，也使我国燃气具制造行业产品质量水平达到国际领先水平，出口燃气具产品销售额逐年攀升。

20 世纪 50 年代，全国仅有 9 个煤气厂，供应用户不足 30 万户。之后数十年，由于我国经济相对较为薄弱，经济工作的目标主要是解决温饱问题，城镇燃气未纳入我国城市基础设施发展，发展较为缓慢。20 世纪 70 年代，国家城建总局在长春召开全国煤气工作会议，首次将城镇燃气供应和利用列入改善人民生活水平的基本任务之一。

20 世纪 80 年代，伴随人民生活的逐步改善和经济水平的提升，各个城市对燃气供应的需求变得愈加强烈，各地燃气气源主要依赖焦炭、炼钢、化肥、石油化工等工业的附属产品，基本上只能伴随其他化工工业发展而被动发展。该阶段，按照国家制定的以煤炭为主要能源的政策，燃气行业技术人员研究提出了大中城市煤气化途径的研究成果，研发完成各类以人工煤气制气设备工艺技术，基于人工煤气腐蚀性和抗震需求的铸铁管道柔性连接技术等一系列人工煤气供应和利用技术，技术成果支持了全国 150 余个城市的煤气化建设，这期间液化石油气瓶装供应技术得到发展，成为城镇燃气供应的生力军，基本解决了全国主要大中城市煤气化问题。

20 世纪 90 年代开始，我国城镇化规模快速发展，各类中小城市对城镇燃气的需求增高，气源短缺开始严重制约城镇化进程，城镇燃气进入寻求各类可用能源的发展阶段。为了满足市场需求，研究开发了液化石油气气化管道供应技术、液化石油气掺混气管道供应技术，油田伴生气、矿井气管道供应技术等。这期间天然气的探明储量和开采量也有了发展，全国大量新建或改扩建了液化石油气混气站、燃气储配站，相对缓解了城镇燃气的需求压力。

2000 年后，伴随国家优先使用绿色能源和促进天然气利用政策的出台，以及以陕气进京和西气东输为标志的长输管道天然气项目实施，我国城镇燃气发展进入了以天然气为主导气源的时代。发展方向开始向天然气高压储存技术、液化天然气储存技术、既有燃气管道安全利用、新型燃气管道材料研发、天然气优化合理利用方面拓展。这期间高压管道储气技术、埋地聚乙烯管道技术在全国得到应用；燃气管道监测监控、地理信息管理等数字化信息技术也有了较大发展；为解决小城镇和大用户的燃气需求，开发了压缩天然气供应技术、液化天然气瓶组供气技术、液化石油气瓶组供气技术等新型供应模式。

2010 年后，在我国新的能源和环保政策引导下，我国开始进口管道天然气，液化天然气进口数量也有大幅度提升，城镇燃气发展基本摆脱了气源紧缺的发展瓶颈。发展进入功能提升、安全便捷、绿色环保为主题的阶段。行业开展了天然气管网互联互通技术、燃气互换性质量控制技术、燃气智能监控调度技术、燃气管道抗灾减灾技术、燃气设备材料质量控制技术等一系列研究。在提升中国燃气燃烧器具质量方面也有了长足的进步，涌现出了一大批质量水平国际领先的世界知名品牌。

据国家能源局公布，2017 年，天然气消费在我国一次能源消费结构中已占比 7.3%，2018 年提高到 7.5% 左右，预计 2020 年将提高至 10%。如今我国已成为国际第三大天然气消费国，全国干线管道总里程达到 6.4 万公里，全国城镇天然气管网里程达到 43 万公里，用气人口 3.3 亿人。按国家十三五规划，未来干线里程还将提高到 10.4 万公里。

但由于近几年国家实施城镇化发展战略，城镇扩展太快，我国燃气基础设施步伐滞后，加之我国幅员辽阔，地区间经济发展、生活水平、生活习惯差异较大，地区间燃气供应系统发展差距较大。燃气标准如何更好地适应复杂的国情，产品标准如何更好地满足工程标准需求、与其配套协调以更好地发挥支撑作用，成为新时期燃气标准化工作领域的重点问题。

1.2 城镇燃气供应系统的分类及组成

城镇燃气供应系统是指包括天然气门站、液化石油气供应基地、人工煤气气源厂在内的，将燃气供应至用户的全部设施构成的系统。

1.2.1 按基本特征分类

城镇燃气供应系统的大类一般按下列基本特征划分：

（1）按城镇燃气供应气源的基本属性进行划分，为 3 大类，即天然气供应系统、液化石油气供应系统和人工煤气供应系统；

（2）按城镇燃气供应设施的基本形态特征进行划分，分 3 个基础类别，即气源厂（场）站系统、燃气输配管网系统和燃气终端用户系统。

将两类属性特征进行组合，城镇燃气供应系统可划分为天然气场站系统、液化石油气场站系统、人工制气厂系统；天然气输配管网系统、液化石油气输配管网系统、人工煤气输配管网系统；天然气用户系统、液化石油气用户系统、人工煤气用户系统等 9 个类别，可满足行业管理分类用途。

作为安全生产和技术管理需要，还需要根据燃气供应系统的多方面技术特征的基本属性进行更细致的分类。

1.2.2　按技术特征的基本属性分类

（1）燃气介质分类

如前文所述，我国城镇燃气主要划分为下列 3 大类：

天然气主要组分是甲烷（CH_4），其次是乙烷（C_2H_6）和少量的其他气体。主要来源是天然气气田气、石油伴生气、凝析气田气、煤层气，以及页岩气、矿井气、可燃冰、生物天然气和煤制天然气等。

按天然气储配方式分类，天然气可划分为管输天然气、压缩天然气、液化天然气三个类别。即：通过压力管道以气态输送的、运行压力一般小于 10MPa 的天然气，直接称为天然气或管输天然气；通过高压压缩机多级加压，储存压力一般大于 20MPa 的天然气，称之为压缩天然气；将天然气液化以液态形式储存和输送的天然气，称之为液化天然气。

液化石油气按来源分类，可划分为天然气液化石油气和炼厂液化石油气，前者从天然气和石油伴生气中分离获得，主要组分是丙烷（C_3H_8）和丁烷（C_4H_{10}）；后者从石油化工分馏制取，主要组分是丙烷（C_3H_8）、丁烷（C_4H_{10}）、丙烯（C_3H_6）和丁烯（C_4H_8）。

人工煤气主要组分是甲烷（CH_4）、氢（H_2）和一氧化碳（CO）。主要是指从制气厂或化工厂制备供应的燃气。主要包括焦炉煤气、发生炉煤气、油制气以及生物制气等。

国家现行标准对燃气规定了更为细致的分类指标要求。《城镇燃气分类和基本特性》GB/T 13611 基于用户终端燃烧设备的安全和节能环保、燃气可互换性能的要求，按燃气类别及其特征指标华白数规定了各类燃气的分类。从燃气质量控制角度出发，《天然气》GB 17820 按天然气发热量、总硫和硫化氢含量、水露点等指标将天然气划分为一类气和二类气，同样，《液化石油气》GB 11174 规定了液化石油气质量指标，《人工煤气》GB/T 13612 规定了人工煤气质量指标。上述各项国家标准在充分结合国情和国际贸易的前提下，与国际相关燃气分类和质量标准基本一致。

（2）燃气厂（场）站设施与系统分类

城镇燃气供应系统的燃气厂（场）站的分类按燃气介质类别划分为天然气场站、液化石油气场站、人工煤气厂等三大类，每大类按厂（场）站的功能特征进行分类，燃气厂（场）站设施划分见表 1-1。

燃气厂（场）站设施分类　　　　　　　　　　　　　　　　表 1-1

天然气场站	液化石油气场站	人工煤气厂
天然气城市门站	液化石油气储存站	人工煤气制气厂
天然气储配站	液化石油气储配站	油制气厂
压缩天然气储配站	液化石油气灌瓶站	生物质燃气制气厂

续表

天然气场站	液化石油气场站	人工煤气厂
压缩天然气瓶组供气站	液化石油气气化站	
压缩天然气汽车加气站	液化石油气混气站	
液化天然气储配气化站	液化石油气瓶组气化站	
液化天然气汽车加气站	液化石油气汽车加气站	
液化天然气瓶组气化站	液化石油气瓶装供应站	

注：在同一场站内运行多种燃气介质时，按主导气源类别归类。

从潜在风险控制管理角度，应对燃气场站进行规模分类，各类燃气场站可按燃气总储存量进行规模分级或分类。燃气场站规模可划分为重大危险源燃气场站、重点燃气场站和一般燃气场站。

燃气设计储存量超过按《危险化学品重大危险源辨识》GB 18218 折算规定的限值时，列为重大危险源燃气场站。其他场站按燃气储存规模和事故风险等级列为重点燃气场站和一般燃气场站。

燃气场站设施基本由燃气工艺系统、辅助工艺系统及安全和消防系统 3 大部分组成。

燃气工艺系统主要包括燃气接收或装卸设备系统、燃气储存设备系统、燃气调压设备系统、燃气加臭系统、燃气计量设备系统等，根据不同场站的功能需要，还会设置有燃气加压设备系统、燃气液化系统、燃气气化系统、燃气加气设备系统等。

辅助工艺系统主要包括：电源电力系统、热（冷）源系统、建筑通风系统、场区给水排水系统、监测监控仪表系统、避雷接地系统、腐蚀防护系统等。

安全和消防系统主要包括：燃气泄漏监测系统、事故应急系统、消防设施系统、安防监测系统等。

天然气场站主要燃气工艺设备及装置产品包括：除尘过滤设备、清管球接收装置、燃气调压设备、燃气计量设备、燃气加臭装置、燃气阀门、绝缘法兰等。根据功能和工艺需要，配置天然气加压设备、天然气储罐、天然气预热装置以及天然气液化设备装置等。液化石油气场站主要设备还包括储存设备、液化石油气槽车、液化石油气装卸设备装置、液化石油气罐装设备、液化石油气气化设备、液化石油气混气设备等。

燃气场站安全测控仪器仪表类主要产品包括：压力、流量、温度、液位、工位、气质等监测监控参数相关系统及产品。

（3）城镇燃气供应管网系统分类及组成

城镇燃气供应管网系统主要由市政燃气管道系统、庭院燃气管道系统和建筑燃气管道系统 3 部分组成。市政燃气管道系统是指在城市市政道路敷设的燃气管道系统，庭院燃气管道系统主要是指从市政燃气管道引入居住社区或大型用户庭院敷设的燃气管道系统，建筑燃气管道系统是指从庭院燃气管道引入燃气用户燃烧设备终端的燃气管道系统（通常是以用户燃气计量表为分界，将表后管道系统纳入燃气用户终端系统）。

《城镇燃气设计规范》GB 50028 规定了按燃气管道运行压力分级。天然气输配管道可划分为运行压力大于 4.0MPa 的超高压管道系统、运行压力小于等于 4.0MPa 大于 1.6MPa 的高压管道统、运行压力小于等于 1.6MPa 大于 0.4MPa 的次高压管道系统、运行压力小于等于 0.4MPa 大于 0.01MPa 的中压管道系统、运行压力不大于 0.01MPa

的低压管道系统。各等级压力管道系统之间用燃气调压设备连接，并设有超压保护控制措施。

按燃气管道敷设方式特征分类，燃气管道系统可划分为地上管道（架空或管廊）、地下管道（埋地、管沟）等类别。

按燃气管道材料属性特征划分，燃气管道系统又可划分为钢质燃气管道系统、铸铁燃气管道系统、聚乙烯燃气管道系统等。

基于上述各属性的组合特征，可将燃气管道系统进行更细类的划分。如，将某燃气管道系统，称之为天然气次高压埋地钢质管道系统、天然气中压埋地聚乙烯管道系统等。

城镇燃气供应管网系统除了输送燃气的燃气管道外，还包括为实现燃气安全供应的燃气调压设备设施、分段阀门设备设施、管道腐蚀防护系统、燃气监控系统以及管理设施等。

燃气输配管网系统主要设备装置产品包括：燃气工艺管道及管路附件、燃气调压设备、燃气管道腐蚀防护装置、燃气阀门、管道补偿器及监测设备等。

（4）城镇燃气终端用户系统分类及组成

燃气终端用户系统类别按运行燃气介质特征分类，划分为天然气用户、液化石油气用户、人工煤气用户等类别；按燃气用户主体特征分类，划分为燃气工业用户设施、燃气商业用户设施和燃气居民用户设施 3 个大类。

燃气工业终端用户主要包括：燃气热电联产用户、燃气供暖用户、燃气空调用户、燃气工业炉窑用户、燃气锅炉及燃气加工利用用户等类别。

燃气商业终端用户按燃气用户类别属性分类，可划分为公福用户、酒店用户、一般餐饮用户等；也可按燃气燃烧设备基础属性划分，划分为燃气锅炉用户、燃气空调用户、燃气炊事用户等。

燃气居民终端用户一般划分为一般建筑和高层建筑用户。

燃气供应系统终端主要设备产品包括：燃气工艺管道及管路附件、燃气过滤设备、燃气调压设备、燃气计量设备、燃气阀门及安全切断阀门、管道补偿器及监测监控系统仪器仪表等。重点工商业和居民用户配置燃气泄漏报警、事故预警切断及通风等系统产品。

1.3 国内燃气供应系统标准发展现状

国外的燃气工程规范均为基于管道的，如美国 ASME/ANSI B31.8《输气和配气管道系统》、欧洲 EN 1594《燃气供应系统 最大工作压力大于 16bar 的管道 功能要求》、EN 12007《燃气供应系统 最大工作压力小于等于 16bar 的管道 功能要求》，因而本部分主要基于燃气管道规范进行分析。

城镇燃气是易燃、易爆、有一定毒性的介质。城镇燃气系统包括气源、输配和应用 3 个组成部分，其输送管道为公用管道中的 GB1 类压力管道。

压力管道在我国属于特种设备范畴，根据《特种设备安全监察条例》，压力管道是指利用一定的压力，用于输送气体或者液体的管状设备，其范围规定为最高工作压力大于或等于 0.1MPa（表压）的气体、液化气体、蒸汽介质或可燃、易爆、有毒、有腐蚀性、最高工作温度高于或等于标准沸点的液体介质，且公称直径大于 50mm 的管道。因而，适用情况下有关特种设备的法律法规必须遵守。

我国城镇燃气使用的气源起步于人工煤气，伴随国家西气东输伟大工程的实施，现已发展成包括人工煤气、天然气、液化石油气、掺混气和沼气等多种气源共存，以天然气为主体的发展阶段。近几年我国陆续兴建液化天然气工程供气，大力开发页岩气气田，未来还将开采可燃冰作为城镇燃气气源。

1.3.1 国内燃气供应系统法规体系

中国的标准管理体制以前基本上延续着苏联的做法，即技术法规和技术标准由国家统管，分为国家标准、行业标准、地方标准和企业标准四级，新《标准化法》修订实施后，增加了团体标准，因而我国目前是五级标准体系。国家标准由国务院或国务院标准化行政主管部门发布，在全国范围内实施；行业标准由国务院有关行政主管部门发布，在全国某一行业内实施，同时报国务院标准化行政主管部门备案；地方标准由地方（省、自治区、直辖市）标准化主管部门发布，在某一地区内实施，同时报国务院标准化行政主管部门备案，并由国务院标准化行政主管部门通报国务院有关行政主管部门；团体标准由学会、协会、商会等社会团体制定，在本团体成员约定采用或供社会自愿采用；企业标准由企业单位根据自身需要制定或与其他企业联合制定，在本企业内或联合企业内实施。当前，我国实行的是强制性标准与推荐性标准相结合的标准体制。

我国的标准化行政主管部门为国家标准化管理委员会，属特种设备范畴的由特种设备安全监察局分管，燃气供应系统的行政主管部门为住房和城乡建设部。

（1）燃气供应系统法规体系

1）《中华人民共和国石油天然气管道保护法》，2010年

2）《城镇燃气管理条例》，2016年

3）《中华人民共和国特种设备安全法》，2013年

4）《中华人民共和国安全生产法》，2014年

5）《中华人民共和国产品质量法》，2018年

6）《特种设备安全监察条例》，2009年

7）《危险化学品安全管理条例》，2013年

（2）燃气供应系统安全技术规范

1）TSG D0001—2009《压力管道安全技术监察规程——工业管道》

2）TSG D2001—2006《压力管道元件制造许可规则》

3）TSG D2002—2006《燃气用聚乙烯管道焊接技术规则》

4）TSG D7001—2013《压力管道元件制造监督检验规则》

5）TSG D7002—2006《压力管道元件型式试验规则》

6）TSG D7004—2010《压力管道定期检验规则——公用管道》

7）TSG D7005—2018《压力管道定期检验规则——工业管道》

8）TSG D6001—2006《压力管道安全管理人员和操作人员考核大纲》

9）TSG ZF001—2006《安全阀安全技术监察规程》/（TSG ZF001—2006 第1号修改单）

10）TSG 21—2016《固定式压力容器安全技术监察规程》

1.3.2 国内燃气供应系统标准体系

（1）我国燃气供应系统标准体系发展历程简介

1993 年，建设部标准定额研究所组织编制了包括"城镇燃气标准体系表"在内的"建设部技术标准体系表"，其中包括工程标准体系表和产品标准体系表，该体系在竖向分为综合基础标准、专业基础标准、通用标准、专用标准 4 个层次；在横向分为燃气气质与气量、燃气气源、燃气储存与输配、燃气应用、燃气安全与管理 5 个门类。

2002 年，为适应标准体制改革和加入 WTO 的需要，建设部全面部署编制了《工程建设标准体系——城乡规划、城镇建设、房屋建筑部分》，其中包括"城镇燃气专业"，建设部建标［2003］1 号文发布该体系，自 2003 年 1 月 2 日起实施。体系分为基础标准、通用标准、专用标准 3 个层次，按工艺流程分为燃气气源、燃气储存与输配、液态燃气储存与输配、燃气应用 4 个门类。

2005 年，为促进城镇燃气事业的发展，确保燃气安全生产、输送和使用，建设部（建标函［2005］84 号）下达了修订"工程建设标准体系（城乡规划、城镇建设、房屋建筑部分）"的计划，修订进一步完善既有工程标准体系。

2007 年，建设部（建标［2007］127 号）又下达了"城镇建设产品标准体系"的制订计划，对城镇燃气产品标准体系进行了系统制订。

（2）燃气供应系统工程标准体系基本框架

目前，我国燃气供应系统工程标准体系纵向分为三个层次：基础标准、通用标准和专用标准。横向对通用标准和专用标准分为城镇燃气厂站、城镇燃气管道、城镇燃气应用和城镇燃气运行管理 4 个门类，共同组成了我国燃气供应系统工程标准体系框架。

在国家工程建设标准体系中，城乡建设领域标准共 574 项（含在编、规划），燃气工程占 34 项。在 34 项（含在编、规划）燃气工程标准中，综合标准 2 项、基础标准 8 项、通用标准 14 项以及专用标准 10 项，此体系表为开放式。

《标准化法》实施促进了团体标准的发展，也明确了团体标准的法律地位。近几年我国燃气行业陆续制订了一批团体标准，与燃气供应系统相关的有 14 项，是我国燃气行业国家标准、行业标准的有效补充。

我国城镇燃气供应系统工程相关标准见表 1-2。

我国城镇燃气供应系统相关工程标准 表 1-2

序号	标准编号	标准名称	标准级别	标准状态	备注
1	GB 50494—2009	城镇燃气技术规范	国标	现行	综合标准
2	GB ×××	城乡燃气工程项目规范	国标	在编	
3	GB/T 50680—2012	城镇燃气工程基本术语标准	国标	现行	基础标准
4	GB/T 36263—2018	城镇燃气符号和量度要求	国标	现行	
5	GB/T 13611—2018	城镇燃气分类和基本特性	国标	现行	
6	GB 17820—2018	天然气	国标	现行	
7	GB 11174—2011	液化石油气	国标	现行	
8	GB/T 13612—2006	人工煤气	国标	现行	
9	CJJ/T 130—2009	燃气工程制图标准	行标	现行	
10	CJJ/T 153—2010	城镇燃气标志标准	行标	现行	

续表

序号	标准编号	标准名称	标准级别	标准状态	备注
11	GB 50028—2006	城镇燃气设计规范	国标	现行	
12	GB 51102—2016	压缩天然气供应站设计规范	国标	现行	
13	GB×××	液化天然气供应站设计规范	国标	在编	
14	GB 51142—2015	液化石油气供应工程设计规范	国标	现行	
15	GB 51208—2016	人工制气厂站设计规范	国标	现行	
16	GB/T 51063—2014	大中型沼气工程技术规范	国标	现行	
17	GB×××	天然气液化工厂设计规范	待定	待编	通用标准
18	GB×××	城镇燃气输配工程设计规范	国标	在编	
19	GB×××	城镇燃气用户工程设计规范	国标	在编	
20	CJJ 33—2005	城镇燃气输配工程施工及验收规范	行标	现行	
21	CJJ 94—2009	城镇燃气室内工程施工与质量验收规范	行标	现行	
22	GB×××	城镇燃气室内工程施工与质量验收标准	国标	在编	
23	CJJ 51—2016	城镇燃气设施运行、维护和抢修安全技术规程	行标	现行	
24	GB/T 50811—2012	燃气系统运行安全评价标准	国标	现行	
25	CJJ/T 148—2010	城镇燃气加臭技术规程	行标	现行	
26	CJJ 63—2018	聚乙烯燃气管道工程技术标准	行标	现行	
27	CJJ 95—2013	城镇燃气埋地钢质管道腐蚀控制技术规程	行标	现行	
28	CJJ/T 250—2016	城镇燃气管道穿跨越工程技术规程	行标	现行	
29	CJJ/T 147—2010	城镇燃气管道非开挖修复更新工程技术规程	行标	现行	
30	CJJ/T 259—2016	城镇燃气自动化系统技术规范	行标	现行	
31	CJJ 12—2013	家用燃气燃烧器具安装及验收规程	行标	现行	
32	CJJ/T 146—2011	城镇燃气报警控制系统技术规程	行标	现行	
33	CJJ/T 216—2014	燃气热泵空调系统工程技术规程	行标	现行	
34	CJJ/T 215—2014	城镇燃气管网泄漏检测技术规程	行标	现行	
35	T/CECS 215—2017	燃气采暖热水炉应用技术规程	团标	现行	
36	CECS 264—2009	建筑燃气铝塑复合管管道工程技术规程	团标	现行	专用标准
37	CECS 364—2014	建筑燃气安全应用技术导则	团标	现行	
38	T/CECS 518—2018	城镇燃气用二甲醚应用技术规程	团标	现行	
39	CECS 415—2015	预制双层不锈钢烟道及烟囱技术规程	团标	现行	
40	CECS 461—2016	双卡压式连接不锈钢燃气管道技术规程	团标	现行	
41	T/CECS 519—2018	燃气取暖器应用技术规程	团标	现行	
42	T/CECS 583—2019	商用燃气燃烧器具应用技术规程	团标	现行	
43	T/CECS×××	楼栋燃气调压箱应用技术规程	团标	在编	
44	T/CECS×××	管道燃气自闭阀应用技术规程	团标	在编	
45	T/CECS×××	室内燃气不锈钢波纹软管工程技术规程	团标	在编	
46	T/CECS×××	管道燃气用户安全巡检技术规程	团标	在编	
47	T/CECS×××	提纯制备生物天然气工程技术规程	团标	在编	
48	T/CCES×××	燃气管网泄漏评估技术规程	团标	在编	

（3）城镇燃气供应系统产品标准体系基本框架

1）我国燃气供应系统产品标准体系现状

目前中国的燃气产品标准整体比较完备。虽然所遵循的强制性标准和推荐性标准（自愿性标准）中已有相当一部分与欧盟燃气技术法规和自愿性标准形成了对应关系，其中包括《城镇燃气调压器》GB 27790 与欧盟 EN 334 的对应，但仍存在下述几点问题：

① 由于产品标准是为工程建设服务的，工程建设及其相应的产品在近几年发展相当迅速，相应的产品标准与之相比，却面临制订工作滞后的问题。比如应用产品中燃气过滤器等部件，虽然被燃气广泛应用多年，相应的产品标准也是近几年才开始制订。

② 产品标准体系中燃气供应系统相关标准尚需进一步完善和补充。一方面由于标准管理过程中，考虑不够全面，导致某些配套产品标准欠缺，整体欠缺；另一方面也和行业技术水平相比国外先进国家较低有关。

③ 气源输配产品标准与应用产品标准的不平衡。两者相比，输配产品通用技术标准较少，如 LNG 等新兴领域的产品标准尚需制订。

2）我国城镇燃气供应系统产品标准体系基本框架

目前，燃气行业主要分气源、输配和应用 3 大领域，而产品标准正好与此相对应，所以本体系的通用标准和专用标准也是主要根据这 3 大领域来划分。

本体系中含有产品标准 85 项。其中，综合标准 2 项、基础标准 4 项、通用标准 7 项和专用标准 72 项；本体系表是开放性的，产品标准的名称、内容和数量均可根据需要而适时调整，见表 1-3。

我国城镇燃气供应系统相关产品标准　　　　　　　　表 1-3

序号	标准编号	标准名称	标准级别	标准状态	备注
1	GB 29550—2013	民用建筑燃气安全技术条件	国标	现行	综合标准
2		燃气输配设备安全基本技术要求	国标	在编	
3	GB/T 36263—2018	城镇燃气符号和量度要求	国标	现行	基础标准
4	CJ/T 3069—1997	城镇燃气计量单位和符号	行标	现行	
5	GB/T 13611—2018	城镇燃气分类和基本特性	国标	现行	
6	CJ/T 513—2018	城镇燃气设备材料分类与编码	行标	现行	
7	GB 17820—2018	天然气	国标	现行	通用标准
8	GB 11174—2011	液化石油气	国标	现行	
9	GB/T 13612—2006	人工煤气	国标	现行	
10	GB 18047—2017	车用压缩天然气	国标	现行	
11	GB/T 19204—2003	液化天然气的一般特性	国标	现行	
12	GB 25035—2010	城镇燃气用二甲醚	国标	现行	
13	CJ/T 341—2010	混空轻烃燃气	行标	现行	
14	GB/T 25358—2010	石油及天然气工业用集装型回转无油空气压缩机	国标	现行	专用标准
15	JB/T 11422—2013	汽车加气站用液压天然气压缩机	行标	现行	
16	GB/T 25360—2010	汽车加气站用往复活塞天然气压缩机	国标	现行	
17	GB 150—2011	压力容器（所有部分）	国标	现行	
18	GB 5842—2006	液化石油气钢瓶	国标	现行	
19	GB/T 33147—2016	液化二甲醚钢瓶	国标	现行	
20	GB/T 36051—2018	燃气过滤器	国标	现行	
21	GB 27790—2011	城镇燃气调压器	国标	现行	
22	GB 27791—2011	城镇燃气调压箱	国标	现行	
23	JB/T 11491—2013	撬装式燃气减压装置	行标	现行	

续表

序号	标准编号	标准名称	标准级别	标准状态	备注
24	GB 35844—2018	瓶装液化石油气调压器	国标	现行	
25	CJ/T 470—2015	瓶装液化二甲醚调压器	行标	现行	
26	GB/T	液化天然气（LNG）气化装置	国标	在编	
27	GB/T	液化天然气（LNG）加液装置	国标	在编	
28	GB/T 151—2014	热交换器	国标	现行	
29	GB/T 19835—2015	自限温电伴热带	国标	现行	
30	CJ/T 334—2010	集成电路（IC）卡燃气流量计	行标	现行	
31	GB/T 18940—2003	封闭管道中气体流量的测量涡轮流量计	国标	现行	
32	GB/T 21391—2008	用气体涡轮流量计测量天然气流量	国标	现行	
33	GB/T 32201—2015	气体流量计	国标	现行	
34	GB/T 21446—2008	用标准孔板流量计测量天然气流量	国标	现行	
35	GB/T 28848—2012	智能气体流量计	国标	现行	
36	GB/T 34041.1—2017	封闭管道中流体流量的测量 气体超声流量计 第1部分：贸易交接和分输计量用气体超声流量计	国标	现行	
37	GB/T 34041.2—2017	封闭管道中流体流量的测量 气体超声流量计 第2部分：工业测量用气体超声流量计	国标	现行	专用标准
38	JB/T 7385—2015	气体腰轮流量计	行标	现行	
39	JJG 1030—2007	超声流量计检定规程	国标	现行	
40	JJG 577—2012	膜式燃气表检定规程	国标	现行	
41	JJG 640—2016	差压式流量计检定规程	国标	现行	
42	JJG 633—2005	气体容积式流量计检定规程	国标	现行	
43	JJG 1038—2008	科里奥利质量流量计检定规程	国标	现行	
44	JJG 1037—2008	涡轮流量计检定规程	国标	现行	
45	GB/T 18604—2014	用气体超声流量计测量天然气流量	国标	现行	
46	GB/T 31130—2014	科里奥利质量流量计	国标	现行	
47	CJ/T 477—2015	超声波燃气表	行标	现行	
48	CJ/T 449—2014	切断型膜式燃气表	行标	现行	
49	CJ/T 503—2016	无线远传膜式燃气表	行标	现行	
50	GB/T 6968—2019	膜式燃气表	国标	现行	
51	CJ/T 112—2008	IC卡膜式燃气表	行标	现行	
52	CJ/T 448—2014	城镇燃气加臭装置	行标	现行	
53	CJ/T 524—2018	加臭剂浓度监测仪	行标	现行	
54	GB/T	压力管道规范 公用管道	国标	在编	
55	SY/T 0510—2017	钢制对焊管件规范	行标	现行	
56	CJ/T 125—2014	燃气用钢骨架聚乙烯塑料复合管及管件	行标	现行	
57	CJ/T 182—2003	燃气用埋地孔网钢带聚乙烯复合管	行标	现行	
58	GB/T 26002—2010	燃气输送用不锈钢波纹软管及管件	国标	现行	
59	CJ/T 197—2010	燃气用具连接用不锈钢波纹软管	行标	现行	
60	GB/T	燃气用具连接用不锈钢波纹软管组件	国标	在编	
61	CJ/T 466—2014	燃气输送用不锈钢管及双卡压式管件	行标	现行	
62	CJ/T 435—2013	燃气用铝合金衬塑复合管材及管件	行标	现行	

续表

序号	标准编号	标准名称	标准级别	标准状态	备注
63	CJ/T 463—2014	薄壁不锈钢承插压合式管件	行标	现行	专用标准
64	CJ/T 490—2016	燃气用具连接用金属包覆软管	行标	现行	
65	CJ/T 491—2016	燃气用具连接用橡胶复合软管	行标	现行	
66	GB/T 12237—2007	石油、石化及相关工业用的钢制球阀	国标	现行	
67	GB/T 19672—2005	管线阀门 技术条件	国标	现行	
68	GB/T 20173—2013	石油天然气工业 管道输送系统 管道阀门	国标	现行	
69	CJ/T 514—2018	燃气输送用金属阀门	行标	现行	
70	GB 15558.3—2008	燃气用埋地聚乙烯（PE）管道系统 第3部分：阀门	国标	现行	
71	CJ/T 335—2010	城镇燃气切断阀和放散阀	行标	现行	
72	CJ/T 394—2018	电磁式燃气紧急切断阀	行标	现行	
73	CJ/T 180—2014	建筑用手动燃气阀门	行标	现行	
74	CJ/T 447—2014	管道燃气自闭阀	行标	现行	
75	GB/T 24925—2010	低温阀门 技术条件	国标	现行	
76	GB/T 24918—2010	低温介质用紧急切断阀	国标	现行	
77	GB/T 7512—2017	液化石油气瓶阀	国标	现行	
78	GB/T 33146—2016	液化二甲醚瓶阀	国标	现行	
79	GB 16808—2008	可燃气体报警控制器	国标	现行	
80	GB 15322—2003	可燃气体探测器（所有部分）	国标	现行	
81	GB 4717—2005	火灾报警控制器	国标	现行	
82	GB/T 34004—2017	家用和小型餐饮厨房用燃气报警器及传感器	国标	现行	
83	JJG 693—2011	可燃气体检测报警器检定规程	国标	现行	
84	CJ/T 385—2011	城镇燃气用防雷接头	行标	现行	
85	SY/T 0516—2016	绝缘接头与绝缘法兰技术规范	行标	现行	

3）城镇燃气供应系统工程其他相关标准

我国城镇燃气供应系统工程涉及的标准规范很广，除了城镇燃气领域的工程标准、产品标准外，还涉及特种设备、石油化工、消防等领域，主要的相关标准见表1-4。

城镇燃气供应系统工程其他相关标准 表 1-4

序号	标准编号	标准名称	备注
1	GB/T 20801.1～20801.6—2006	压力管道规范 工业管道	设计
2	GB 50289—2016	城市工程管线综合规划规范	
3	GB 50251—2015	输气管道工程设计规范	
4	GB 50316—2000（2008 年版）	工业金属管道设计规范	
5	GB 50041—2008	锅炉房设计规范	
6	GB 50156—2012（2014 年版）	汽车加油加气站设计与施工规范	
7	GB 50264—2013	工业设备及管道绝热工程设计规范	
8	SH/T 3073—2016	石油化工管道支吊架设计规范	
9	GB 50423—2013	油气输送管道穿越工程设计规范	
10	GB/T 50459—2017	油气输送管道跨越工程设计标准	
11	GB 50016—2014（2018 年版）	建筑设计防火规范	
12	GB 50160—2008（2018 年版）	石油化工企业设计防火标准	
13	GB 50183—2004（2015 暂缓实施）	石油天然气工程设计防火规范	

续表

序号	标准编号	标准名称	备注
14	GB/T 3091—2015	低压流体输送用焊接钢管	
15	GB/T 8163—2018	输送流体用无缝钢管	
16	GB/T 5310—2017	高压锅炉用无缝钢管	
17	GB/T 9711—2017	石油天然气工业 管线输送系统用钢管	
18	GB/T 14976—2012	流体输送用不锈钢无缝钢管	
19	GB/T 12459—2017	钢制对焊管件 类型与参数	选材
20	GB/T 13401—2017	钢制对焊管件 技术规范	
21	SY/T 0516—2016	绝缘接头与绝缘法兰技术规范	
22	SY/T 0510—2017	钢制对焊管件规范	
23	SY/T 5257—2012	油气输送用钢制感应加热弯管	
24	HG/T 20592～20635—2009	钢制管法兰、垫片、紧固件	
25	GB 50235—2010	工业金属管道工程施工规范	
26	GB 50236—2011	现场设备、工业管道焊接工程施工规范	
27	GB 50126—2008	工业设备及管道绝热工程施工规范	
28	GB 50273—2009	锅炉安装工程施工及验收规范	施工
29	GB 50369—2014	油气长输管道工程施工及验收规范	
30	GB 50424—2015	油气输送管道穿越工程施工规范	
31	GB 50460—2015	油气输送管道跨越工程施工规范	
32	GB/T 21448—2017	埋地钢质管道阴极保护技术规范	
33	SY/T 0315—2013	钢质管道熔结环氧粉末外涂层技术规范	
34	SY/T 0442—2018	钢质管道熔结环氧粉末内防腐层技术标准	
35	SY/T 0420—1997	埋地钢质管道石油沥青防腐层技术标准	管道防护
36	SY/T 0447—2014	埋地钢质管道环氧煤沥青防腐层技术标准	
37	GB/T 23257—2017	埋地钢质管道聚乙烯防腐层	
38	GB/T 50470—2017	油气输送管道线路工程抗震技术规范	

1.4 国外燃气供应系统标准发展现状

1.4.1 美国

（1）概述

美国燃气供应系统由交通运输部（DOT）监管。燃气供应系统受美国州法律和联邦法规限制，由交通运输部负责运行管理。运输部1977年成立了研究和特殊项目行政管理局（RSPA）分管危险品运输、油品运输和管道安全等工作，RSPA下属危险品办公室（OHM）和管道安全办公室（OPS）分别负责对危险品及其容器和压力管道等的管理，负责制订有关的法律、法规及进行行政管理。关于燃气供应系统的立法主要有《管道安全法》（49USC）、《美国联邦法规》（CFR），联邦公告等与法规相关的其他政令和文件都是美国联邦强制性法规。

而与燃气供应系统有关的推荐协调一致的技术标准和规范有美国机械工程师学会制定的

ASME B31.8《输气和配气管道系统》、美国消防协会制定的 NFPA54《国家燃气规范》。

美国的工程建设技术标准的制定与实施是非政府主导的，主要由民间团体制定和完善其工程建设技术标准体系。

美国国家标准协会（ANSI）是美国政府认可的国家标准化机构，ANSI 将具有全国性影响的工程建设技术标准提升为国家标准，并负责发起和完善需要制定国家标准的工程建设领域的标准化工作，其自行制定的标准较少。美国国家标准 ANSI Z223.1/NFPA54《国家燃气规范》是将美国消防协会标准 NFPA54 升级，它与我国燃气领域影响较大的《城镇燃气设计规范》GB 50028 都为各自国家的国家标准，只是在范围、技术内容上有差异。

（2）法律法规

美国燃气供应系统有关法规体系：

1）《联邦危险品法》；

2）《管道安全法》（USC 49）；

3）《美国联邦法典》（CFR 49）。

（3）标准体系

美国燃气供应系统有关标准体系：

1）ASME B31.8 燃气管道；

2）ANSI Z223.1/NFPA54《国家燃气规范》。

（4）相关标准

美国有许多著名标准化组织，如美国机械工程师学会标准（ASME）、美国材料与试验协会标准（ASTM）、美国国家标准协会（ANSI）3 个不同的标准化组织，每个标准都自成体系，该 3 大组织是美标体系中影响最大、应用最多的。其中 ASME 标准与 ANSI 标准涵盖了绝大部分工业领域，包括材料、加工、工艺、试验等方面。

由 ANSI、ASME、ASTM、API、AWS、MSS、AWWA 等一系列标准互相配合协调，构成了美国燃气供应系统标准体系，相关标准见表 1-5。

美国燃气供应系统相关标准　　　　　　　　　　　　　　　　　　　　表 1-5

序号	标准编号	标准名称
1	ANSI LC1	不锈钢波纹管燃气管道系统
2	ANSI/ASME B16.33	压力 125PSI 及以下的燃气管道系统手动金属阀门
3	ANSI/ASME B16.44	家用管道系统中使用的手工操作的金属气体阀门
4	ANSI/ASME 16.44a	家用管道系统中用手动金属气阀
5	ANSI/ASTM D3261	聚乙烯塑料管材和管道用对接热融合聚乙烯塑料管件规范
6	ANSI/ASTM F1155	管道系统材料的选择和应用规范
7	ANSI/ASTM F2176	聚乙烯管道及内管道用机械连接件规范
8	ANSI/AWS B2.1	管道焊接
9	ANSI/AWWA C800	地下管道阀门和配件
10	ANSI/UL 567	石油产品和 LP 气用紧急断开装置、旋转连接器和管道连接配件
11	ANSI Z21.24	燃气用具连接软管（户内）
12	ANSI Z21.75	户外燃气用具及组装房屋用连接软管
13	ANSI Z21.69	可移动燃气用具连接软管
14	ASTM A 961/A 961M	管道设施用钢法兰、锻件、阀门和部件通用要求的标准规范

序号	标准编号	标准名称
15	ASTM B 221	铝和铝合金挤压棒材、杆材、金属丝、型材和管道的标准规范
16	ASTM B 345/B 345M	气体和油传输和配送管道系统用铝及铝合金无缝管和无缝挤制管标准规范
17	API 6D	管线阀门
18	API 608	法兰、螺纹和对焊端钢制球阀

1.4.2 欧盟

（1）概述

欧盟目前由 28 个成员国组成，欧盟主要在技术法规、组织机构、市场监管及技术手段上进行宏观管理，技术法规的实施和监管工作由各成员国具体落实。欧盟技术法规是法律性文件，包括条例、指令和决定。条例具有普遍适用性和全面约束力，直接适用，相当于议会通过的法令，公布生效后各成员国必须强制执行，无需转化为国内法。而指令是对成员国具有约束力的欧盟法律，成员国在规定期限内必须将其转化成符合本国具体情况的国内法，实施方法可自行选择，但必须修订或废除与指令有悖的国内法规。技术标准原则上是自愿执行的，但被欧盟指令、条例、决定或成员国法规引用后的欧洲标准则成为法规性文件，强制执行。

产品按危险程度由低到高分类，由制造商或其在欧盟设立的授权代表选定合格评定程序，危险程度最低的产品，可由制造商自己在产品上贴 CE 标志，对于危险程度较高的产品，许多指令要求产品或体系必须由被授权的机构单独验证。

在燃气管道方面，欧盟提出了承压设备这一新的概念，建立了新的承压设备体系，打破了近百年传统的锅炉、压力容器标准框架。重新构建了锅炉、压力容器、压力管道、压力附件、安全附件和以这些设备组合起来的具有特定功能的组合装置的安全管理框架。

燃气管道及调压器、调压箱、阀门、过滤器等承压设备有关的法规为 2014/68/EU《承压设备指令》（*Pressure Equipment Directive-PED*）。

（2）法律法规

2014/68/EU《承压设备指令》（*Pressure Equipment Directive-PED*）。

（3）标准体系

欧盟技术标准是欧盟委员会授权区域标准化组织（欧洲标准化委员会 CEN、欧洲电工标准化委员会 CENELEC 和欧洲电信标准学会 ETSI）制定的，也称"协调标准（EN）"，欧盟燃气供应系统主要标准见表 1-6。

欧盟燃气供应系统主要标准　　　　　　　　　　　　　　　　　表 1-6

序号	标准编号	标准名称
1	EN 1594	供气系统　最大工作压力大于 16bar 的管道　功能要求
2	EN 1775	燃气供应　建筑物中的燃气管道　最大工作压力为 5bar　功能性推荐标准
3	EN 12007—1	燃气供应系统　最大使用压力小于等于 16bar 的管道　第 1 部分：一般功能推荐规范
4	EN 12007—2	燃气供应系统　最大使用压力小于等于 16bar 的管道　第 2 部分：聚乙烯管专用功能推荐规范（最大使用压力小于于 16bar）

序号	标准编号	标准名称
5	EN 12007—3	燃气供应系统　最大使用压力小于等于16bar的管道　第3部分：钢管专用功能推荐规范
6	EN 12186	燃气供应系统　输送和分配燃气用气压调节站　功能要求
7	EN 12779	燃气供应系统　燃气管道气体压力调节装置　功能要求

（4）相关标准

相关标准见表1-7。

欧盟燃气供应系统相关标准　　　　　　　　表1-7

序号	标准编号	标准名称
1	EN 334—2009	进口压力高达100bar的气体压力调节器
2	EN 14382—2009	气压调节站和装置用安全设备
3	EN 1092—2003（全部）	法兰及其连接件　管道、阀门、配件和附件用法兰
4	EN 969—2009	燃气管道用球墨铸铁管、管件、附件及其接头　要求和试验方法
5	EN 14163—2006	石油和天然气工业　管道运输系统　管道焊接
6	EN 14161—2003	石油和天然气工业　管道输送系统
7	EN 13942—2009	石油和天然气工业　管道输送系统　管道阀
8	EN 15761—2009	石油和天然气工业用尺寸为 DN 100 及更小的钢闸阀、球阀和止回阀
9	EN 14141—2013	天然气输送用管道阀　性能要求和试验
10	EN 331—2015	建筑物燃气设备上的手动球阀和底部关闭锥形塞阀
11	EN 1359—2014	煤气表　膜式煤气表
12	EN 14870-3-2006	石油和天然气工业　管道运输系统的吸入管弯头、配件和法兰　法兰
13	EN 1473—2016	液化天然气装置和设备　岸上装置的设计
14	EN 1160—1997	液化天然气用设施和装置　液化天然气的一般特性
15	EN 1762—2017	2.5MPa 以下液化石油气（LPG）（液相或气相）以及天然气用橡胶软管和软管组件　规范
16	EN 14800—2007	使用气体燃料家用器具连接用波纹状安全金属软管组件
17	EN 549—1995	燃气灶具和燃气器具用密封件和膜片的橡胶材料

1.5　国内外燃气供应系统标准体系对比

1.5.1　美国

美国燃气供应系统的法规与规章主要有《联邦危险品法》、《管道安全法》（USC 49）、《美国联邦法典》（CFR 49）以及各州的管道安全法规。

美国燃气供应系统法规标准体系分为联邦政府和非联邦政府标准体系，美国国家标准协会根据上述两种标准，经协商后可以采用或修改以上某标准成为美国国家标准。燃气供应系统标准主要有 ASME B31.8 以及 ASME、ASTM、ANSI、API、AWS、MSS、AWWA 等一系列标准相互配合协调，构成美国燃气供应系统标准体系。

1.5.2 欧盟

欧盟燃气标准是由欧盟委员会授权区域标准化组织制定的协调标准，欧盟燃气标准主要有 EN 12007—1、EN 12007—2、EN 12007—3、EN 12007—4、EN 1775、EN 1549、EN 12327、EN 12186、EN 12279、EN 14382、EN 334、EN 331、EN 1359、EN 1092、EN 12266 等标准，这些标准与其他相关的配套标准构成欧盟燃气标准体系。

各成员国的标准体系由协调标准、本国标准和本国协会标准构成。

1.5.3 总结

美国的燃气法规标准体系经历了半个世纪的调整、修改整合形成，比较完善。美国燃气法规中交通运输部制定的 CFR49 是强制性的规定，而 ASME/ANSI 的燃气供应系统标准是一个包括设计、制造、安装、运行、维修等全过程的完整体系，标准的技术内容比较原则化，并有 API、NACE、ASTM、MSS、AWS、AWWA 等协会标准、公司标准，以及相关项目规定予以配合补充、细化规定，保证了其完整性和可操作性。

美国的国家标准制定由非政府民间专业组织主导、政府参与的形式，由美国国家标准协会协调，这与我国不同，也是美国标准最大的特点。

欧盟的标准体系与美国差异较大，其主要以管道/设备运行压力来分类选择适用的管道系统标准，再与相关的协调标准配合，以适应输气、配气与室内燃气供应的需要。此外，欧盟各成员国除了要遵守欧盟指令与协调标准外，还要遵守各国的法规、标准。

欧盟标准由欧洲标准化委员会（CEN）中 300 多个标准化技术委员会编写，燃气供应系统领域的技术委员会为 CEN/TC 234，与其他机构或组织协调相关技术问题。

欧盟各成员国均有自己的标准化机构，如德国 DIN、法国 AFNOR、英国 BSI、意大利 UNI、西班牙 AENOR，这些标准化机构也参与欧洲标准的制定。

我国燃气供应系统相关标准近几年发展迅速，陆续制定了一些标准，但与压力容器相比，其体系仍不够完善，标准相对还是滞后，缺失较多。我国燃气供应系统标准也需要按设计、制造、安装、使用、检验、维修等过程完善，需尽快补充制造、使用、检验等过程的相关规定，以构建一个法律、法规、规章、安全技术规范、标准等完善的燃气供应系统的法规-标准体系。

世界各国基本都是以法规为主体，技术标准为支撑的模式，美国燃气推行政府部门强制性法规与协会推荐性标准相结合的法规-标准体系。推荐性标准的自由度较大，它以技术标准为基础、法规为主体的法规-标准体系模式。欧盟的法规文件规定产品投放市场所达到的安全、环保等基本要求，协调标准作为法规的支持文件，贯彻欧盟指令中规定的基本安全要求，使协调性标准成为支持技术法规、消除贸易壁垒的重要工具。

第2章 燃气供应系统用产品分类、性能和质量要求

2.1 相关标准

GB 150—2011 压力容器

GB/T 151—2014 热交换器

GB/T 2423.1—2008 电工电子产品环境实验 第2部分：试验方法 试验A：低温

GB/T 2423.2—2008 电工电子产品环境实验 第2部分：试验方法 试验B：高温

GB/T 2423.3—2016 环境实验 第2部分：试验方法 试验Cab：恒定湿热试验

GB/T 2423.6—1995 电工电子产品环境试验 第2部分：试验方法 试验Eb和导则：碰撞

GB 3836.1—2010 爆炸性环境 第1部分：设备 通用要求

GB 3836.4—2010 爆炸性环境 第4部分：由本质安全型"i"保护的设备

GB/T 4208—2017 外壳防护等级（IP代码）

GB/T 4213—2008 气动调节阀

GB 4717—2005 火灾报警控制器

GB/T 6968—2019 膜式燃气表

GB/T 12237—2007 石油、石化及相关工业用的钢制球阀

GB/T 12238—2008 法兰和对夹连接弹性密封蝶阀

GB/T 12241—2005 安全阀 一般要求

GB/T 12243—2005 弹簧直接载荷式安全阀

GB 12337—2014 钢制球形储罐

GB 15322.1—2003 可燃气体探测器 第1部分：测量范围为0～100％LEL的点型可燃气体探测器

GB 15558.3—2008 燃气用埋地聚乙烯（PE）管道系统 第3部分：阀门

GB 16808—2008 可燃气体报警控制器

GB/T 18604—2014 用气体超声流量计测量天然气流量

GB/T 18940—2003 封闭管道中气体流量的测量 涡轮流量计

GB/T 19835—2015 自限温电伴热带

GB/T 20173—2013 石油天然气工业 管道输送系统 管道阀门

GB/T 21391—2008 用气体涡轮流量计测量天然气流量

GB/T 21446—2008 用标准孔板流量计测量天然气流量

GB/T 25358—2010 石油及天然气工业用集装型回转无油空气压缩机

GB/T 25360—2010 汽车加气站用往复活塞天然气压缩机

GB/T 26002—2010 燃气输送用不锈钢波纹软管及管件

GB 27790—2011 城镇燃气调压器

GB 27791—2011 城镇燃气调压箱

GB/T 28778—2012 先导式安全阀

GB/T 28848—2012 智能气体流量计

GB/T 31130—2014 科里奥利质量流量计

GB/T 32201—2015 气体流量计

GB/T 33840—2017 水套加热炉通用技术要求

GB/T 34041.1—2017 封闭管道中流体流量的测量　气体超声流量计　第 1 部分：贸易交接和分输计量用气体超声流量计

GB/T 34041.2—2017 封闭管道中流体流量的测量　气体超声流量计　第 2 部分：工业测量用气体超声流量计

GB/T 36051—2018 燃气过滤器

GB 51066—2014 工业企业干式煤气柜安全技术规范

CJ/T 112—2008 IC 卡膜式燃气表

CJ/T 125—2014 燃气用钢骨架聚乙烯塑料复合管及管件

CJ/T 180—2014 建筑用手动燃气阀门

CJ/T 182—2003 燃气用孔网钢带聚乙烯复合管

CJ/T 197—2010 燃气用具连接用不锈钢波纹软管

CJ/T 334—2010 集成电路（IC）卡燃气流量计

CJ/T 335—2010 城镇燃气切断阀和放散阀

CJ/T 385—2011 城镇燃气用防雷接头

CJ/T 394—2018 电磁式燃气紧急切断阀

CJ/T 435—2013 燃气用铝合金衬塑复合管材及管件

CJ/T 447—2014 管道燃气自闭阀

CJ/T 448—2014 城镇燃气加臭装置

CJ/T 449—2014 切断型膜式燃气表

CJ/T 463—2014 薄壁不锈钢承插压合式管件

CJ/T 466—2014 燃气输送用不锈钢管及双卡压式管件

CJ/T 470—2015 瓶装液化二甲醚调压器

CJ/T 477—2015 超声波燃气表

CJ/T 490—2016 燃气用具连接用金属包覆软管

CJ/T 491—2016 燃气用具连接用橡胶复合软管

CJ/T 503—2016 无线远传膜式燃气表

CJ/T 514—2018 燃气输送用金属阀门

HG/T 21549—1995 钢制低压湿式气柜系列

JB/T 7385—2015 气体腰轮流量计

JB/T 7387—2014 工业过程控制系统用电动控制阀

JB/T 8527—2015 金属密封蝶阀

JB/T 11422—2013 汽车加气站用液压天然气压缩机

JB/T 11491—2013 撬装式燃气减压装置

JJG 577—2012 膜式燃气表检定规程

JJG 633—2005 气体容积式流量计检定规程

JJG 640—2016 差压式流量计检定规程

JJG 693—2011 可燃气体检测报警器检定规程

JJG 1030—2007 超声流量计检定规程

JJG 1037—2008 涡轮流量计检定规程

JJG 1038—2008 科里奥利质量流量计检定规程

SY/T 0516—2016 绝缘接头与绝缘法兰技术规范

2.2　净化设备

2.2.1　分类

燃气供应系统的净化设备常用的有 3 种：过滤器、过滤分离器和旋风分离器。

过滤器是分离燃气气流夹带的杂物（灰尘、铁锈和其他杂物），保护下游管道设备免受损坏、污染、堵塞的组件。

过滤分离器除一般的固体杂质过滤外，还能分离液体杂质。

旋风分离器，是利用离心力分离气流中固体颗粒或液滴的设备，工作原理为靠气流切向引入造成的旋转运动，使具有较大惯性离心力的固体颗粒或液滴甩向外壁面。

根据压力和口径，一般可分为特种设备和非特种设备 2 种，其中特种设备又可分为压力容器和压力管道元件 2 类，分类原则见表 2-1。

净化设备对应特种设备分类原则　　　　　　　　　　　　　　表 2-1

分类		分类原则	典型产品
特种设备	压力容器	同时具备以下条件： (1) 工作压力大于或等于 0.1MPa； (2) 容积大于或等于 0.03m³ 并且内直径（非圆形截面指截面内边界最大几何尺寸）大于或等于 150mm； (3) 盛装介质为气体、液化气体以及介质最高工作温度高于或等于其标准沸点的液体	旋风分离器、过滤分离器
	压力管道元件	最高工作压力大于或等于 0.1MPa（表压），介质为气体、液化气体、蒸汽或可燃、易爆、有毒、有腐蚀性、最高工作温度高于或等于标准沸点的液体，且公称直径大于或等于 50mm 的管道	T 形过滤器、大直径 Y 形过滤器
非特种设备		除上述条件外的其他设备	小直径 Y 形过滤器

2.2.2　性能和质量要求

（1）过滤器、过滤分离器

过滤器的滤芯应适用于不同杂质的过滤要求，对于不同的杂质需选配不同过滤材质的滤芯。滤芯的使用寿命不应低于 12 个月。

19

对于低压过滤器，初始压差≤20kPa，滤芯更换压差≤50kPa。对于高中压过滤器，初始压降应≤50kPa，滤芯更换压差≤100kPa。

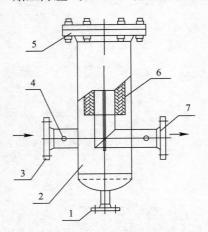

图 2-1　过滤器结构示意图

1—排污口；2—壳体；3—燃气入口；
4—测压口；5—端盖；6—滤芯；
7—燃气出口

过滤器的过滤精度一般应≤50μm，过滤效率：≥75%。对于具体的使用工况，应根据实际需要提高过滤精度要求，例如：对于涡轮流量计，过滤精度宜≤20μm，过滤效率：≥85%；对于罗茨流量计等可能由于杂质卡阻导致供气中断的流量计，过滤精度宜≤5μm，过滤效率宜≥95%。燃气轮机等重要工况，过滤精度宜≤3μm，过滤效率宜≥98%。

对于流量、压力比较大，且对液体杂质有过滤需求的场合，宜使用过滤分离器。

滤芯正向破坏压差≥0.25MPa，逆向破坏压差≥0.15MPa。

过滤分离器宜带快开盲板，以方便更换滤芯。

使用材料、其他性能和检测要求详见 GB/T 36051—2018。

结构示意图见图 2-1 和图 2-2。

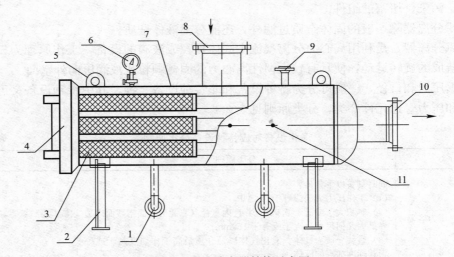

图 2-2　过滤分离器结构示意图

1—排污口；2—支座；3—滤芯；4—快开盲板；5—吊耳；6—压力表；7—壳体；8—燃气入口；
9—放空口；10—燃气出口；11—测压口

（2）旋风分离器

旋风分离器压降恒定、结构简单、无活动部件，操作弹性大、效率较高、管理维修方便，价格低廉，既可以分离固体颗粒，也可以分离液滴，特别适合于粉尘颗粒较粗，含尘浓度较大，高温、高压等条件。但设计或操作不当，其性能会比较差，分离效率较低，同时它对细尘粒（如直径<5μm）的分离效率较低，一般作为预处理使用。

旋风分离器应在不同压力和流量情况下，均可除去≥10μm的固体颗粒。在额定工况点，分离效率≥85％，在工况点±15％范围内，分离效率≥75％。

旋风分离器在初始工况下压降≤50kPa。

旋风分离器宜采用多管旋风子结构，结构示意图见图 2-3。

2.3　计量设备

2.3.1　分类

燃气供应系统中常见的流量计有：罗茨流量计、膜式燃气表、孔板流量计、涡轮流量计、超声波流量计、质量流量计。

（1）按流量测量原理分为：

1）差压式流量计（例如：孔板、喷嘴、文丘里喷嘴、文丘里管、锲形、V 锥、均速管等流量计）；

2）速度式流量计（例如：涡轮、涡街、超声等流量计）；

3）容积式流量计（例如：罗茨、膜式、刮板、双转子等流量计）；

4）采用其他传感器的流量计（例如：质量流量计等）。

（2）按流量传感器的采样方式分为：

1）插入式流量计——点采样；

2）非插入式流量计——面采样。

（3）按流量传感器和修正装置的连接方式分为：

1）一体式；

2）分体式。

（4）按流量计的信号传输方式分为：

1）脉冲信号；

2）模拟信号；

3）数据通信。

（5）按流量计的电气防爆类型分为：

1）普通型；

2）本安型；

3）隔爆型。

2.3.2　性能和质量要求

（1）孔板流量计

孔板流量计是将标准孔板与多参数差压变送器（或差压变送器、温度变送器及压力变送器）配套组成的压差式流量计量装置，可测量气体、蒸汽、液体及天然气的流量，广泛应用于石油、化工、冶金、电力、供热、供水等领域的过程控制和测量，其结构示意图见图 2-4。

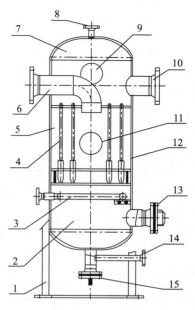

图 2-3　旋风分离器结构示意图

1—支腿；2—积灰腔；3—喷淋装置；
4—旋风子组件；5—中腔；
6—燃气入口；7—上腔；8—放空口；
9—检查口；10—燃气出口；
11—检查口；12—壳体；13—检查口；
14—排污口；15—清灰口

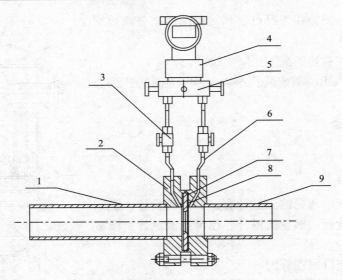

图 2-4 孔板流量计结构示意图

1—前直管段；2—法兰；3—根阀；4—差异变送器；5—阀组；6—取压管；7—垫片；8—孔板；9—后直管段

孔板在测量管内的部分应该是圆的，开孔与测量管轴线同轴，孔板的两端面应始终是平整的和平行的。孔板开孔厚度 e 应在 $0.005D$ 与 $0.02D$ 之间，孔板厚度 E 应在 e 与 $0.05D$ 之间。在任何情况下，孔板开孔直径 d 均应大于等于 12.5mm。直径比 β 应在（$0.10\sim0.75$）的范围内。

在设计及安装孔板时，应保证在操作条件下，由于差压或任何其他应力所引起的孔板塑性扭曲和弹性变形所造成的直线斜度不得超过 1%。

孔板流量计使用材料、其他性能和检测要求详见 GB/T 32201—2015、GB/T 21446—2008、JJG 640—2016。

优点：

1）无须实流校准，即可投用；

2）结构易于复制，简单、牢固、性能稳定可靠、价格低廉；

3）应用范围广，包括全部单相流体（液、气、蒸汽）、部分混相流，一般生产过程的管径、工作状态（温度、压力）皆有产品；

4）检测件和差压显示仪表可分开不同厂家生产，便于专业化规模生产。

缺点：

1）测量的重复性、精确度在流量计中属于中等水平，由于众多因素的影响错综复杂，精确度难于提高；

2）量程比范围窄，一般为 1：3～1：4；

3）有较长的直管段长度要求，一般难于满足；尤其对较大管径，问题更加突出；

4）压力损失大；

5）孔板以内孔锐角线来保证精度，因此对腐蚀、磨损、结垢、脏污敏感，长期使用精度难以保证，需每年拆下强检一次。

（2）罗茨流量计

罗茨流量计也称腰轮流量计，是一种容积式流量计。它内部设计有构成一定容积的计量室空间，利用机械测量元件把流体连续不断地分割成单个已知的体积部分，根据计量室逐次、重复地充满和排放该体积部分流体的次数测量流量体积总量。结构示意图见图 2-5。

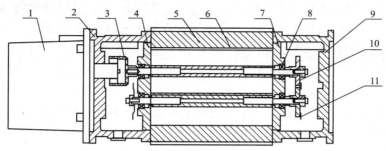

图 2-5　罗茨流量计结构示意图

1—表头；2—端盖Ⅰ；3—磁耦合器；4—压盖Ⅰ；5—壳体；6—罗茨轮；7—压盖Ⅱ；8—轴承；
9—端盖Ⅱ；10—同步齿轮；11—甩油片

流量计的准确度可以在 0.2 级、0.5 级、1.0 级、1.5 级、2.0 级中选取。流量计的累积流量重复性误差应不超过基本误差限绝对值的 1/3。流量计的始动流量应不大于流量上限值的 2%。流量计应能承受流量上限值的 110%、历时 10min 的过载试验，当流量恢复正常后，流量计的示值误差不应超过基本误差限值。

使用材料、其他性能和检测要求详见 GB/T 32201—2015、JB/T 7385—2015、JJG 633—2005。

优点：

1）测量准确度高；

2）可用于高黏度液体的测量；

3）流量计前后无需直管段，抗干扰能力强；

4）压力损失小，起步流量低，量程比宽，可达 1∶200。

缺点：

1）体积庞大、拆装不便；

2）被测介质种类、口径、介质工作状态局限性较大；

3）不适用于高、低温场合；

4）只适用于洁净单相流体，流量计卡阻可导致供气中断；

5）仪表传动机构复杂，制造要求高，关键件易磨损，润滑要求高。

（3）膜式燃气表

膜式燃气表是一种容积式流量计，是燃气进入表腔后，经气体分配通道进入膜盒，推动合成橡胶膜片运动，当膜片摆动时将另一侧气体排出表外，同时通过传动机构使主轴产生旋转运动进而带动计数器累计计量，结构示意图见图 2-6。

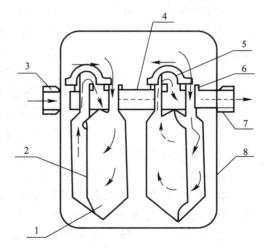

图 2-6　膜式燃气表结构示意图

1—计量室；2—皮膜；3—燃气进口；4—分配室；
5—滑阀盖；6—滑阀座；7—燃气出口；8—表壳

膜式燃气表的最小工作环境温度范围为－10℃～＋40℃，且适应工作介质温度变化范围不小于40K，最小储存温度范围为－20℃～＋60℃。

膜式燃气表准确度不低于1.5级，在q_t至q_{max}范围内，示值误差的最大值和最小值之差不应超过2%，初始最大允许误差±1.5%，耐久最大允许误差±3%。

膜式燃气表的使用材料、其他性能和检测要求详见 GB/T 32201—2015、GB/T 6968—2019、CJ/T 112—2008、CJ/T 449—2014、CJ/T 503—2016、JJG 577—2012。

优点：

1）量程比较宽，可以达到1∶160，特别适用于流量变化很大的用户；

2）无需前后直管段，抗干扰能力强；

3）价格低廉。

缺点：

1）不适用于高压场合，流量大时体积较大；

2）工况计量，没有温压修正；对于平原地区带来压力计量损失，对于寒冷地区带来温度计量损失；

3）低温环境下，由于结构、材料等方面问题，膜式燃气表转速偏慢，带来计量偏差。

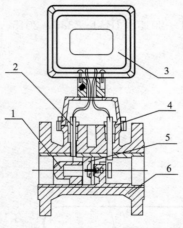

图 2-7　涡轮流量计结构示意图
1—导流体；2—压力传感器；
3—智能流量修正仪；
4—温度/信号传感器；5—涡轮；
6—表壳

（4）涡轮流量计

涡轮流量计是一种速度式流量计，它是将涡轮置于被测流体中，当气体进入流量计时，通过整流器把通过仪表的气体进行整流并加速，冲击管道中心涡轮叶片，使涡轮产生旋转。在一定流量范围内涡轮的角速度和流量成正比，利用这个特点，通过减速装置把涡轮旋转的圈数记录下来，从而推导出流量，其结构示意图见图 2-7。

涡轮流量计外壳上应有明确的、永久性的流向标志。

用于城镇燃气计量的涡轮流量计，有温压补偿型和机械型两种，机械型涡轮流量计采用脉冲输出方式，有单低频、双低频、中频和高频等形式；温压补偿型涡轮流量计通常采用 RS485 输出方式。

涡轮流量计的准确度等级有0.5级、1.0级和1.5级，用于贸易计量的涡轮流量计准确度等级不低于1.0级。在规定的流量范围内不同准确度等级流量计的最大允许误差符合下列要求：

——准确度等级为0.5级：

$q_t \leqslant q \leqslant q_{max}$时，最大允许误差为±0.5%；

$q_{min} \leqslant q < q_t$ 时，最大允许误差为±1.0%。

——准确度等级为1.0级：

$q_t \leqslant q \leqslant q_{max}$时，最大允许误差为±1.0%；

$q_{min} \leqslant q < q_t$ 时，最大允许误差为±2.0%。

——准确度等级为1.5级：

$q_t \leqslant q \leqslant q_{max}$时，最大允许误差为±1.5%；

$q_{min} \leqslant q < q_t$ 时，最大允许误差为 $\pm 3.0\%$。

涡轮流量计的分界流量符合下列要求：

量程比 1：30 时，$q_t \leqslant 0.15 q_{max}$

量程比 1：10 和 1：20 时，$q_t \leqslant 0.15 q_{max}$

涡轮流量计的重复性应不超过 0.2%。对准确度等级为 0.5 级的流量计，还应满足"重复性不超过其最大允许误差的 1/3"的要求。

涡轮流量计在 q_{max} 流量下运行时，压损应不超过 GB/T 18940—2003 规定的最大允许压损。

涡轮流量计在 $1.2 q_{max}$ 流量下运行 1h 后，应无损坏，且示值误差和重复性应符合原始要求。

涡轮流量计的静态低温、静态高温和恒定湿热应能符合 GB/T 2423.1—2008、GB/T 2423.2—2008 和 GB/T 2423.3—2016 的要求。

在环境温度为 $-20\,℃ \sim +60\,℃$ 的范围内，涡轮流量计应符合 GB 3836.1—2010 和 GB 3836.4—2010 中规定的防爆标志为 Exia ⅡB T4 Gb 和 GB/T 4208—2017 中规定的防护等级 IP65 的要求。

涡轮流量计的始动流量应不大于流量上限值的 1.5%。

涡轮流量计外壳及受压部位的耐压强度应能满足在 1.5 倍最大允许工作压力的试验条件下，保压 5min 不出现损坏或泄漏。涡轮流量计应能承受试验压力为 1.1 倍公称工作压力历时 5min 的静压力试验，试验介质可为氮气或空气，不应有漏气现象。

涡轮流量计应能承受在最大流量下连续 1000h 工作的试验。试验后各流量点的示值误差与耐久性试验前的示值误差之差应不超过 0.5%；对于 $0.4 q_{max}$ 和 q_{max} 之间的流量，作为流量 q 的函数，误差曲线的最大值和最小值之差不应超过 1.5%。

涡轮流量计须适应上游侧直管段 $L \geqslant 5D$（D 为流量计内径）、下游侧直管段 $L \geqslant 2D$。

涡轮流量计的使用材料、其他性能和检测要求详见 GB/T 32201—2015、GB/T 18940—2003、GB/T 21391—2008、GB/T 28848—2012、CJ/T 334—2010、JJG 1037—2008。

优点：

1）高精度，重复性好；

2）无零点漂移，抗干扰能力好；

3）结构紧凑轻巧，安装维护方便，流通能力大，不断气；

4）能在高压场合使用。

缺点：

1）受气流流速分布畸变和旋转流的影响较大，上下游侧需设置较长直管段；

2）传动轴承存在磨损情况，不能长期保持精度特性；

3）流体物性（密度、黏度）对流量特性有较大影响；

4）DN50 以下的小口径精度不高；

5）固体颗粒杂质会损坏涡轮，对被测介质的清洁度要求较高。

（5）超声波流量计

超声波流量计是一种速度式流量计，基于超声波在流动介质中传播的速度等于被测介

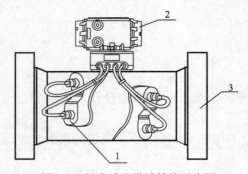

图 2-8 超声波流量计结构示意图

1—超声波探头；2—电子处理单元；3—表体

质的平均流速和声波本身速度的几何和的原理而设计的。它也是由测流速来反映流量大小的，四声道超声波流量计的结构示意图见图 2-8。

超声波流量计按测量原理可分为时差式和多普勒式。

超声波流量计有单声道、双声道、四声道和六声道等，声道数越大，则其测量准确度越高；单声道一般仅适用于中压和低压的小流量计量。

在进行任何校准系数调整之前，所有多声道气体超声波流量计的一般测量性能应满足下列要求：

1) 重复性：0.2%，$q_t \leqslant q \leqslant q_{max}$；$0.4\%$，$q_{min} \leqslant q < q_t$；

2) 分辨力：$0.001m/s$；

3) 速度采样间隔：$\leqslant 1s$；

4) 零流量读数：对于每一声道，$< 6mm/s$；

5) 声速偏差：$\pm 0.2\%$；

6) 各声道间的最大声速差：$0.5m/s$。

在进行任何校准系数调整之前，口径大于等于 300mm 的多声道气体超声波流量计应满足下列测量准确度要求：

1) 最大误差：$\pm 0.7\%$，$q_t \leqslant q \leqslant q_{max}$；$\pm 1.4\%$，$q_{min} \leqslant q < q_t$；

2) 最大峰间误差：0.7%，$q_t \leqslant q \leqslant q_{max}$；$1.4\%$，$q_{min} \leqslant q < q_t$。

在进行任何校准系数调整之前，口径小于 300mm 的多声道气体超声波流量计应满足下列测量准确度要求：

1) 最大误差：$\pm 1.0\%$，$q_t \leqslant q \leqslant q_{max}$；$\pm 1.4\%$，$q_{min} \leqslant q < q_t$；

2) 最大峰间误差：1.0%，$q_t \leqslant q \leqslant q_{max}$；$1.4\%$，$q_{mim} \leqslant q < q_t$。

超声波流量计使用材料、其他性能和检测要求详见 GB/T 32201—2015、GB/T 18604—2014、GB/T 34041.1—2017、GB/T 34041.2—2017、CJ/T 477—2015、JJG 1030—2007。

优点：

1) 超声波流量计是一种非接触式测量仪表，不受被测流体的温度、压力、黏度及密度等热物性参数的影响，可用来测量不易接触、不易观察的流体；

2) 它不会改变流体的流动状态，不会产生压力损失，便于安装；

3) 超声波流量计的测量范围大，管径范围从 0.02m～6m；

4) 可以做成固定式和便携式两种形式。

缺点：

1) 抗干扰能力差，易受气泡、泵及其他声源混入的超声杂音干扰，影响测量精度；

2) 前后直管段长度和内表面要求严格，否则离散性差，影响测量精度；

3) 安装的不确定性，会给流量测量带来较大误差；

4) 流体温度变化较大，会影响测量精度；

5) 价格较高。

（6）质量流量计

质量流量计是利用当流体在振动管中流动时，产生与质量流量成正比的科里奥利力，当没有流体流过时，振动管不产生扭曲，振动管两侧电磁信号检测器检测到的信号是同相位的；当有流体经过时，振动管在力矩作用下产生扭曲，两检测器间将存在相位差，变送器测量左右检测信号之间的滞后时间，这个时间差乘上流量标定系数就可确定质量流量，其结构示意图见图 2-9。

科里奥利质量流量计的准确度可以在 0.1 级、0.15 级、0.2 级、0.5 级、1.0 级中选取。流量计的重复性误差应不超过相应最大允许误差限绝对值的 1/2。科里奥利质量流量计应有良好的电磁兼容性和耐环境温度性。

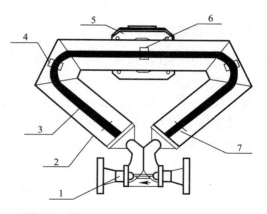

图 2-9　科里奥利质量流量计结构示意图
1—表体；2—外壳；3—流量管；
4—检测线圈和磁铁；5—接线盒；
6—驱动线圈和磁铁；7—电阻温度计

科里奥利质量流量计使用材料、其他性能和检测要求详见 GB/T 32201—2015、GB/T 31130—2014、JJG 1038—2008。

优点：

1）直接测得流体的质量流量；

2）使用寿命长，无可动部件，故障因素少，安装维护方便；

3）可同时测得流量、密度、温度等多个现场变量，一台质量流量计可替代多台测量仪表；

4）精度高；

5）具有很强的回路自诊断功能，方便故障查找。

缺点：

1）价格较高；

2）维护费用较高；

3）制造难度较大；

4）某些情况下可能造成气路堵塞。

2.4　换热设备

2.4.1　分类

燃气供应采用的换热设备种类较多，结构复杂，常用的分类方法见表 2-2。

换热设备分类　　　　　　　　　　　　　　　　　　　　　　表 2-2

分类	品种
按热媒形式	蒸汽式、热水式、电加热式、火焰式、空温式等
按换热形式	盘管式、固定管板式、U 形管式、套管式、翅片式等

2.4.2 性能和质量要求

（1）盘管式换热器

盘管式换热器的热媒可以是水蒸气或热水，燃气在盘管内流动，与热媒在盘管内表面进行换热。一般的以热水为热媒的盘管式换热器不属于压力容器，以蒸汽为热媒的盘管式换热器属于压力容器。盘管式换热器结构简单，气化能力较小，适用于流量不大的情况，其结构示意图见图 2-10。

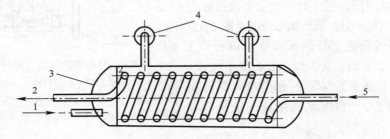

图 2-10 盘管式换热器结构示意图

1—测温口；2—燃气出口；3—壳体；4—热水循环口；5—燃气入口

其材料、制造检测要求参考 GB 150—2011。

（2）固定管板式换热器

固定管板式换热器的热媒是由筒体上的接管进口，顺序经各折流通道，曲折地流至接管出口，而燃气则在换热管内逆向流动。两者在换热管表面进行热交换，以达到燃气升温的目的。

固定管板式换热器换热面积大，结构比较紧凑，造价便宜，适用于压力、流量比较大的场合。但管外不能机械清洗。当两种流体温差较大时，存在较大的温差应力，需设置补偿圈。一般采用卧式结构，占地面积较大，示意图见图 2-11。

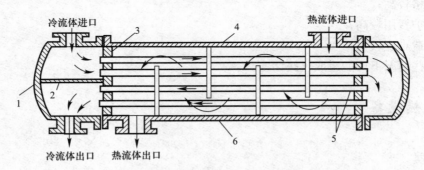

图 2-11 固定管板式换热器结构示意图

1—管箱；2—分层隔板；3—管板；4—折流板；5—换热管；6—壳体

其材料、制造检测要求参考 GB 150—2011、GB/T 151—2014。

（3）U 形管式换热器

U 形管式换热器，每根管子都弯成 U 形，两端固定在同一块管板上，每根管子皆可自由伸缩，从而解决热补偿问题。管程至少为两程，管束可以抽出清洗，管子可以自由膨胀。其缺点是管子内壁清洗困难，管子更换困难，管板上排列的管子少。优点是结构简单，质量轻，适用于高温高压条件。一般为立式结构，占地面积小，示意图见图 2-12。

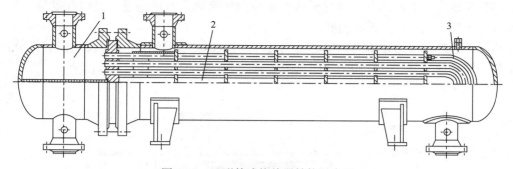

图 2-12　U 形管式换热器结构示意图

1—管箱；2—壳层；3—U 形管

其材料、制造检测要求参考 GB 150—2011、GB/T 151—2014。

（4）电加热式换热器

电加热式换热器一般采用电加热水或油，然后与管道内的燃气进行间接换热。也可以通过电加热管直接加热燃气。一般适用于流量比较小的场合。

间接换热的电加热换热器体积比较大，热效率一般，但比较安全。结构示意图见图 2-13。

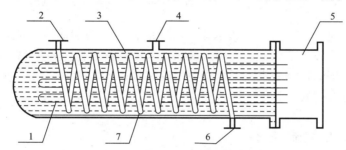

图 2-13　间接换热电加热换热器结构示意图

1—电加热元件；2—燃气出口；3—导热介质；4—导热介质入口；5—接线盒；6—燃气进口；7—加热盘管

其材料、制造检测要求参考 GB 150—2011。

直接加热的电加热换热器热效率高，结构比较紧凑，但存在干烧的危险，对电加热换热器的控制要求较高。结构示意图见图 2-14。

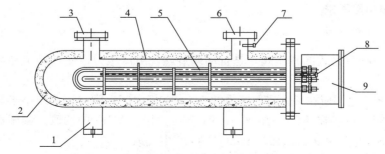

图 2-14　直接加热电加热换热器结构示意图

1—支座；2—保温层；3—燃气入口；4—壳体；5—电加热元件；6—燃气出口；7、8—温度传感器；9—接线盒

（5）火焰式换热器

火焰式换热器一般有两种结构：

一种是燃烧产生的热烟气通过火筒壁面与燃气换热，换热迅速，但燃气受热不均匀，可能会在火筒壁面结焦，影响换热。

另一种是热烟气通过水把热量传给燃气，也称水套炉，换热相对较慢，但温度分布比较均匀，换热效果好，其结构示意图见图 2-15。

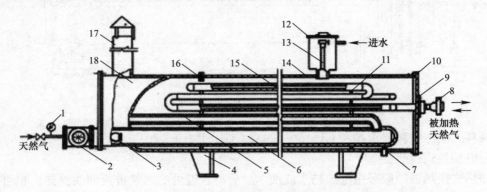

图 2-15　火焰式换热器（通过水换热）结构示意图

1—压力表；2—燃烧器；3—火嘴；4—支座；5—烟管；6—火筒；7—排污口；8—天然气出口；9—端盖；
10—紧固件；11—支撑板；12—水箱盖；13—补水管；14—炉壳；15—换热管；16—放空口；17—烟囱；18—烟箱

火焰式换热器换热温度高，换热迅速，占地面积大，特别适用于流量非常大的场合。同时，在没有其他热源的情况下，火焰式换热器采用自备燃料作为热源，比较方便。但由于存在明火，对燃烧的控制要求高，以避免出现事故。

其材料、制造检测要求参考 GB 150—2011、GB/T 33840—2017。

2.5　流量/压力控制设备

2.5.1　分类

流量/压力控制设备主要包括：调压器（减压阀）、调节阀、紧急切断阀、安全阀、安全放散阀。

2.5.2　性能和质量要求

（1）调压器

调压器是一种自力式的减压阀，是自动调节燃气出口压力，使其稳定在某一压力范围内的装置。

调压器的调节范围应在最大流通能力的 5%～90% 之间，阀口流速应小于等于 150 m/s。调压器的稳压精度可以在 AC1、AC2.5、AC5、AC10、AC15 中选取。调压器的关闭精度可在 SG2.5、SG5、SG10、SG15、SG20、SG25 中选取。

调压器的阀体上标注有气体流向箭头标志，需要时应设有吊环。

调压器按作用原理可分为直接作用式调压器和间接作用式调压器。

直接作用式调压器是利用出口压力变化，直接控制传动装置（阀杆）带动调节元件（阀芯）运动的调压器，即只依靠敏感元件（皮膜）感受出口压力的变化移动阀芯进行调节。结构示意图见图 2-16。

直接作用式调压器结构简单，反应速度快，适合于小型公福用户、居民用户及各类直燃设备。但一般精度不高，精度通常最高可达 AC5。执行机构尺寸较大，口径较大时维修成本较高，一般适用于压力较低、流量比较小的情况。

使用材料、其他性能和检测要求详见GB 27790—2011。

间接作用式调压器由主调压器和指挥器

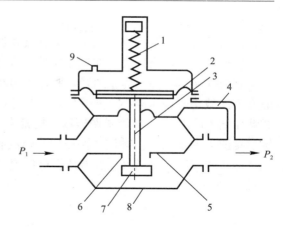

图 2-16　直接作用式调压器结构示意图
1—调节弹簧；2—膜片；3—阀杆；4—导压管；
5—金属隔板；6—阀座；7—阀垫；8—壳体；
9—呼吸孔；P_1—进口压力；P_2—出口压力

组成。当下游用气量增加，出口压力 P_2 低于给定值时，指挥器薄膜 2 及阀芯 4 向下移动，阀口打开，进口压力 P_1 经指挥器阀口节流降压成为负载压力 P_3，压力为 P_3 的燃气补充到主调压器的薄膜下腔空间并作用在主调压器薄膜上，经阀杆 8 传通给阀芯 9 使主调压器阀口开大，下游流量增加，使 P_2 逐步恢复到给定值。反之，当下游用气量减少，出口压力 P_2 超过给定值时，指挥器阀口关小，使主调压器薄膜下腔的压力降低，主调压器的阀口关小，流量减少，P_2 也逐渐恢复到给定值。示意图见图 2-17。

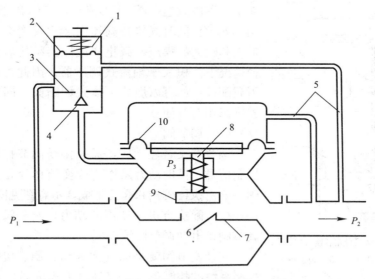

图 2-17　间接作用式调压器结构示意图
1—指挥器弹簧；2—指挥器薄膜；3—指挥器阀座；4—指挥器阀芯；5—导压管；6—主调压器阀座；7—金属隔板；
8—主调压器阀杆；9—主调压器阀芯；10—主调压器薄膜；P_1—进口压力；P_2—出口压力；P_3—负载压力

间接作用式调压器精度高，通常精度最高可达 AC1。反应速度较慢，结构复杂，但大口径时相对体积较小，适用于高压力、大流量的情况。可以配置双指挥器及快开式阀口结构，以提高反应速度。

调压器按阀体结构一般又可分为轴流式调压器、截止式调压器。

轴流式调压器是指气体在调压器处的流动方向与进出口燃气的流动方向一致。

轴流式调压器阀口为全通径，阀体阻力小、流态好、不会产生气蚀。同等工况下产生的噪声比截止式调压器小。同等口径、同等压力下，轴流式调压器的额定流量要高出截止式调压器15%以上。轴流式调压器结构紧凑，同等口径情况下体积小于截止式调压器，结构示意图见图2-18，但轴流式调压器维修没有截止式调压器方便。

截止式调压器是指气体在调压器处的流动方向与进出口的燃气方向相垂直，结构示意图见图2-19。

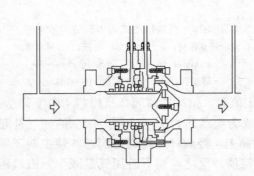

图2-18 轴流式调压器结构示意图

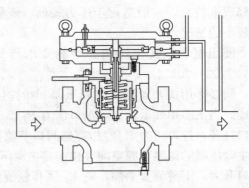

图2-19 截止式调压器结构示意图

截止式调压器的阀口为非全通径，气体下进上出，在调压器内做逆"Z"字形流动，气体会产生气蚀，冲刷阀体死角。同时气体在阀体内2次转弯会产生一定压力损失和较大的噪声。截止式调压器结构较复杂，同等口径情况下体积大于轴流式调压器，因此可以更多的增加附属配件，如可以加装一体式切断阀。同时截止式调压器维修相对方便。

（2）调节阀

调节阀又名控制阀，通过接受调节控制单元输出的控制信号，借助动力操作去改变流体流量或压力。调节阀一般由执行机构和阀门组成，示意图见图2-20。

按所配执行机构使用的动力，调节阀可以分为气动调节阀、电动调节阀等。

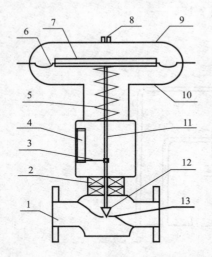

图2-20 气动调节阀结构示意图

1—阀体；2—密封填料；3—阀位指示；
4—阀位刻度；5—调节弹簧；6—皮膜；
7—皮膜压盘；8—控制气体入口；
9—皮膜上腔；10—皮膜下腔；
11—阀杆；12—阀芯；13—阀座

气动调节阀就是以气体为动力源，接收工业自动化控制系统的控制信号，以气缸为执行器，并借助于电-气阀门定位器、转换器、电磁阀、保位阀等附件驱动阀门，实现开关式或比例式调节，来完成调节管道介质的流量、压力、温度等各种工艺参数。气动调节阀结构简单，安全性好，输出推力较大，维修方便，价格低廉，防火防爆；但配管复杂，响应慢。

使用材料、其他性能和检测要求参见GB/T 4213—2008。

电动调节阀就是以电源为动力源，接收工业自动化控制系统的控制信号，经过伺服放大器放大，通过电机带动减速器运行推动调节阀芯作相应的角位移或直线位移，从而达到对工艺介质流量、压力、温度、液位等工艺参数进行调节的目的。电动调节阀能源取用方便，体积较小，信号传输快，反应迅速；但结构相对复杂，示意图见图 2-21，需要采用防爆电气结构设计，价格较高，维护比较麻烦。

使用材料、其他性能和检测要求参见 JB/T 7387—2014。

调节阀的流量特性（图 2-22），是在阀两端压差保持恒定的条件下，介质流经调节阀的相对流量与调节阀的开度之间的关系。调节阀的流量特性有线性特性、等百分比特性、抛物线特性和快开特性四种。

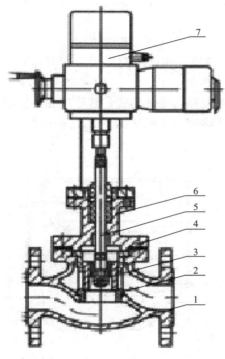

图 2-21　电动调节阀结构示意图
1—阀体；2—阀垫；3—阀笼；4—阀盖；
5—阀杆；6—填料；7—电动执行机构

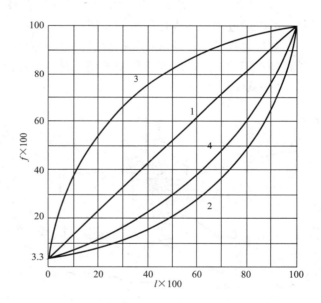

图 2-22　调节阀的流量特性
1—线性；2—等百分比；
3—快开；4—抛物线

线性特性的相对行程和相对流量成直线关系。单位行程的变化所引起的流量变化是不变的。流量大时，流量相对值变化小，流量小时，则流量相对值变化大。

等百分比特性的相对行程和相对流量不成直线关系，在行程的每一点上单位行程变化所引起的流量的变化与此点的流量成正比，流量变化的百分比是相等的。所以它的优点是流量小时，流量变化小，流量大时，则流量变化大，也就是在不同开度上，具有相同的调节精度。

抛物线特性的流量按行程的二次方成比例变化，大体具有线性特性和等百分比特性的中间特性。

快开特性的开度较小时就有较大流量，随开度的增大，流量很快就达到最大，故称为快开特性。

从其调节性能上讲，以等百分比特性为最优，其调节稳定，调节性能好；而抛物线特性又比线性特性的调节性能好；快开特性适用于迅速启闭的切断阀或双位控制系统。

（3）紧急切断阀

紧急切断阀又叫安全切断阀，安装在燃气供应系统中，当系统正常工作时，阀门处于开启状态，当系统出现故障时，能够自动或手动快速关闭，截断燃气的输送，当燃气系统故障排除后，其执行机构通过人工复位，恢复燃气的输送。

切断阀的切断精度可以在 AQ1、AQ3、AQ5、AQ10、AQ15 中选取。切断阀响应时间不应超过 2s。

紧急切断阀的阀体结构也可以分为轴流式和截止式，其特性参考轴流式调压器和截止式调压器。

紧急切断阀按执行机构可分为自力式紧急切断阀和电磁式紧急切断阀两种：

1）自力式紧急切断阀利用管线内燃气的自身压力波动，驱动阀门关闭。如需外界控制，可以通过增加远程控制机构实现。

对自力式紧急切断阀，其执行机构也分为直接作用式和间接作用式，其原理和特性参考直接作用式调压器和间接作用式调压器。直接作用式结构示意图见图 2-23、间接接作用式结构示意图见图 2-24。

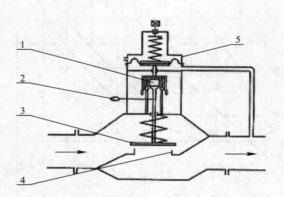 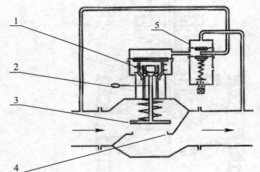

图 2-23　直接作用式切断阀结构示意图　　　　图 2-24　间接作用式切断阀结构示意图
1—切断机构；2—复位装置；3—关闭元件；　　　　1—切断机构；2—复位装置；3—关闭元件；
4—阀座；5—控制器　　　　　　　　　　　　　　4—阀座；5—控制器

自力式紧急切断阀的材料、其他性能和检测要求参见 CJ/T 335—2010。

2）电磁式紧急切断阀，通过外部控制，用电驱动阀门关闭，结构示意图见图 2-25，因此，一般与泄漏报警器、压力传感器、温度传感器等配合使用于安全控制系统中。电磁式紧急切断阀一般用于中低压工况下。

电磁式紧急切断阀的材料、其他性能和检测要求参见 CJ/T 394—2018。

（4）安全阀

安全阀一种自动阀门，它不借助任何外力而利用介质本身的力来排出一定数量的流体，以防止压力超过额定的安全值。当压力恢复正常后，阀门再行关闭并阻止介质继续流出。

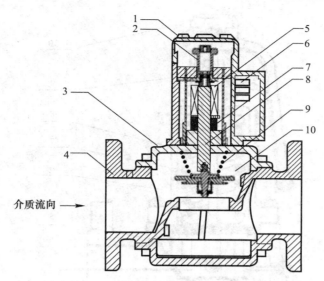

图 2-25　电磁式紧急切断阀结构示意图

1—防护罩；2—拉手；3—阀体盖；4—阀体；5—线圈；6—储能关闭模块；

7—永磁体；8—可动铁组；9—弹簧；10—密封片

安全阀整定压力偏差不应超过±3％整定压力或±0.015MPa 的较大值。

对于启闭压差可调节的阀门，启闭压差的极限值根据使用要求可选择下列二者之一：

1）启闭压差最大值为 7％整定压力，最小值为 2.5％整定压力；

2）启闭压差最大值为 15％整定压力。

下列情形不受上述限制：

当流道直径小于 15mm 时，启闭压差最大值为 15％整定压力；当整定压力小于 0.3MPa 时，启闭压差最大值为 0.03MPa。

对于启闭压差不可调节的阀门，启闭压差的最大值为 15％整定压力。

安全阀的分类方法有很多种，按开启高度不同，可分为全启式、微启式、中启式。

全启式安全阀的开启高度大于等于 1/4 流道直径，其动作过程是属于两段作用式，即先打开与进口压力增加开高呈比例升高，然后再突然起跳全开，必须借助于一个升力机构才能达到全开启，一般用于安全泄放量较大的场合。微启式安全阀的开启高度在 1/40～1/20 流道直径的范围内，动作过程是比例作用式的，即先打开与进口压力增加开高呈比例升高，压力下降时亦随进口压力下降开高呈比例下降，一般用于安全泄放量较小和要求压力较平稳的场合。中启式安全阀的开启高度介于微启式和全启式之间，可以做成两段作用式，也可以做成比例作用式，这种形式的安全阀在我国应用的比较少。

按照安全阀的作用原理，可分为直接作用式、间接作用式，其中间接作用式又可分为先导式和带动力辅助装置的安全阀。

直接作用式安全阀依靠工作介质压力直接产生的作用力克服弹簧或重锤等加于阀瓣的机械载荷，使阀门开启，其示意图见图 2-26。它具有结构简单、动作迅速、可靠性好等优点。但由于依靠机构加载，其载荷大小受到限制，不能用于高压、大口径的场合。同时，当被保护系统正常运行时，这类安全阀关闭件密封面的比压力决定于阀门开启压力同系统正常运行压力之差，是一个不大的值。

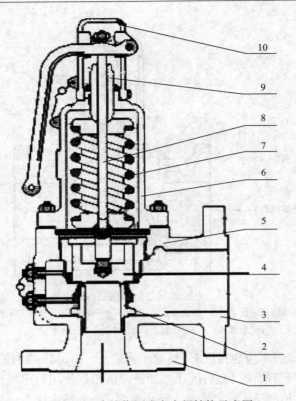

图 2-26　直接作用式安全阀结构示意图

1—进口；2—阀座；3—出口；4—阀瓣；5—阀体；6—弹簧腔；7—弹簧；8—阀杆；9—弹簧调节螺母；10—阀盖

直接作用式安全阀的材料、其他性能和检测要求参见 GB/T 12241—2005、GB/T 12243—2005。

先导式安全阀的主阀是依靠从导阀排出的介质来驱动或控制的，导阀本身是一个直接作用式安全阀。有时也采用其他形式的阀门，例如电磁泄放阀来作用导阀，或者把它同直接作用式导阀并用，即对同一主阀设置多重导阀控制管路，以提高先导式安全阀的可靠性。先导式安全阀特别适用于高压、大口径的场合。先导式安全阀具有良好的密封性能，动作很少受背压变化的影响。但先导式安全阀结构较复杂，动作没有直接作用式安全阀直接和敏捷，其示意图见图 2-27。

间接作用式安全阀的材料、其他性能和检测要求参见 GB/T 12241—2005、GB/T 28778—2012。

带动力辅助装置的安全阀借助于一个动力辅助装置（如空气或蒸汽压力、电磁力等作用），可以在低于正常开启压力的情况下强制安全阀开启。适用于开启压力很接近工作压力的场合，或需定期开启安全阀以进行检查或吹除黏着、冻结的介质的场合。

（5）安全放散阀

安全放散阀是安装在燃气系统中，燃气系统正常工作时放散阀处于关闭状态，燃气系统内的压力达到放散阀设定压力值时，依靠系统内燃气压力放散阀自动开启，并向燃气系统外排放一定量的燃气，待燃气系统内压力恢复至设定值以下时，自动关闭的阀。

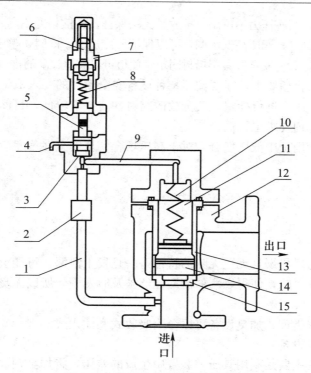

图 2-27　先导式安全阀结构示意图

1—取压信号管；2—过滤器；3—导阀阀座；4—泄放口；5—阀杆；6—调节螺钉；7—导阀；8—调节弹簧；

9—控制信号管；10—主阀弹簧；11—气室；12—主阀；13—阀套；14—主阀阀芯；15—主阀阀座

当整定压力＞0.4MPa 时，整定压力等级为 AF1，最大相对偏差为±1‰；整定压力≤0.4MPa 时，整定压力等级为 AF3，最大相对偏差为±3‰。

启闭压差应为启闭压力的 10‰～15‰。

安全放散阀的材料、其他性能和检测要求参见 CJ/T 335—2010。

安全放散阀的结构和作用原理类似于安全阀，示其意图见图 2-28、图 2-29。

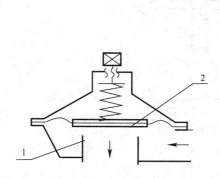

图 2-28　直接作用式安全放散阀结构示意图

1—阀座；2—关闭机构

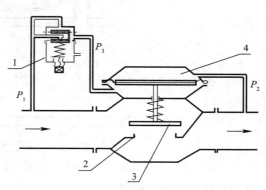

图 2-29　间接作用式安全放散阀结构示意图

1—指挥器；2—阀座；3—关闭元件；4—执行机构

安全放散阀与安全阀存在一定区别：安全放散阀的作用是将管道内的压力降低到设定值以下，保证不超压，很多情况下需在现场对设定压力进行调整，弹簧调节范围比较大，同时，安全放散阀的阀座固定，回座压力不可调，排放量无法保证，放散精度不高。安全阀的选用一般都经过严格的排放量计算，阀座高低可调，可以保证回座压力，同时，整定压力需要第三方进行标定，整定压力确定后，安全阀会用铅封固定，使得可以获得较高的排放压力精度。

安全阀有严格的管理要求，需要按照特种设备安全附件的要求取证后生产，使用过程中还需要定期对整定压力进行标定。安全放散阀对性能要求较低，目前没有生产许可证要求，使用过程中的管理要求也较低。

安全放散阀一般用于中低压场合，对于高压场合，从安全性角度考虑宜选用安全阀。

2.6 加臭设备

2.6.1 分类

由于燃气具有易燃易爆且无色无味的特性，一旦发生泄漏，可能会引起重大事故，应该有容易察觉的特殊气味，使得燃气的泄漏能够被及时发现，所以无臭或臭味不足的燃气应该加臭。

根据臭剂的注入类型，加臭设备可以分为吸收式和注入式。

（1）吸收式加臭设备

吸收式加臭设备主要是利用其压差装置中生成的差压，将加臭剂注入燃气之中，使燃气在加臭剂的添加下达到饱和状态，当混合物流入到压差装置的下游之后，再反流回主管，与主流燃气相混合，实现对燃气的加臭效果。吸收式也称为差压式。其结构示意图见图 2-30。这种加臭设备加臭剂添加量不易控制，适合于要求不高的场合。

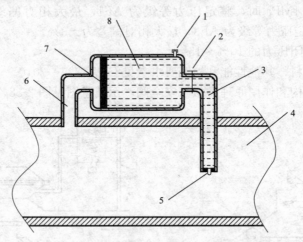

图 2-30　吸收式加臭设备结构示意图

1—注入接口；2—截止阀；3—出液管；4—燃气管道；5—雾化喷头；6—进气管；7—滑块；8—储液罐

（2）注入式加臭设备

液滴注入式燃气加臭设备，则是将液态加臭剂注入燃气管道之中，待其蒸发之后与燃气主气流相混合，从而达到燃气加臭效果。注入式加臭装置相关的设置包括隔膜式柱塞计量泵、加臭剂罐、喷嘴、自动控制器件等，这些装置可以准确、全面地反映出燃气加臭的流量、消耗量、温度、压力等状态。其结构示意图见图 2-31。

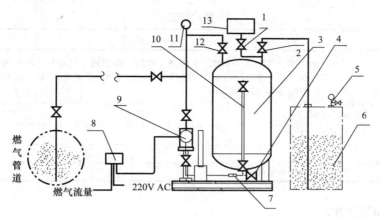

图 2-31　注入式加臭设备结构示意图

1—排气阀；2—进料阀；3—臭剂储罐；4—排污阀；5—压料气源组件；6—臭剂桶；7—管路过滤器；
8—加臭控制器；9—加臭泵；10—液位计；11—压力表；12—回流阀；13—吸收罐

2.6.2　性能和质量要求

加臭装置在额定载荷条件下、加臭剂注入设备最大输出量的 20%～80%范围内，输出精度应为±5%以内。

加臭装置的输出压力应高于被加臭的燃气管道最高工作压力，易为燃气管道最高工作压力的 1.2 倍～1.5 倍。

目前，行业内使用的加臭剂通常为 THT（四氢噻吩），属易燃易爆化学品，不适合频繁接触。因此在选择储罐大小时，要根据臭剂日用量确定一个合理的加料周期，一般最少以一个季度为宜。这样既省去了频繁填充的工作，又有了安全的保障，也降低了操作工人的劳动强度。

加臭装置的控制系统应可接收 4mA～20mA 燃气流量信号，随燃气流量变化，按比例自动连续加臭。装置输出调节频率应能符合使用要求，通过频率设置可保证燃气流量在最大和最小范围内，都能保持臭剂浓度均匀稳定，输出精度应为±5%以内。

加臭控制系统应能够显示加臭标准、加臭剂储量、燃气瞬时流量、单次输出量、注入设备状态等运行数据。控制器输出信号应有指示灯，并应与输出信号同步。控制器自动运行出现故障或失灵时，控制器应能够采取手动等方式控制加臭剂注入设备继续运行。

因加臭装置安装在防爆区内，系统电气设备、电缆和控制系统防爆等级应符合使用场所的要求。

加臭装置的材料、其他性能和检测要求参见 CJ/T 448—2014。

2.7　阀门设备

2.7.1　分类

阀门是用于启闭管道通路或调节管道介质流量的设备。阀门的种类很多，根据特种设备目录，燃气供应用阀门可分为金属阀门、非金属阀门、特种阀门和安全附件 4 类，见表 2-3。

阀门类别　　　　　　　　　　　　　　表 2-3

类别	典型产品
金属阀门	闸阀、截止阀、节流阀、球阀、止回阀、蝶阀、隔膜阀、旋塞阀、柱塞阀、疏水阀、低温阀、减压阀（自力式）、调节阀（控制阀）、眼镜阀（冶金工业用阀）、孔板阀（冶金工业用阀）、排污阀、减温阀、减压阀等
非金属阀门	聚乙烯阀门
	其他非金属阀门
特种阀门	—
安全附件	安全阀、紧急切断阀

2.7.2　性能和质量要求

（1）球阀

球阀是一种回转阀，它的关闭件是个球体，球体绕阀体中心线作旋转来达到开启、关闭的一种阀门。球阀在管路中的主要功能是切断、分配和改变介质的流动方向。

球阀流体阻力小，结构简单、体积小、重量轻，密封可靠，开闭迅速，维修方便。在全开或全闭时，球体和阀座的密封面与介质隔离，介质通过时，不会引起阀门密封面的侵蚀。

阀门设计应考虑在全压差下启闭灵活、操作转矩小、无卡阻，在最大压差下的启闭力应≤360N。公称直径≤$DN100$ 的球阀球体宜为浮动球设计，公称直径≥$DN150$ 的球阀球体应为固定球设计。公称直径≥$DN300$ 的球阀应采用三片式结构。球体、阀杆及阀座应采用镀镍磷或镀镍处理，镀层应均匀平滑且镀层厚度应不小于 0.05mm。球阀阀杆应有防脱出设计。

管线阀门应为全通径、双向密封、耐火结构及防静电结构，且球体应为实心球。固定球阀结构应能保证在不影响设备运行的情况下进行加注润滑油及密封脂、清洗排污维护等保养。

球阀按阀体材料可分为铸钢球阀和锻钢球阀。铸钢球阀一般用于中低压场合，锻钢球阀一般用于高中压场合。

按球体的固定方式可分为浮动球球阀和固定球球阀。

浮动球球阀的球体是浮动的，在介质压力作用下，球体能产生一定的位移并紧压在出口端的密封面上，保证出口端密封。浮动球球阀的结构简单，密封性好，但球体承受工作介质的载荷全部传给了出口密封圈，出口侧密封效果好，操作扭矩大。一般以铸钢阀体为主，无防火、防静电结构，价格便宜，广泛用于中低压场合。其结构示意图见图 2-32。

浮动球球阀的材料、其他性能和检测要求参见 GB/T 12237—2007、CJ/T 514—2018、CJ/T 180—2014；聚乙烯阀门参见 GB 15558.3—2008。

固定球球阀的球体是固定的，受压后不产生移动，进口侧和出口侧密封效果相同。固定球球阀都带有浮动阀座，受介质压力后，阀座产生移动，使密封圈紧压在球体上，以保证密封，双向受压也可保证可靠的密封。通常在球体的上、下轴上装有轴承，操作扭矩小。一般都设有注脂口，在密封面间压注特制的润滑脂，既增强了密封性，又减少了操作扭矩。一般以锻钢阀体为主，并设有防火、防静电结构，价格较高，适用于要求较高、高压和大口径的场合。

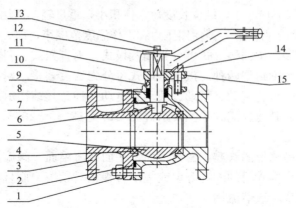

图 2-32　浮动球球阀结构示意图

1—紧固件；2—密封垫；3—左阀体；4—阀垫；5—球体；6—阀杆；7—止推垫片；8—右阀体；9—密封填料；
10—填料压套；11—限位块；12—手柄；13—螺钉；14—紧固件；15—填料压板

固定球球阀的材料、其他性能和检测要求参见 GB/T 20173—2013。其结构示意图见图 2-33。

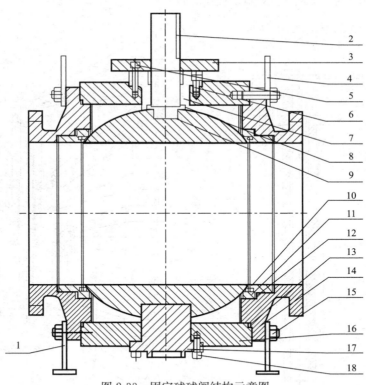

图 2-33　固定球球阀结构示意图

1—支座；2—键；3—连接板；4—吊耳；5—螺钉；6—螺钉；7—填料函；8—止推垫片；9—阀杆；10—阀座；
11—阀座支撑；12—垫片；13—垫片；14—连接体；15—紧固件；16—阀体；17—固定轴；18—螺钉

（2）蝶阀

蝶阀是阀瓣绕阀体内固定轴旋转关闭的阀门，一般作管道及设备的开启或关闭用，有时也可以作为调节流量用。

蝶阀结构简单，外形尺寸小，结构长度短，体积小，重量轻，适用于大口径的阀门。启闭方便迅速、省力，调节性能好。但使用压力和工作温度范围小，部分类型密封性较差。

蝶阀的类型比较多：按结构形式可分为偏置板式、垂直板式、斜板式和杠杆式。按密封形式有软密封型和硬密封型两种。按连接形式可分为法兰连接、对夹连接、焊接等。按传动方式可分为手动、齿轮传动、气动、液动和电动几种。其结构示意图见图 2-34。

蝶阀的使用材料、其他性能和检测要求详见 GB/T 12238—2008、JB/T 8527—2015。

（3）截止阀

截止阀是启闭件呈塞形的阀瓣，密封上面呈平面或海锥面，阀瓣沿阀座的中心线作直线运动的阀门。由于该类阀门的阀杆开启或关闭行程相对较短，而且具有非常可靠的切断功能，非常适合作为切断或节流用。

截止阀结构简单，体积小，重量轻，紧密可靠，操作方便，维修方便，密封圈一般都是活动的，拆卸更换都比较方便，截止阀按其通道位置可分为直通式、三通式和直角式。后两种闸阀用于分配介质与改变介质的流向。按密封形式有软密封型和硬密封型两种。按连接形式可分为法兰连接、对夹连接、焊接等。按传动方式可分为手动、齿轮传动、气动、液动和电动几种。其结构示意图见图 2-35。

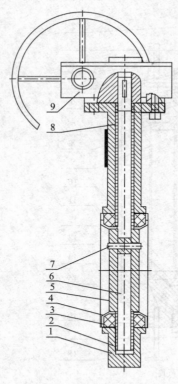
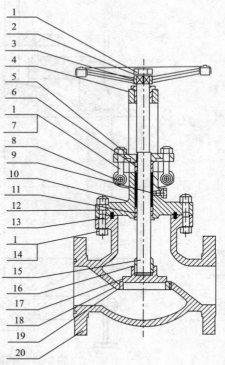

图 2-34　蝶阀结构示意图

1—阀体；2—长衬套；3—"O"形密封圈；
4—橡胶衬套（阀座）；5—蝶板；6—阀杆；
7—锥销；8—短衬套；9—手动装置

图 2-35　截止阀结构示意图

1—螺母；2—垫片；3—手轮；4—阀杆螺母；5—填料压差；
6—填料压套；7—活节螺栓；8—销；9—螺塞；
10—填料；11—上密封底；12—阀盖；13—密封环；
14—螺柱；15—阀杆；16—压盖；17—对开环；
18—阀瓣；19—阀座；20—阀体

截止阀的使用材料、其他性能和检测要求详见 GB/T 12235—2007、CJ/T 514—2018。

（4）止回阀

止回阀是指启闭件为圆形阀瓣并靠自身重量及介质压力产生动作来阻断介质倒流的一种阀门。属自动阀类，又称逆止阀、单向阀、回流阀或隔离阀。主要用于介质单向流动的管道上，只允许介质向一个方向流动，以防止发生事故。

止回阀按阀瓣运动方式分为升降式和旋启式。升降式止回阀与截止阀结构类似，仅缺少带动阀瓣的阀杆。介质从进口端（下侧）流入，从出口端（上侧）流出。当进口压力大于阀瓣重量及其流动阻力之和时，阀门被开启；反之，介质倒流时阀门则关闭。旋启式止回阀有一个斜置并能绕轴旋转的阀瓣，工作原理与升降式止回阀相似。缺点是阻力大，关闭时密封性差。其结构式示意图见图 2-36、图 2-37。

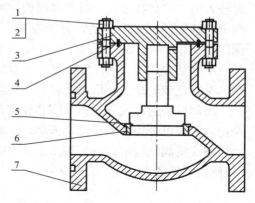

图 2-36　升降式止回阀结构示意图
1—螺母；2—螺柱；3—阀盖；4—密封环；
5—阀瓣；6—阀座；7—阀体

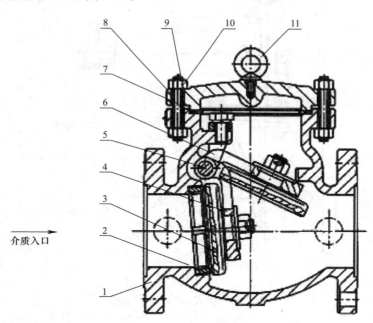

图 2-37　旋启式止回阀结构示意图
1—阀体；2—阀座；3—阀瓣；4—摇杆；5—销轴；6—支架；7—垫片；8—压盖；9—螺柱；10—螺母；11—吊环螺钉

止回阀的使用材料、其他性能和检测要求详见 GB/T 12235—2007、GB/T 12236—2008、CJ/T 514—2018。

（5）闸阀

闸阀是一个启闭件闸板，闸板的运动方向与流体方向相垂直，闸阀只能作全开和全关，不能作调节和节流。闸阀通过阀座和闸板接触进行密封，通常密封面会由软密封材料和堆焊金属材料组成以增加耐磨性，闸板有刚性闸板和弹性闸板，根据闸板的不同，闸阀分为刚性闸阀和弹性闸阀。

闸阀流动阻力小。阀体内部介质通道是直通的，介质成直线流动，流动阻力小，启闭时较省力。但是高度大，启闭时间长，闸板的启闭行程较大，升降是通过螺杆进行的，介质可向两侧任意方向流动，易于安装。形体简单，结构长度短，制造工艺性好，适用范围广。

闸阀结构紧凑，阀门刚性好，通道流畅，流阻数小，但是密封面之间易引起冲蚀和擦伤，维修比较困难。外形尺寸较大，开启需要一定的空间，开闭时间长。结构较复杂。

闸阀按密封形式有软密封型和硬密封型两种。按连接形式可分为法兰连接、焊接等。按传动方式可分为手动、齿轮传动、气动、液动和电动几种。

楔式闸阀结构示意图见图 2-38，钢制平板闸阀（单闸板）见图 2-39，钢制平板闸阀（双闸板）见图 2-40。

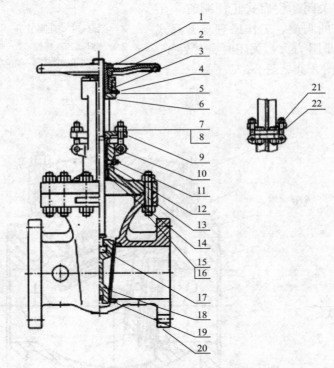

图 2-38　楔式闸阀结构示意图

1—锁紧螺母；2—手轮；3—压盖；4—阀杆螺母；5—油杯；6—阀盖；7—活节螺栓；8—螺母；9—填料压板；10—填料压套；11—螺塞；12—隔环；13—填料；14—上密封座；15—螺栓；16—螺母；17—阀杆；18—阀板；19—阀座；20—阀体；21—螺栓；22—支架

钢制 PE 端闸阀：一种钢塑混合型闸阀。其主体部分采用锻钢闸阀结构，与管道连接部分采用 PE（聚乙烯塑料）接管。这种钢塑复合设计避免了纯 PE 闸阀在长期使用中因阀体及操作部分材质老化而导致开关失效及损坏的弊端，所以不易产生因 PE 老化损坏后引起的泄漏，使用寿命长并且安全可靠，不易产生外漏及因 PE 材料老化损坏以后而导致的纯 PE 闸阀出现的泄漏。其结构示意图见图 2-41。

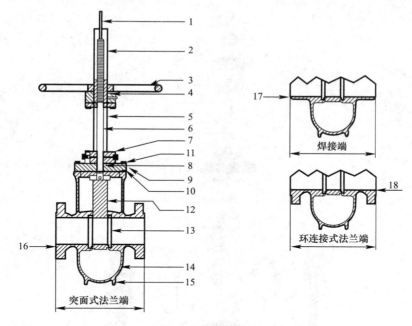

图 2-39　平板闸阀结构示意图（单闸板）

1—阀杆指示器；2—阀杆罩；3—手轮；4—阀杆螺母；5—支架；6—阀杆；7—支架螺栓；8—阀杆填料；

9—泄压阀；10—阀盖；11—阀盖螺栓；12—闸板；13—阀座圈；14—阀体；

15—支承筋或支承腿；16—凸面；17—焊接端；18—环接端

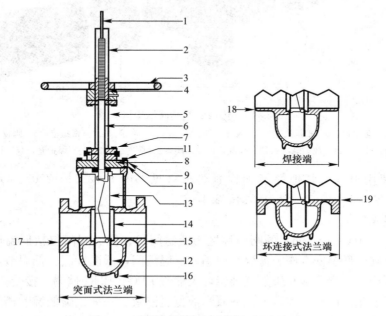

图 2-40　平板闸阀结构示意图（双闸板）

1—阀杆指示器；2—阀杆罩；3—手轮；4—阀杆螺母；5—支架；6—阀杆；7—支架螺栓；8—阀杆填料；9—泄压阀；

10—阀盖；11—阀盖螺栓；12—导向筋；13—阀板组件；14—阀座圈；15—阀体；16—支承筋或支承腿；

17—凸面；18—焊接端；19—环接端

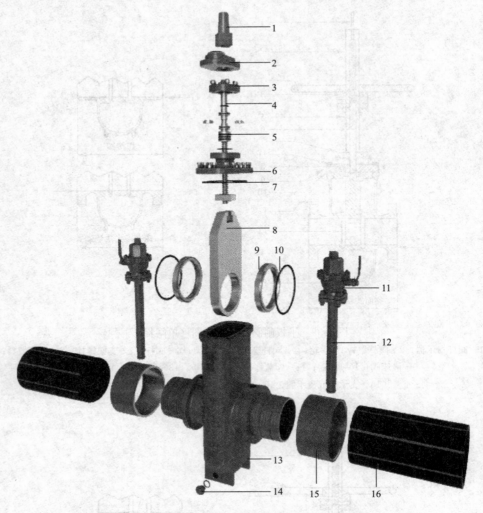

图 2-41　钢制 PE 端闸阀结构示意图

1—指示杆；2—防尘罩；3—轴承压盖；4—阀杆；5—密封环；6—连接盘；7—密封垫；8—阀板；9—支撑圈；
10—密封圈；11—放散球阀；12—放散管；13—阀体；14—放空阀；15—保护套；16—PE 管

闸阀的使用材料、其他性能和检测要求详见 GB/T 12234—2007、GB/T 19672—2005、GB/T 20173—2013、CJ/T 514—2018。

（6）低温阀

介质温度—40℃～—196℃的阀门称之为低温阀门，低温阀门包括低温球阀、低温闸阀、低温截止阀、低温安全阀、低温止回阀，低温蝶阀，低温针阀，低温节流阀，低温减压阀等，主要用于乙烯，液化天然气装置，天然气 LPG、LNG 储罐，接受基地及卫星站，空分设备，石油化工尾气分离设备，液氧、液氮、液氩、二氧化碳低温贮槽及槽车、变压吸附制氧等装置上。输出的液态低温介质如乙烯、液氧、液氢、液化天然气、液化石油产品等，不但易燃易爆，而且在升温时要气化，气化时，体积膨胀数百倍。

低温阀按密封形式有软密封型和硬密封型两种。按连接形式可分为法兰连接、焊接等。按传动方式可分为手动、齿轮传动、气动、液动等。其结构示意图见图 2-42～图 2-50。

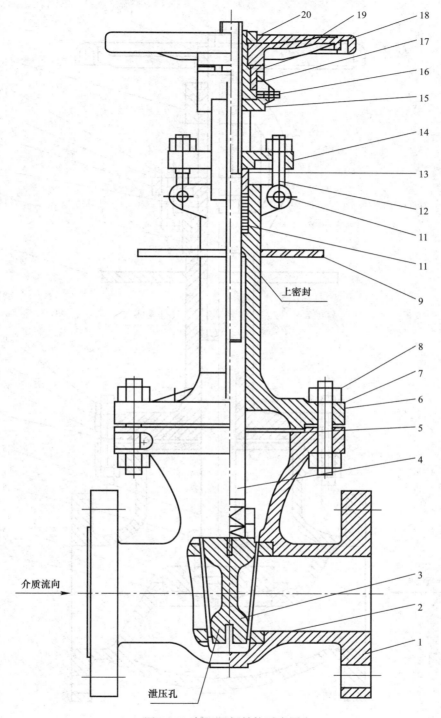

上密封

介质流向

泄压孔

图 2-42　低温闸阀结构示意图

1—阀体；2—阀座；3—闸板；4—阀杆；5—垫片；6—阀盖；7—螺柱；8—螺母；9—滴水隔离盘；
10—填料；11—销子；12—活节螺栓；13—填料压套；14—填料压板；15—支架；16—油杯；
17—阀杆螺母；18—压盖；19—手轮；20—圆螺母

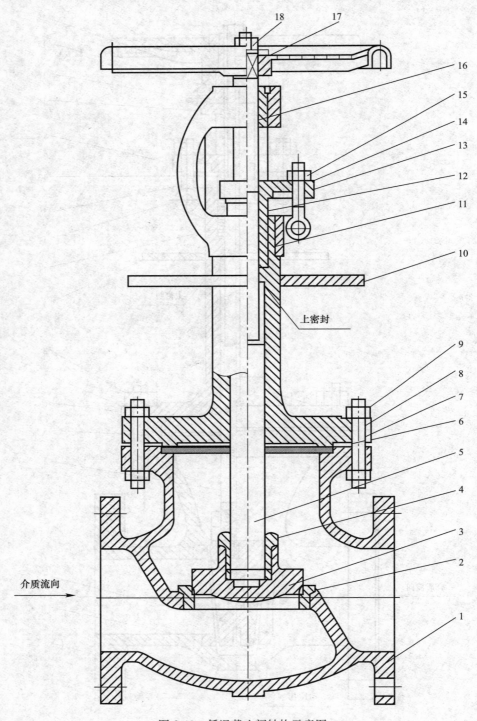

上密封

介质流向

图 2-43 低温截止阀结构示意图

1—阀体；2—阀座；3—阀瓣；4—阀瓣卡套；5—阀杆；6—垫片；7—阀盖；8—螺柱；9—螺母；
10—滴水隔离盘；11—填料；12—填料压套；13—填料压盖；14—活节螺栓；15—螺母；
16—阀杆螺母；17—手轮；18—螺母

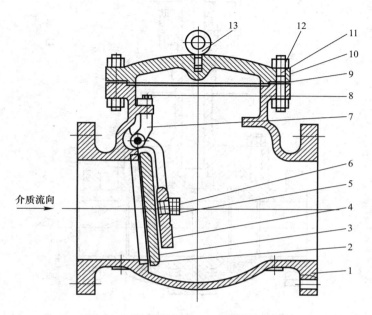

图 2-44　低温旋启式止回阀结构示意图

1—阀体；2—阀座；3—阀瓣；4—摇杆；5—螺母；6—销轴；7—支架；

8—螺钉；9—垫片；10—阀盖；11—螺栓；12—螺母；13—吊环螺钉

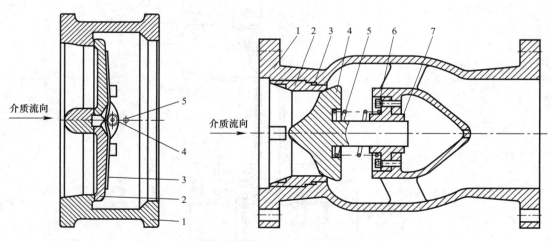

图 2-45　低温对夹式止回阀结构示意图　　图 2-46　低温轴流式止回阀结构示意图

1—阀体；2—阀瓣；3—扭簧；4—销轴；　　1—阀体；2—阀座；3—唇型密封圈；4—阀瓣；

5—挡销　　　　　　　　　　　　　　5—弹簧；6—螺栓；7—导向套

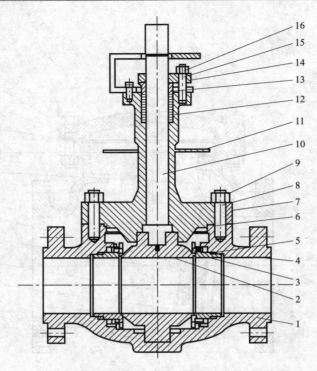

图 2-47　低温上装式固定球阀结构示意图

1—阀体；2—球体；3—密封圈；4—阀座；5—唇型密封；6—垫片；7—阀盖；8—螺栓；9—螺母；
10—阀杆；11—滴水隔离盘；12—填料；13—填料压套；14—填料压板；15—螺柱；16—螺母

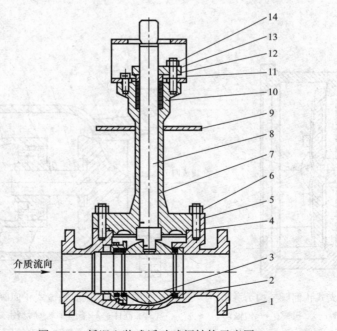

图 2-48　低温上装式浮动球阀结构示意图

1—阀体；2—密封圈；3—球；4—垫片；5—螺柱；6—螺母；7—阀盖；8—阀杆；9—滴水隔离盘；
10—填料；11—填料压套；12—填料压板；13—螺柱；14—螺母

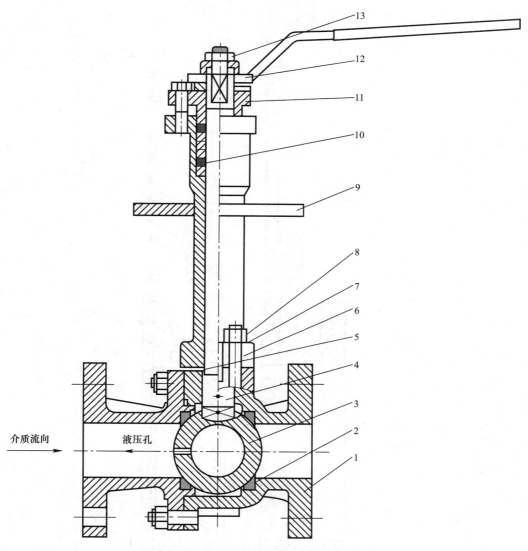

图 2-49　低温侧装式浮动球阀结构示意图

1—阀体；2—阀座；3—球体；4—阀杆；5—垫片；6—阀盖；
7—螺柱；8—螺母；9—滴水隔离盘；10—填料；
11—填料压盖；12—手柄；13—螺母

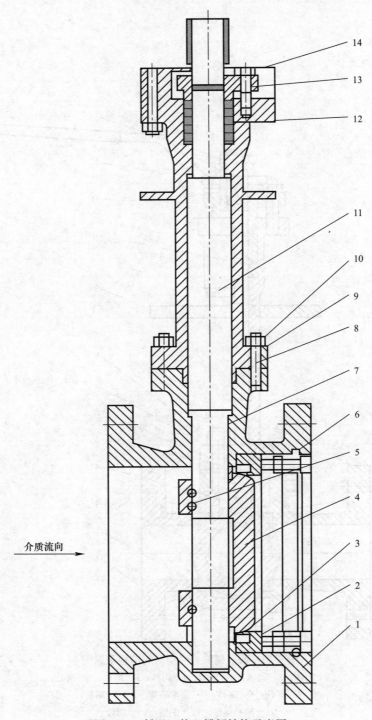

图 2-50　低温三偏心蝶阀结构示意图

1—阀体；2—阀座；3—密封圈；4—蝶板；5—销子；6—压圈；7—轴承；

8—垫片；9—螺柱；10—螺母；11—阀杆；12—填料；

13—填料压套；14—螺栓

低温阀的使用材料、其他性能和检测要求详见 GB/T 24925—2010。

2.8　储存设备

2.8.1　分类

燃气的储存是保证燃气供需平衡的重要手段，燃气种类不同，储存的方式也不尽相同，见表 2-4。

燃气储存设备分类

表 2-4

按储气压力分类	按密封方式分类	按结构形式分类		按介质	适用范围
高压储气 （10MPa≤ P<100MPa）	—	圆柱形罐	立式	天然气、压缩天然气	小规模高压储气
			卧式		
		球形罐		天然气、压缩天然气	大容量，气体、液体燃气
		管道	管束	天然气	储量不大，高压，陆地、船用
			长输管线末端		储量不大，日调峰
		地下储气井		天然气、压缩天然气	小规模高压储气
中压储气 （1.6MPa≤ P<10MPa）	—	圆柱形罐	立式	液化石油气	小规模储存
			卧式		
		球形罐		天然气、液化石油气	较大规模储存
低压储气 （0.1MPa≤ P<1.6MPa）	湿式（水封）罐	自立导轨升降式		人工煤气	储量较小，逐步被淘汰
		螺旋导轨升降式			储量较大，广泛使用
	干式罐	稀油密封，阿曼阿恩型 （MAN 型）			大容量、脱湿燃气，很少
		润滑脂密封，可隆型 （KLONNE 型）			
		橡胶夹布密封，威金斯型 （WIGGINS 型）			
	—	球形罐		天然气、液化天然气	较大规模储存
		圆柱形罐	立式	液化天然气	含子母罐、储量不大，日调峰
			卧式		
常压储气 （P<0.1MPa）	—	单容储罐		液化天然气	调峰和应急储备，适于大容量储气
		双容储罐			
		全容储罐			
		薄膜储罐			

2.8.2　性能和质量要求

低压储气罐储存的是低压气体，按其密封方式可以分为湿式罐和干式罐两大类。

低压湿式罐是在水槽内放置钟罩和塔节，钟罩和塔节随燃气的进出而升降，并利用水封隔断内外气体来储存的容器。单节储气罐一般用于小容器储气，钟罩高度等于水槽高度，一般水槽高度为直径的 30%～50%。大容器储气时，为避免水槽高度过大，采用多节储气罐，每节的高度等于水槽的高度，而钟罩和塔节的全高约为直径的 60%～100%。

根据低压湿式储气罐的结构形式，通常分为直立罐和螺旋罐。直立罐一般设置导向装置（导轨立柱），而螺旋罐无导轨立柱，罐体靠安装在侧板上的导轨和安装在平台上的导轮相对滑动产生缓慢旋转而上升或下降。

湿式储气罐在北方供暖地区冬季要采取防冻措施，因此管理较复杂，维护费用较高。由于塔节经常浸入、升出水槽水面，因此必须定期进行涂漆防腐。直立罐耗用金属较多，尤其是在大容量时更为显著。主要用于低压人工燃气，也可用于人工煤气替换为天然气。其示意图见图 2-51。

低压湿式罐的材料、其他性能和检测要求参见 HG/T 21549—1995。

低压干式储气罐主要由外筒、沿外筒上下运动的活塞、底板及顶板组成。根据密封方法不同，目前实际采用的有下列三种罐型：阿曼阿恩（MAN）型、可隆（KLONNE）型、威金斯（WIGGINS）型。干式储气罐的最大问题是密封问题，由于其密封过于复杂，现在我国基本不再投建。示意图见图 2-52。

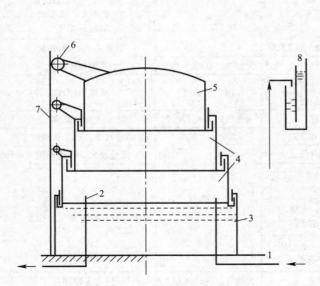

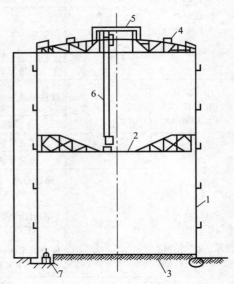

图 2-51　低压湿式罐示意图

1—燃气进口；2—燃气出口；3—水槽；4—塔节；
5—钟罩；6—导向装置；7—导轮；8—水封

图 2-52　干式储气罐示意图

1—外筒；2—活塞；3—底板；4—顶板；
5—天窗；6—梯子；7—燃气入口

低压干式罐的材料、其他性能和检测要求参见 GB 51066—2014。

高压储气罐的储存原理与低压储气罐不同，其储存原理为几何容积固定不变，通过改变其中燃气的压力来储存燃气的，故称定容储罐。

高压储气罐可以储存气态燃气，也可以储存液态燃气。高压储罐按形状可分为圆筒形和球形。圆筒形罐是由钢板制成的圆筒体和两端封头构成的容器。封头分为半球形、椭圆形和蝶形。球形罐通常由分瓣压制的钢板拼焊组装而成，瓣片分布颇似地球仪，一般分为极板、南北极带、南北温带、赤道带等。示意图见图 2-53。

圆筒形罐的材料、其他性能和检测要求参见 GB 150—2011，球罐参见 GB 12337—2014。

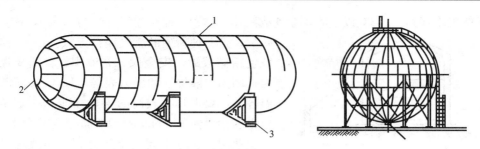

图 2-53 圆筒形罐、球形罐示意图

1—筒体；2—封头；3—底座

随着我国燃气供应系统的发展，新建燃气气源基本上是高压的天然气，因此采用储配站形式进行储气的，一般都为高压储配站。其主要功能是接受气源厂或长输管线来气；储存燃气，以调节燃气生产与使用的不平衡；控制输配系统供气压力；进行气量分配；测定燃气流量；检测燃气气质；对燃气加臭。示意图见图 2-54。

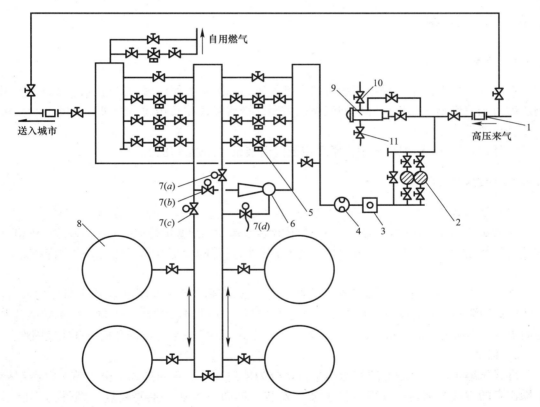

图 2-54 储配站示意图

1—绝缘接头；2—过滤器；3—加臭装置；4—流量计；5—调压器；6—引射器；7—电动球阀；8—储罐；

9—清管器收球筒；10—放散阀；11—排污阀

燃气的地下储存通常有下列几种方式：利用枯竭的油气田、含水多孔地层、盐矿层建造的储气库和岩穴储气。其中利用枯竭的油气田最为经济，利用岩穴储气造价较高，其他两种在有适宜地质构造的地方可以采用。利用地下储气方式可以大量储存燃气。

天然气冷却到－162℃以下时，会变成液体，体积会缩小为气态时的1/625，体积大为减少，是一种新型的燃气储存方式。LNG储存系统包括储液罐、安全阀、充液阀、自增压器、压力控制阀、液位计和压力表等。LNG储液罐为低温容器，要求具有较高的绝热性能和一定高的耐压强度，以保证LNG的正常储存状态和LNG的安全使用。根据不同的绝热方式，储液罐可分为真空绝热型、真空粉末（或纤维）绝热型和高真空多层绝热型等类型。示意图见图2-55。

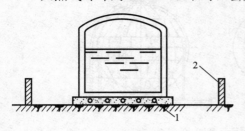

图2-55 储液罐示意图
1—底座；2—围堰

LNG储存的选址不受地理位置、地质结构、距离远近、容量大小等限制，而且占地少、造价低、工期短、维修方便。在没有气田、盐穴水层的城市，难以建地下储气库，都可以采用LNG储存。同时LNG蕴藏着大量的低温能量，利用其冷能可以进行冷能发电、空气分离、超低温冷库、制造干冰、冷冻食品等，综合经济效益较好。

2.9 增压设备

2.9.1 分类

在燃气输配系统中，采用压缩机提高燃气压力，按其工作原理可划分为两大类：容积型压缩机和速度型压缩机。容积型压缩机主要是指活塞式和回转式压缩机，速度型压缩机主要是指离心式压缩机。

此外，在LNG输配系统中，常采用低温潜液泵提高燃气压力。

2.9.2 压缩机性能

（1）活塞式压缩机

在活塞式压缩机中，气体是依靠在气缸内做往复运动的活塞进行加压的。活塞式压缩机可按排气压力的高低、排气量的大小及消耗功率的多少进行分类。通常按照结构形式进行分类：

1）立式

立式压缩机的气缸中心线与地面垂直。由于活塞环的工作表面不承受活塞环的重量，因此气缸和活塞的磨损较小，能延长机器的使用年限。机身形状简单、重量轻、基础小、占地面积少。但所需要的厂房高、稳定性差。大型立式压缩机安装、维修和操作都比较困难。

2）卧式

卧式压缩机的气缸中心线和地面平行，分为单列卧式和双列卧式。由于整个机器都处于操作者的视线范围内，管理维护方便，安装、拆卸较容易。主要缺点是惯性力不能平衡，转速受到限制，导致压缩机、原动机和基础的尺寸及重量较大，占地面积大。

3）角度式

角度式压缩机的各气缸中心线彼此成一定的角度，结构比较紧凑，动力平衡性较好。按气缸中心线相互位置的不同，又区分为L形、V形、W形、扇形等。

4）对置式

对置式压缩机是卧式压缩机的发展，其气缸分布在曲轴的两侧。对置式压缩机除具有卧式压缩机的优点外，对于对称平衡式卧式压缩机，其惯性力可以完全平衡，机器的转速可以大大提高，因而压缩机和电机的外形尺寸和重量可以有所减少。

（2）罗茨式回转式压缩机

罗茨式回转式压缩机是利用一对相反旋转的转子来输送气体的设备，其优点是当转数一定而进口压力稍有波动时，排气量不变，转数和排气量之间保持恒正比的关系，转数高、没有气阀及曲轴等装置，重量较轻，应用方便；其缺点是当压缩机有磨损时，影响效率较大，当排出的气体受到阻碍，则压力逐渐升高。

（3）螺杆式气体压缩机

螺杆式气体压缩机的气缸成"8"字形，内装两个转子——阳转子和阴转子。螺杆式压缩机的优点是排气连续，没有脉动和喘振现象，排气量容易调节，可以压缩湿气体和有液滴的气体。在构造上由于没有金属的接触摩擦和易损件，因而转速高、寿命长、维修简单、运行可靠；缺点是运行噪声较大。

（4）离心式压缩机

离心式压缩机的主轴带动叶轮旋转时，气体自轴向进入并以很高的速度被离心力甩出叶轮，进入扩压器中。在扩压器中由于有宽的通道，气体的部分动能转变为压力能，速度降低而压力提高。接着通过弯道和回流器又被第二级吸入，通过第二级进一步提高压力。依次逐级压缩，一直达到额定压力。

离心式压缩机的优点是输气量大而连续，运转平稳，机组外形尺寸小，占地面积小；设备的重量轻，易损部件少，使用年限长，维修工作量小；由于转速很高，可以用汽轮机直接带动，比较安全；缸内不需要润滑，气体不会被润滑油污染；实现自动控制比较容易。在长距离输气管线的压气站和天然气液化工厂中通常使用燃气轮机驱动的离心式压缩机。

离心式压缩机的缺点是高速下的气体与叶轮表面有摩擦损失，气体在流经扩压器、弯道和回流器的过程中也有摩擦损失，因此效率比活塞式压缩机低，对压力的适应范围也较窄，有喘振现象。

压缩机的材料、其他性能和检测要求参见 GB/T 25358—2010、GB/T 25360—2010、JB/T 11422—2013。

2.9.3　LNG 低温潜液泵性能

LNG 潜液泵是一种泵和电机一体潜入低温 LNG 中输送低温介质的机械。由于 LNG 的低温（储存压力为 0.1MPa 时，饱和温度约为 −162℃）和易燃的特性，输送泵不仅要能承受低温的性能，而且对泵的气密性和电气安全性能要求更高。

潜液式电动泵结构示意图见图 2-56。

（1）主要特点

1）流量≤340L/min，单台功率≤11kW；

2）潜液泵浸入在低温介质中；

3）无密封组件，结构紧凑；

4）安装维护简单；

5）直立结构，泵的运转寿命长；

6）可变频调速电机的工作范围宽；

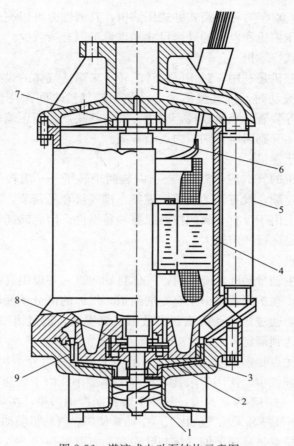

图 2-56 潜液式电动泵结构示意图

1—螺旋导流器；2—推力平衡机构；3—叶轮；4—电动机；5—排出管；6—主轴；7—轴承；8—平衡鼓；9—扩压器

7）预冷时间短，可快速启动。

（2）LNG 潜液泵设置

LNG 潜液泵池的管路系统和附属设备的设置应符合下列规定：

1）LNG 储罐的底部（外壁）与潜液泵池的顶部（外壁）的高差应满足 LNG 潜液泵的性能要求；

2）潜液泵池的回气管道宜与 LNG 储罐的气相管道接通；

3）潜液泵池应设置温度和压力检测仪表，温度和压力检测仪表应能就地指示，并应将检测信号传送至控制室集中显示；

4）在泵出口管道上应设置全启封闭式安全阀和紧急切断阀，泵出口宜设置止回阀。

2.9.4 LNG 低温潜液泵关键技术

（1）LNG 潜液泵密封技术

LNG 潜液泵是将泵与电动机整体安装在一个密封的金属容器内，不需要轴封，也不存在轴封的泄漏问题，泵的进、出口用法兰结构与输送管路相连。因此，其密封问题就是电气连接处的密封。

为防止 LNG 沿着电缆从连接处泄漏到接线盒遇到火花发生爆炸，通常在外接电缆与接线盒处设置 2 道氮气密封保护系统，阻断 LNG 可能的泄漏通道。如果第 1 道氮气保护失效，第 2 道氮气密封系统仍可正常工作，而第 1 道氮气保护失效时其压力有显著变化，由此向安全监测装置报警。

（2）低温下潜液式电机相关技术

浸入低温 LNG 中的电动机转矩与速度的对应关系和电流与速度的对应关系类似，在低温下启动转矩会有较大的降低。此类电机的功率 1000kW～2300kW，其启动电流大约需要满负载工作电流的 6.5 倍。为降低启动电流，软启动技术、自耦变压器和变频无级调节启动技术分别被成功地研制并应用。

此外，电机浸入低温液下被泵内液体冷却，冷却效果好，电机效率高且没有腐蚀的问题，电机绝缘性能不易劣化。轴承润滑也由 LNG 承担，具有良好的冷却和润滑效果。

（3）防止 LNG 在泵内"汽蚀"技术

由于泵体浸入饱和状态下的 LNG 中，轻微的压降或者温升都可能造成 LNG 的气化，由此可能产生"汽蚀"现象。特殊的螺旋诱导器被用来减小 LNG 在吸入口处的阻力，允许液体可以在较低的压力和液位下运转，并可以消除"死穴"，防止产生汽蚀。另外，经过精心设计的叶轮能使低温的 LNG 平滑地流动，且有充裕的汽蚀余量（NPSH）以防止汽蚀带来的危害。

（4）LNG 潜液泵轴向受力平衡技术

由于电机转子与叶轮同轴，其轴向力和径向力受力不平衡直接影响泵和电机的寿命。此外，由于轴承是由 LNG 润滑，轴向力和径向力影响液膜的状态，极易造成严重的磨损。

现代 LNG 潜液泵普遍采用推力平衡机构（Thrust Equalizing Mechanism，TEM）平衡轴向推力。TEM 的上磨损环直径大于下磨损环，致使高速转动过程中合力向上，因此泵轴上的所有转动部件向上移动，此时叶轮的节流环调节缩小它与固定板的间距，限制通过磨损环的流动，并引起上闸室压力增加。由于上闸室压力的增加，此时推力向下，旋转部件又向下移动，因此固定板与叶轮节流环间的距离变大，上闸室压力减小，示意图见图 2-57。经过 TEM 反复连续的自调节，可以使利用 LNG 润滑的球形推力轴承在零轴向推力状态下运转，极大地提高了轴承的可靠性，并延长了 LNG 潜液泵的维修周期。

径向力的平衡是由一种对称扩散器叶片实现的，示意图见图 2-58。由于扩散器与流体是对称的，低温的 LNG 从叶轮中流出后进入轴向的扩散器，在其流量范围下具有完美的液压对称性。因此，潜液式 LNG 泵作用于叶轮上的径向力理论上为零。

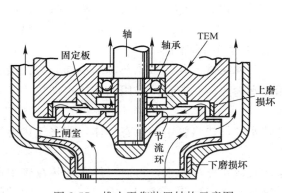

图 2-57　推力平衡装置结构示意图

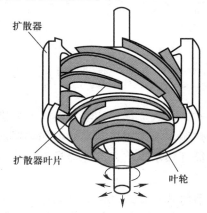

图 2-58　低温潜液泵的扩散器示意图

2.10 气化设备

2.10.1 分类

气化设备与换热设备作用类似，只是将液态成分通过换热，变成气体。分类参见换热设备部分。

2.10.2 性能和质量要求

（1）空温式气化器

空温式气化器一般用于 LNG 的气化，在南方炎热地区也可以对 LPG 进行气化。

空温式气化器是利用空气自然对流加热低温 LNG 使其气化成常温气体的换热设备，一般由铝合金和奥氏体不锈钢材料制造。其换热主体结构由铝翅片管按一定的间距连接而成，一般是单程式；为了增大空气侧的换热面积，在换热管的外侧加装星形翅片，目前最常用的是 8 翅片结构，另外还有 12 翅片和 4 翅片结构。

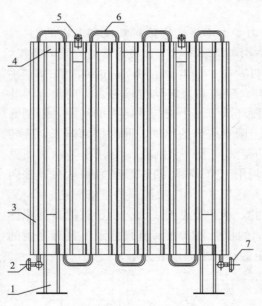

图 2-59 空温式气化器示意图

1—支腿；2—燃气入口；3—翅片管；4—连接片；
5—吊耳；6—连接管；7—燃气出口

空温式气化器制造成本低，运行时基本不需要外部能源，运行成本也很低，经常作为中小城市及距离气源地较远的小型天然气接收站和气化站内的主气化器。缺点是换热效率低，其对环境温度很敏感，冬天易结冰，在我国北方使用受到一定的限制；同时占地面积大，在土地资源少的区域也受到限制。示意图见图 2-59。

（2）水浴式气化器

水浴式气化器通常作为复热器使用，是空温式换热器的补充，通常在冬季外界温度较低，利用自然气化无法保证天然气温度的情况下使用。

通常利用电、热水、蒸汽加热筒体内的水，再加热换热管内的 LNG。优点是传热效率高，设备紧凑，不受气候影响。缺点是需要建设锅炉房，占地面积大；需要消耗燃料，且燃烧热利用率不高。

水浴式气化器根据热源的不同分为：热水循环式、蒸汽加热式和电加热式。分别采用以水为热传媒或直接采用循环热水加热，或蒸汽为热源，或采用特制高效电加热器加热。

循环热水水浴式汽化器是直接使用循环热水来加热盘管中的液态气体，使之气化为气态气体。

蒸汽式水浴式汽化器是通过蒸汽加热水浴式汽化器中的水，再通过热水加热盘管中通过的液态气体，使之能转化为气态的气体。这种水浴式汽化器适用于有锅炉余热，或其他余热的用气单位。

电加热式水浴式汽化器是通过电能加热水浴式汽化器中的水，再通过热水加热盘管中通过的液态气体，使之能转化为气态的气体。这种水浴式汽化器消耗能源比较多。

水浴式气化器性能和质量要求参见本书第 2.4.2 节。

2.11　混气设备

2.11.1　分类

混气是为了对一种燃气进行增热（减热）或改质，在其中加入其他气体组分的改变燃气气质的一种方式。

增热是指把低热值的气体，通过加入另一种高热值的气体，使混合后的热值达到预期的稳定热值。如半水煤气掺混液化石油气或天然气、焦炉气中掺混液化石油气或天然气、矿井气中掺混液化石油气或天然气使其提高热值。

减热是把高热值的气体，通过加入另一种低热值的气体，使混合后的热值达到预期的稳定热值。

改质是指把一种高热值的气体通过掺混低热值的燃气或空气，使混合后气体的热值达到设计的热值。如天然气中掺混空气、液化石油气中掺混空气等。

根据不同的混气规模和气源数量，混气方式可分为：引射式、高压比例式、随动流量式、配比式等。

2.11.2　性能和特点

（1）引射式混气设备

引射式混气设备的工作原理是燃气在较大口径的管道空间流过较小口径的管道空间时，流速会瞬间增大，对周围环境产生负压，即通过文丘里喷射形成负压，提升旁侧的吸气阀即止回阀将外界其他气体吸入，在文丘里管中压缩扩散后形成混合气，经过集气管进入缓冲罐。止回阀的作用是保证空气被吸入后不会倒流。其他气体的吸入量经过设计严格按照预先设定的比例，稳定可靠。示意图见图 2-60。

混合过程的全部能量由燃气的压力提供，其他气体比例越高，则混合气输出压力越低。对空气来说，在空气不加压情况下，混合气压力通常在 40kPa 以内。单管文丘里引射器一般最大混气量在 $5000m^3/d$，如用气量大，则可采用多管并联的方式。

（2）高压比例式混气设备

高压比例式混气设备是把燃气和外界压缩气体通过联动调压器调整为相同的压力，并以不同口径的截面积和浮动阀口进入同一装置，按一定比例混气，混气流量随输出压力的变化，自动调节。混气比例可在爆炸极限的 1.5 倍以上范围内连续调整。高压比例式混气过程需要配鼓风机或压缩机机、气体储罐等设备。示意图见图 2-61。

（3）随动流量式混气设备

随动流量式混气设备用高精度的流量检测装置、高智能的检测控制仪表和快速反应执行装置，自动实现一种气体相对另一种气体的体积流量跟踪，实现混合比例的自动调节。

同时，将热值或混气系统的含氧量信号引入流量随动控制系统，削弱气体组分波动对热值及华白数的影响。示意图见图 2-62。

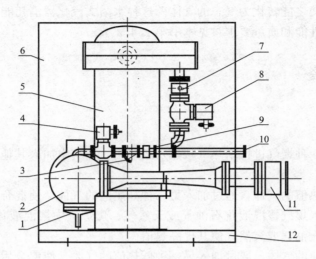

图 2-60　引射式混气设备示意图

1—空气入口；2—文丘里混气器；3—过滤器；4—燃气入口调压器；5—燃气储罐；6—防护箱；7—阀门；

8—混气调压器；9—阀门；10—燃气入口；11—单向阀；12—底座

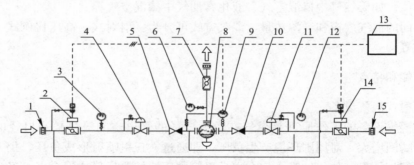

图 2-61　高压比例式混气设备示意图

1—燃气入口；2—燃气调节阀；3—燃气入口压力表；4—燃气调压器；5—燃气单向阀；6—出口压力表；

7—出口截断阀；8—比例混气器；9—压力传感器；10—空气单向阀；11—空气调压器；12—空气入口压力表；

13—混气器、控制器；14—空气调节阀；15—空气入口

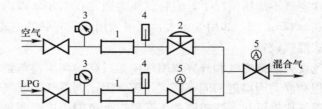

图 2-62　随动流量式混气设备示意图

1—流量计；2—流量控制阀；3—压力传感器；4—温度传感器；5—气动阀

（4）配比式混气设备

配比式混气设备是将需混合的气体在进入混气机前预先调成一定的压力（低于

0.2MPa)，每支混气管上有独立的流量计、流量调节阀和防爆电磁阀。通过调整阀与流量计，可将各气体的流量依据混气比例确定。控制系统根据用气量波动变化，启闭各管路上的电磁阀，各组分气体进入汇总管后在静态混合器中均匀混合后供应用户。

2.12　清管设备

2.12.1　分类

清管设备主要部分包括：收发球筒、清管器、隔断阀、旁通平衡阀和平衡管线、线路主阀以及辅助管线。此外，还包括清管器通过指示器、放空阀、放空管和清管器接收筒、排污阀、排污管道以及压力表等。

2.12.2　性能和质量要求

（1）收发球筒

收发球筒是清管设备的重要组成部分，它安装在管线的两端，用于发射及接收清管器。它主要是由快开盲板、筒体、变径管、鞍式支座等构成。

收发球筒筒身直径应比公称管径大 1 级～2 级。发球筒筒身的长度应该不小于筒径的 3 倍～4 倍。收球筒除了考虑接收污物外，有时还要考虑连续接收两个清管器，其长度应不小于筒径的 4 倍～6 倍。发球筒采用偏心平底异径接头，以方便清管器顺利进入管线。收球筒一般采用同心异径接头，以使杂质能够自然聚集，不回流入管线。

收发球筒上设有平衡管、放空管、排污管、清管器通过指示器、快开盲管。对发球筒，平衡管接头应靠近盲板；对收球筒，平衡管应接近清管器接收筒口的入口端。排污管应接在收球筒下部。放空管应接在收发球筒筒身上。清管器通过指示器应安在发球筒的下游和收球筒入口处的直管段上。

（2）清管器

清管器可分为清管球、泡沫清管器、皮碗清管器、智能清管器等。

清管球一般是由氯丁橡胶制成的，呈球状，耐磨耐油，可以多次使用。当管道直径小于 100mm 时，清管球为实心球；而当管道直径大于 100mm 时，清管球为空心球。长输管道中所用清管球大多为空心球。空心球壁厚为 30mm～50mm，球上有一可以密封的注水孔，孔上有一单向阀。当使用时注入液体使其球径调节到过盈于管径的 5%～8%。当管道温度低于 0℃时，球内注入的为低凝固点液体，以防止冻结。示意图见图 2-63。

由于清管球可在管内做任意方向的转

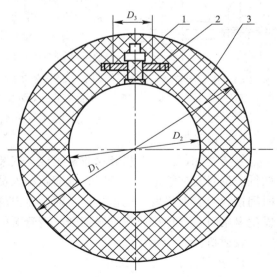

图 2-63　清管球示意图

1—气嘴；2—固定板；3—球体

动,通过弯头、变形部位的性能较好,主要用于清除管道内积液、分隔介质,清除块状物体和积蜡的效果较差。

1)泡沫清管器

泡沫清管器由泡沫芯体和聚氨酯涂层组成。

特点:通过能力强,降低卡堵风险,可初步了解管线的杂质情况和通过性能。现场工程师踏勘完现场,评估是否存在卡堵风险,如存在则投运泡沫清管器。

泡沫清管器结构轻便、通过能力强,清管能力较弱,可初步试探管道通过能力。

2)皮碗清管器

皮碗清管器由钢性骨架、皮碗、压板、导向器等组成,又可分为不同类型:

① 四碟清管器

四碟清管器由四个碟型皮碗、隔垫及骨架组成。

特点:结构轻便、通过能力强。

② 测径清管器

测径清管器由四个碟型皮碗、隔垫、测径盘及骨架组成。

特点:结构轻便、通过能力强,通过测量测径板结果可以初步验证管道的通过性能,判断被检管道是否存在较大变形点,为下一步投运其他类型清管器提供依据。

③ 钢刷清管器

由钢刷、碟形皮碗、隔垫及骨架组成。

特点:体积小,采用的是全周向钢刷,对管道内壁凝结的残留物有很强清除能力。

④ 磁力清管器

磁力清管器由两个钢刷、两个碟形皮碗、磁性筒体组成。

磁力清管器特点:由于具备磁性钢刷结构,可以最大限度吸附并清除管内的铁磁性杂质及较小颗粒,降低铁磁性杂质对检测器信号的干扰,提高数据质量。根据现场情况可以将钢刷开槽,以实现分批次清除杂质,使管道的清洁度达到投放检测器条件。

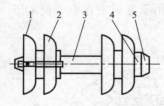

图 2-64 皮碗清管器示意图
1—信号发生器;2—皮碗;
3—骨架;4—压板;5—导向器

当皮碗清管器工作时,其皮碗将与管道紧紧贴合,气体在前后产生一压差,从而推动清管器运动,并把污物清出管外。皮碗清管器还能清除固体阻塞物。同时,由于它保持固定的方向运动,所以它还可能作为基体携带各种检测仪器。示意图见图 2-64。

(3)电子跟踪仪

管道跟踪仪由发射机和接收机组成。安装在清管器上的发射机,不断发出可穿透管壁的低频信号。在管道中运行时,地面跟踪人员在事先设置的跟踪点使用接收机,在预定的时间接收由发射机发出的信号,从而检测出清管器在管道中的运行状况与位置。当清管器发生卡堵时,可用接收机准确判断出清管器的卡堵位置。

发射机技术指标:

1)连续工作时间:80h;

2)有效发射距离:大于 12m;

3)工作压力:≤12MPa;

4）工作环境温度：−20℃～+80℃。

接收机技术指标：

1）工作电压：±9V（DC）；

2）定位精度：±0.15m。

（4）智能清管器

智能清管器的作用不仅仅是清管，还可用于检测管道变形、管道腐蚀、管道埋深等。智能清管器按其测量原理可分为磁通检测清管器、超声波检测清管器和摄像机检测清管器等。不同类型的智能清管器有不同的作用，主要包括管径测量、曲率检测、温度压力记录、弯曲测量、金属损失/腐蚀测量、射线检测、裂纹检测、结蜡层测量及产品抽样和定位。这类清管器可以在不影响管线正常使用的情况下提供管道内部的情况或污垢的情况。示意图见图 2-65。

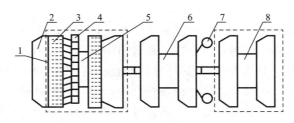

图 2-65　智能清管器示意图

1—磁钢；2—橡皮碗；3—钢刷；4—霍尔元件；5—测量节；6—记录节；7—里程轮；8—电池节

2.13　输配系统用管道及组成件

2.13.1　分类

常用的管道及组成件包括：管道、管件、法兰、垫片和紧固件等。

（1）管道

管道的分类方法比较多，按生产工艺可分为：无缝管、焊管。按用途可分为：流体输送、长输管道、石油裂化、化肥、锅炉、换热器用管。按材料可分为：铸铁管、碳素钢管、低合金钢管、高合金钢管、铜管、铝合金管、PE 管、不锈钢波纹软管、薄壁不锈钢管、铝塑复合管及连接软管等。

（2）管件

管件按生产工艺可分为：无缝管件、焊接管件、锻制管件、铸造管件。按材料可分为：铸铁管件、碳素钢管件、低合金钢管件、高合金钢管件、铜管件、铝合金管件、PE 管件等。按接口结构可分为：法兰管件、焊接管件、螺纹管件、柔性接口管件等。

（3）法兰

法兰按结构可分为：平焊法兰、对焊法兰、带颈法兰、承插焊法兰、螺纹法兰、松套法兰、整体法兰、法兰盖等。按材料可分为：碳素钢法兰、低合金钢法兰、高合金钢法兰、铜法兰、铝合金法兰等。

（4）垫片

垫片按材料可分为：非金属垫片、金属垫片。非金属垫片常用的有：橡胶垫、石棉橡胶垫、非石棉纤维橡胶垫、四氟垫、柔性石墨垫、高温云母复合垫等；常用的金属垫有：金属包覆垫、金属缠绕垫、齿形组合垫、金属环垫等。

（5）紧固件

紧固件按结构可分为：螺栓、螺柱、螺母、垫圈等。按性能等级可分为：商品级、专用级。

2.13.2 性能和质量要求

（1）管道

常用的钢管有无缝钢管和焊接钢管，具有承载应力大、可塑性好、便于焊接等优点。与其他管材相比，壁厚较薄、节省金属用量，但耐腐蚀性较差，必须采取可靠的防腐措施。

无缝钢管一般采用热轧、冷拔等方式制造，材质均匀，强度高，能输送有压介质，如蒸汽、过热水和易燃易爆、有毒物质，在工程管道中被广泛应用。

焊接钢管也称焊管，是用钢板或钢带经过卷曲成型后焊接制成的钢管。焊接钢管生产工艺简单，生产效率高，品种规格多，设备投资少，但一般强度低于无缝钢管。焊接钢管按焊缝的形式分为直缝焊管和螺旋焊管。通常较小口径的焊管大都采用直缝焊，主要用于低压流体输送。大口径焊管有直缝焊和螺旋焊两种，其中 PSL1、PSL2 级焊管可用于输送高压石油、天然气。

PE 管耐多种化学介质的侵蚀，不需要防腐层，易于施工，韧性好，对管基不均匀沉降的适应能力非常强，也是一种抗震性能优良的管道，同时具有良好的抵抗刮痕能力。PE 管使用寿命长，可达 50 年以上。但 PE 管机械强度较低、容易受到人为的损坏。在较高温度下其耐压强度会降低，温度过低将导致其变脆，一般用于中低压情况。受化学性能的限制，PE 管不能在地面上使用。

燃气输送用不锈钢波纹软管是在不锈钢波纹管外层包覆软质 PVC 或 PE 塑料，用手工工具能够简单进行现场割断，和配套的专用管件进行安装，性能安全可靠。该产品于 1982 年由日本最早开发采用，用于替代 DN32 以下规格的户内钢管，由于安装方便，使用寿命长，不需要弯头等管件，软管具有一定的柔软性和补偿效果，特别是可以有效降低地震给管道系统带来的破坏，产品得到了完善和推广。后来美国引进这个产品，制定标准 ANSI/AGA LC 1-1991，该产品很快在北美洲得到了推广和应用，波纹软管的最大通径达到 DN50，近几年美国又开发出了可以用于户外的黑色 PE 护套的抗紫外线老化和防雷型的不锈钢输送软管系统。我国于 2000 年起开始推广和使用输送用不锈钢波纹软管，最近 10 年得到了长足的发展。

薄壁不锈钢管由于具有安全、卫生、强度高、耐腐蚀、寿命长、免维护、美观等特点，在室内燃气工程中得到了推广和使用，已经在有些地方取得了良好的使用效果，目前管材和管件常用的连接方式是卡压式和环压式，安装简单方便，具有一定的发展潜力。

在国内，铝塑复合管应用于燃气管道已经有十多年了，用于燃气表后的户内管道敷设，由于成本较低，敷设简单美观，性价比比较高，具有一定的市场竞争力。

燃气用具连接用软管目前主要有三类产品：不锈钢波纹软管，两端设有连接燃气用具及管道的接头，有固定长度的不锈钢波纹软管，波纹软管外表面包覆塑料防护套管，防止有害物质的损伤和腐蚀；金属包覆软管，两端设有连接燃气用具及管道的接头，有固定长度的软管，内层为燃气专用胶管，中间层为金属加强保护层，防止外力损伤及老鼠咬破，外表面包覆塑料防护套管，防止有害物质的损伤和腐蚀；橡胶复合软管，由橡胶共混或橡胶与塑料共混材料制作的软管，结构为单层或多层结构，一般采用插口连接方式，用喉箍锁紧。

热水器、壁挂炉、燃气表具和嵌入式燃气灶具，优先选用不锈钢波纹软管，普通台式灶具优先使用金属包覆软管，长度均应不超过 2m，使用寿命不应低于燃气用具的判废年限。

（2）管件

管件用途及一般名称见表 2-5。

管件的用途　　　　　　　　　　　　　　　表 2-5

用途	管件名称
直管、弯管的连接	活接头、管箍
改变走向	弯头、弯管
管路分支	三通、四通、加强管接头、管嘴
改变管径	异径管、内外丝
封闭管端	管帽、丝堵

不同接口形式的管件适用于不同的场合。

对焊管件通常用于 $DN \geqslant 50mm$ 的管道，广泛应用于易燃、可燃介质，以及温度-压力参数较高的其他介质管道。对焊管件比其他连接形式的管件连接可靠、施工方便、价格便宜、没有泄漏点。常用的对焊管件包括弯头、三通、异径管（大小头）和管帽，前三项大多采用无缝钢管或焊接钢管通过推制、拉拔、挤压而成，后者多采用钢板冲压而成。

承插焊管件常用于 $DN \leqslant 40mm$、管壁较薄的管子和管件之间的连接。包括弯头、三通、加强管嘴、加强管接头、管帽、管箍、异径短节、活接头、丝堵、仪表管嘴、软管站快速接头、水喷头等。一般异径短节、螺纹短节等为插口管件；弯头、三通、管帽、加强管嘴、活接头、管箍等为承口管件。承插焊是插口与承口之间的连接，因此，在应用中应考虑这些管件之间的搭配组合以及所需的结构空间。

螺纹连接也多用于 $DN \leqslant 40mm$ 的管子及其管件之间的连接。常用于不宜焊接或需要可拆卸的场合。螺纹连接件有外螺纹和内螺纹之分，螺纹短节为外螺纹，而弯头、三通、管帽、活接头等多为内螺纹。螺纹连接与焊接相比，其接头强度低，密封性能差，不推荐用在大于 200℃ 及低于 -45℃ 的温度下，也不得用在剧毒、缝隙腐蚀介质和振动管道上。

法兰管件多用于特殊配管场合，实际用量相对比较少。

（3）法兰

对焊法兰又称高颈法兰，是将法兰焊颈端与管子焊端加工成一定形式的焊接坡口后，直接焊接的法兰。法兰强度与刚度较大，承载条件好，可用于工况比较苛刻的场合，如管道热膨胀或其他载荷而使法兰处受的应力较大，或应力变化反复的场合。压力、温度大幅度波动的管道和高温、高压及零下低温的管道，是法兰应用最广的场合。

平焊法兰又称搭焊法兰，是将管子插入法兰内孔中进行正面和背面焊接，焊接装配时较易对中，且价格便宜。平焊法兰刚性较差，强度约为相应对焊法兰的 2/3，疲劳寿命约为对焊法兰的 1/3。适用于温度压力较低，压力波动、振动及震荡均不严重的管道系统。

承插焊法兰与平焊法兰相似，只是将管子插入法兰承插孔中进行焊接，一般常用于 $PN \leqslant 10.0MPa$、$DN \leqslant 40mm$ 的管道。

松套法兰又称活套法兰，是利用翻边、钢环等把法兰（即松套）套在管端上，翻边、钢环与管子焊接在一起，钢环或翻边就是密封面，法兰的作用则是把它们压紧，本身则不接触介质。法兰可以旋转，易于对中螺栓孔，也适用于管道需要频繁拆卸以供清洗和检查的地方。其翻边、钢环材料与管子材料一致，而法兰材料可与管子材料不同，因此比较适用于钢、铝等非铁金属及不锈耐酸钢容器的连接和输送腐蚀性介质的管道。

螺纹法兰是利用法兰内孔加工的螺纹与带螺纹的管子，旋合连接，不须焊接，因而具有方便安装、方便检修的特点。螺纹法兰公称压力较低，常用于镀锌管等不易焊接的场合，在温度反复波动或高于 260℃ 或低于 −45℃ 的管道上不宜使用，以免发生泄漏。

法兰的密封面形式一般分为：平面（FF）、突面（RF）、凹凸面（MFM）、榫槽面（TG）、环连接面（RJ）。

平面（FF）密封面主要用于宽面法兰及低压（$PN \leqslant 1.6MPa$）管道系统，与相配密封垫片接触面分布于法兰螺栓中心圆的内外两侧。对应的垫片材质多为橡胶等非金属软质材料，垫片预紧比压较低，无论是平焊法兰还是对焊法兰或者是承插法兰都有用到。

突面（RF）密封面是一个光滑的平面，也可车制密纹水线。密封面结构简单，加工方便，便于设置防腐衬里。突面密封面主要用于窄面法兰，即垫片的接触面位于螺栓孔所包围的区域范围内，安装时可借助螺栓使垫片位置固定在法兰面中央。但是，这种密封面垫片接触面积较大，预紧时垫片容易往两边挤，不易压紧。这种密封面在法兰上应用最为广泛，高低压均可使用。

凹凸面（MFM）密封面是由一个凸面、一个凹面相配合组成，垫片嵌在凹面的凹槽中，能够防止垫片被挤出，装配时便于对中。这种密封面常常可以用在密封要求较严的场合，其缺点是密封面加工较突面法兰复杂，不能排除垫片被挤入管道内。不如突面法兰那样应用广泛，一般用于压力较高的场合。

榫槽面（TG）密封面是由榫和槽所组成的，垫片置于槽中，不会被挤动。垫片可以较窄，因而压紧垫片所需的螺栓力也就相应较小。即使用于压力较高之处，螺栓尺寸也不致过大，易获得良好的密封效果。缺点是结构与制造比较复杂，更换挤在槽中的垫片比较困难。此外，榫面部分容易损坏，在拆装或运输过程中应加以注意。榫槽密封面适用于易燃、易爆、有毒的介质以及较高压力的场合。当压力不大时，即使直径较大，也能很好地密封。

环连接面（RJ）主要用在带颈对焊与整体法兰上，适用压力范围：$6.3MPa \leqslant PN \leqslant 25.0MPa$。环连接面密封的法兰，也属于窄面法兰，并在法兰的突面上开出一环状梯形槽作为法兰密封面，和榫槽面法兰一样，这种法兰在安装和拆卸时必须在轴向将法兰分开，因此，在管线设计时要考虑到将法兰在轴向分开的可能。

（4）垫片

橡胶垫片一般采用合成橡胶，变形容易，压紧时不费力，但耐压、耐温能力都较差，只用于压力低、温度不高等使用条件不十分苛刻的地方。橡胶垫片对密封面要求不高，但不能过于光滑。

聚四氟乙烯片具有高耐腐蚀、物理性能稳定、耐高低温和良好的密封性能，在石油、化工、制药、电力、钢铁行业都有广泛的应用。适用的介质包括水、气、油、酸溶液、碱溶液等几乎所有的化工成分。不适用于宽面法兰。

金属缠绕式垫片是由金属带和非金属带螺旋复合绕制而成的一种半金属平垫片。其压缩、回弹性能好；具有多道密封和一定的自紧功能；对于法兰压紧面的表面缺陷不太敏感，不粘接法兰密封面，容易对中，因而拆卸便捷；可部分消除压力、温度变化和机械振动的影响；能在高温、低压、高真空、冲击振动等循环交变的各种苛刻条件下，保持其优良的密封性能。缠绕式垫片按其结构不同可分为四种形式：基本型、内环型、外环型、内外环型。基本型垫片适用于榫槽面法兰，内环型垫片适用于凹凸面法兰，外环型垫片和内外环型垫片适用于平面和突面法兰。

金属垫片就是由金属材质制成的垫片，它主要用于高温高压环境，价格都较高。其中金属环形垫片是用金属材料加工成截面为八角形或椭圆形的实体金属垫片，具有径向自紧密封作用。适用的公称压力≤42MPa。金属齿形垫片密封表面接触区的 V 形筋形成许多具有压差的空间线接触，所以密封可靠，使用周期长。缺点是在每次更换垫片时，都要对两法兰密封面进行加工，因而费时费力。另外，垫片使用后容易在法兰密封面上留下压痕，故一般用于较少拆卸的部位。适用的公称压力≤25MPa。

（5）紧固件

选择紧固件材料时，应同时考虑管道操作压力、操作温度、介质种类和垫片类型等因素。

六角头螺栓常与平焊法兰和非金属垫片配合用于操作较缓和的工况下。螺柱常与对焊法兰配合使用在操作条件比较苛刻的工况下，其中，因为全螺纹螺柱没有截面形状的变化，故其承载能力强，而双头螺柱则相对承载能力较弱。螺母材料常根据与其配合的螺栓材料确定，一般情况下，螺母材料应稍低于螺栓材料，并保证螺母硬度比螺栓硬度低 HB30 左右。垫圈一般放在螺母下面，可避免旋紧螺母时损伤被连接零件的表面。弹簧垫圈可以防止螺母松动脱落。

垫片类型和操作压力、操作温度一样，都直接对紧固件材料强度提出了要求。例如像缠绕式垫片这种形成初始密封时所需要的比压力较大，从而要求紧固件的承受载荷也大，因此，在这种情况下就要求紧固件采用高强度合金钢材料。

2.14　站控

2.14.1　分类

站控系统根据安装条件，可以分为防爆型和非防爆型两类，分类原则见表 2-6。

站控系统分类　　　　　　　　　　　　　　　　　　　　　　　　　　表 2-6

分类	分类原则	典型产品
防爆型站控	因现场条件限制，无人值守且区域狭小，为了满足现场条件，采用防爆型站控系统，采用无线或有线方式进行数据远传	无线防爆 RTU

分类	分类原则	典型产品
非防爆型站控	因现场条件限制，无人值守，但现场设置临时巡检房，可以放置非防爆控制柜，采用无线或有线方式进行数据远传	无线 RTU
	有人值守，具备控制室、值班室等硬件设施，控制柜安装在控制室，就地显示及控制	一般站控系统
	有人值守，具备控制室、值班室等硬件设施，控制柜安装在控制室，就地显示、控制及数据远传到 SCADA 系统	复杂站控系统

2.14.2 性能和质量要求

防爆型：PLC 一般采用中小型产品，满足现场温度使用条件，无需现场显示，将场站数据采集到 RTU，通过无线或以太网形式传输到调度中心 SCADA 系统，集中监控。

非防爆型：PLC 一般采用中大型产品，如冗余配置等，配有上位机系统，适合有人值守，同时可以将数据上传到调度中心 SCADA 系统进行集中监控。

2.15 仪表

2.15.1 分类

仪表广泛用于燃气输配系统中，具有自动控制、报警、信号传递和数据处理等功能。仪表按照测量类型分为机械式和电子式仪表；电子式仪表按照用途分，又可分为测量仪表及分析仪表。测量仪表按照测量对象可分为温度仪表、压力仪表、流量仪表、物位仪表等；分析仪表按照作用分为在线式和离线式分析仪表，分类原则见表 2-7。

仪表分类 表 2-7

分类		分类原则	典型产品
电子式	测量仪表	按被测量物理量：温度仪表	温度变送器
		按被测量物理量：压力仪表	压力变送器、差压变送器
		按被测量物理量：流量仪表	体积修正仪、流量计算机
		按被测量物理量：物位仪表	阀位变送器、液位变送器
		按被测量物理量：浓度仪表	可燃气体报警器、可燃气体探测器
	分析仪表	按作用分：在线分析仪表	在线色谱、水露点、H_2S 等气质分析仪
		按作用分：离线分析仪表	手持式分析仪
机械式		按被测量物理量：压力仪表	压力表、差压计
		按被测量物理量：温度仪表	温度计
		按被测量物理量：物位仪表	液位计

2.15.2 性能和质量要求

（1）压力（差压）变送器

压力变送器测量原理宜为电容式或单晶硅谐振式等，测量精度要优于满量程的

±0.075％，信号分辨率应大于 0.025％，输出信号为 4mADC～20mADC（2 线制），可选择线性或平方根输出，并能输出基于 HART 通信协议的数字信号，供电电源应为 24VDC。变送器应具有承受最大量程的 100％的过载能力，能在危险区域内安装并正常使用，Ⅰ区防爆，防爆等级不应低于 EExdⅡBT4，防护等级不应低于 IP65。

压力、差压变送器应选用智能型变送器。无特殊要求时，应选用支持 HART 协议的标准 4mA～20mA 信号传输方式。

变送器测量元件通常采用电容或扩散硅原理，最大测量误差不大于 0.075％，具备自诊断功能，长期稳定性不少于 5 年，测量量程比不小于 100∶1。

环境温度适用范围−40℃～75℃。环境温度变化影响应满足：每变化 28℃，测量误差影响不超过±(0.025％量程上限＋0.125％量程)。

差压变送器单向静压承受能力不小于测量点工艺装置的设计压力。

压力变送器测量范围选择常用压力通常在变送器量程的 20％～80％范围内，临时测量压力可扩展至变送器量程的 10％～90％范围内。

（2）温度变送器

温度变送器主要包括变送器、温度传感器、传感器保护套管及外保护套管等，供货商提供的温度变送器应为传感器、传感器保护套管及变送器组合在一起的一体化温度变送器。

温度传感器的检测元件选用热电阻（RTD），测量温度能达到 500℃，一般选用原则如下：

1）RTD 元件选用在 0℃时电阻值为 100Ω、$\alpha=0.00385\Omega/℃$ 的铂热电阻，RTD 元件的特性符合 IEC 60751 Class A 标准，校验符合 IEC 60751 标准；

2）RTD 的输出通常选用 3 线制或 4 线制；

3）温度传感器保护套管的长度根据相应的工艺流程图提供的传感器安装位置处的管径确定；环境温度适用范围−30℃～70℃时，环境温度变化影响应满足 0.015℃/1℃；

4）温度变送器应选用智能型变送器；

5）无特殊要求时，应选用支持 HART 协议的标准 4mA～20mA 信号传输方式。

（3）流量计算机

流量计算机是已获得国际权威认证机构（如 API、OIML 等）的有关认证，允许专门用于商贸交接的流量计算机。

流量计算机具有很高的可靠性和稳定性，其技术特性至少能满足以下要求：

1）流量计算机是基于微处理器的智能型仪表，选用 32bit 或 64bit 的微处理器，其内存容量不小于 2M，满足流量计算及数据存储的要求。

2）根据流量计的类型选择有关计算标准。根据选用的相关标准，完成标准体积流量（101.325kPa，20℃）、质量流量、能量流量等瞬时流量的计算和各自的累积流量计算。

3）流量计算机的计算标准是可选的，能通过简单的组态或选项进行选择并锁定，计算标准确定后，正常工作时，不受其他计算标准的影响。

（4）可燃气体报警器

可燃气体报警器（报警控制器）是与固定点式可燃气体探测器或远程对射式可燃气体探测器配套使用的报警仪表。能够接收探测器输出的 4mA～20mA、DC 信号，并能将其转换为浓度值进行显示。可燃气体报警器对报警信号的探测及显示精度优于±0.1%。可燃气体报警器有公共声报警及单路光报警功能，同时有报警接点输出到外置的报警声光讯响器上。

(5) 阀位变送器

阀位变送器是直接或间接测量阀门位置的变送装置，将阀门位置的变化以 4mA～20mA 的形式输出。

(6) 气质分析仪

气质分析仪，又叫气相色谱分析仪，是用于生产过程的在线型工业分析仪表，能够自动、连续地分析出管道中天然气的组分，并将其分析结果传送至上位计算机控制系统和流量计算机。

气质分析仪具有很高的可靠性和稳定性，是以微处理器为基础的智能型分析仪表，可以快速地对气体分析过程进行自动控制、检测、数据处理和存储，以及与上位计算机系统和流量计算机通信。气质分析仪的分析系统包含最少 2 套色谱柱和 2 个完整的热导检测器系统。气相色谱分析仪对天然气组分的一个分析周期不超过 8min。

(7) 压力（差压）表

压力（差压）表及其相关的附件适合天然气流量的连续测量，适应被测天然气组分、流量、压力、温度的变化，满足现场安装、使用环境的需求。测量元件为弹簧管式，准确度等级一般采用 1.0 级或 1.6 级，表盘刻度的单位为 MPa 或 kPa。压力（差压）表能长期承受一个与最大刻度值相等的压力，且能短期承受一个超过最大刻度值 1.25 倍的过压力。

(8) 温度计

通常采用双金属温度计，是将绕成螺旋形的热双金属片作为感温器件，并把它装在保护套管内，其中一端固定，称为固定端，另一端连接在一根细轴上，称为自由端。在自由端线轴上装有指针。当温度发生变化时，感温器件的自由端随之发生转动，带动细轴上的指针产生角度变化，在标度盘上指示对应的温度。

双金属温度计现场显示温度，直观方便，安全可靠，使用寿命长，有多种结构形式，可满足不同要求，无汞害，易读数，坚固耐震，保护管材为不锈钢，承压、防腐能力强。

2.15.3 其他要求

仪表根部的螺纹接口供货时应提供对应的保护措施；如工程无特殊要求，供货商应当配套与泄放口相配套的卡套式接头及不锈钢泄放管，以满足阀门泄放时的需要。

(1) 仪表用管件

1) 活接头

仪表活接头应采用金属对金属密封方式，可以满足仪表 360°旋转的需要，能多次重复安装无泄漏，且无需更换零配件。其应具有良好的密封性能，材质为不锈钢 316SS。活接头的压力等级应高于或等于管道的压力等级。

2) 卡套式终端接头

卡套式终端接头采用双卡套形式，可满足多次拆装要求，对管路采用双卡套结构挤压式密封，前后卡套相互配合，并确保无泄漏。该种设计结构具有防止过力安装而造成管路系统损坏的特性，以确保管件的寿命。

双卡套接头锁紧螺母应具有金属润滑性，减小 316 不锈钢材料的安装力矩，防止螺纹咬死现象发生；并且满足使用环境条件下管路承压的极限压力和极限温度，其尺寸详见数据单中要求。

3）卡套式中间接头

卡套式中间接头主要用于连接不锈钢引压管，材质为不锈钢 316SS；其卡套接头采用双卡套形式，可满足多次拆装要求，并确保无泄漏。双卡套接头锁紧螺母应具有金属润滑性，减小 316 不锈钢材料的安装力矩，防止螺纹咬死现象发生。

4）不锈钢引压管

不锈钢引压管应采用 ASTM A213 或 ASTM A269 标准的完全退火的 316SS 无缝管，硬度不大于 ROCKWELL HRB 80，应选用与压力、温度相对应的壁厚；圆度公差应满足要求，且管子表面无伤痕、无毛刺、光亮。

5）管嘴（支管台）

仪表设备所采用管嘴必须满足 MSS SP-97 标准，材质与管道材质有可焊性。其压力等级不低于连接设备的压力等级，其壁厚选择应满足对应强度计算要求。

6）绝缘接头

仪表设备所采用的绝缘接头本体采用不锈钢 316SS，连接形式为卡套、螺纹或者焊接，最小内通径不应小于 12mm；绝缘接头压力等级应高于或等于管道的压力等级；1000V 直流电压下，绝缘接头电阻值不应小于 5MΩ；交流电压下的绝缘接头绝缘强度应≥2.5kV。

（2）法兰紧固件

1）螺柱

用于根部阀连接的紧固件统一采用螺柱与螺母搭配，螺柱的长度直径应满足 ASME B16.5 或 HG/T 20615—2009 中的要求；螺柱的材料应满足 HG/T 20634—2009、ASME B18.31.2 中的要求；压力等级不高于 Class2500，使用温度在 −196℃～525℃ 之间使用碳钢材质（A193，B8 C1.2/A193，B8M C1.2），使用温度在 −196℃～800℃ 之间推荐使用不锈钢材质 304（0Cr18Ni9）或 316（0Cr17Ni12Mo2），推荐油气储运工程采用 316 不锈钢材质螺柱。

2）螺母

螺母的规格及使用材料压力、温度范围应满足 HG/T 20634—2009 或 A194/A 要求；压力等级不高于 Class2500，螺母规格见表 2-8。

螺母使用温度性能等级要求 表 2-8

使用温度（℃）	材料性能
−20～800	304 不锈钢 0Cr18Ni9
−196～800	316 不锈钢 0Cr17Ni12Mo2
−196～525	碳钢 A194.8、8M
−100～575	碳钢 A194，7

推荐油气储运工程采用 316 不锈钢材质螺母。

3）垫片

垫片由供货商根据法兰连接形式配套提供，其材质、形式应当满足 HG/T 20635—2009 或 ASME B16.20 ASME B16.21 的要求。

第3章　工程设计选用要求

3.1　相关标准

GB 150—2011　压力容器

GB/T 1226—2017　一般压力表

GB/T 1227—2017　精密压力表

GB/T 3091—2015　低压流体输送用焊接钢管

GB 3836.1—2010　爆炸性环境　第 1 部分：设备　通用要求

GB 3836.2—2010　爆炸性环境　第 2 部分：由隔爆外壳"d"保护的设备

GB 3836.3—2010　爆炸性环境　第 3 部分：由增安型"e"保护的设备

GB 3836.4—2010　爆炸性环境　第 4 部分：由本质安全型"i"保护的设备

GB/T 3836.5—2017　爆炸性环境　第 5 部分：由正压外壳"p"保护的设备

GB/T 3836.6—2017　爆炸性环境　第 6 部分：由液浸型"o"保护的设备

GB/T 3836.7—2017　爆炸性环境　第 7 部分：由充砂型"q"保护的设备

GB 3836.8—2014　爆炸性环境　第 8 部分：由"n"型保护的设备

GB 3836.9—2014　爆炸性环境　第 9 部分：由浇封型"m"保护的设备

GB/T 3836.11—2017　爆炸性环境　第 11 部分：气体和蒸气物质特性分类　试验方法和数据

GB 3836.13—2013　爆炸性环境　第 13 部分：设备的修理、检修、修复和改造

GB 3836.14—2014　爆炸性环境　第 14 部分：场所分类　爆炸性气体环境

GB/T 3836.15—2017　爆炸性环境　第 15 部分：电气装置的设计、选型和安装

GB/T 3836.16—2017　爆炸性环境　第 16 部分：电气装置的检查与维护

GB 3836.17—2007　爆炸性气体环境用电气设备　第 17 部分：正压房间或建筑物的结构和使用

GB/T 3836.18—2017　爆炸性环境　第 18 部分：本质安全电气系统

GB 3836.19—2010　爆炸性环境　第 19 部分：现场总线本质安全概念（FISCO）

GB 3836.20—2010　爆炸性环境　第 20 部分：设备保护级别（EPL）为 Ga 级的设备

GB/T 3836.21—2017　爆炸性环境　第 21 部分：设备生产质量体系的应用

GB/T 3836.22—2017　爆炸性环境　第 22 部分：光辐射设备和传输系统的保护措施

GB/T 3836.23—2017　爆炸性环境　第 23 部分：用于瓦斯和/或煤尘环境的 I 类 EPL Ma 级设备

GB/T 3836.24—2017　爆炸性环境　第 24 部分：由特殊型"s"保护的设备

GB/T 4208—2017　外壳防护等级（IP 代码）

GB 6479—2013　高压化肥设备用无缝钢管

GB/T 6968—2019　膜式燃气表

GB/T 7723—2017　固定式电子衡器

GB/T 8163—2018　输送流体用无缝钢管

GB/T 9711—2017　石油天然气工业　管线输送系统用钢管

GB/T 12234—2007　石油、天然气工业用螺栓连接阀盖的钢制闸阀

GB/T 12235—2007　石油、石化及相关工业用钢制截止阀和升降式止回阀

GB/T 12238—2008　法兰和对夹连接弹性密封蝶阀

GB/T 12241—2005　安全阀　一般要求

GB 12337—2014　钢制球形储罐

GB/T 12459—2017　钢制对焊管件　类型与参数

GB/T 12771—2008　流体输送用不锈钢焊接钢管

GB/T 13295—2013　水及燃气用球墨铸铁管、管件和附件

GB/T 13401—2017　钢制对焊管件　技术规范

GB/T 13610—2014　天然气的组成分析　气相色谱法

GB/T 14976—2012　流体输送用不锈钢无缝钢管

GB 15322—2003　可燃气体探测器（所有部分）

GB/T 15478—2015　压力传感器性能试验方法

GB 15558.1—2015　燃气用埋地聚乙烯（PE）管道系统　第 1 部分：管材

GB 15558.2—2005　燃气用埋地聚乙烯（PE）管道系统　第 2 部分：管件

GB 15558.3—2008　燃气用埋地聚乙烯（PE）管道系统　第 3 部分：阀门

GB/T 15969.1～GB/T 15969.8　可编程序控制器

GB 16808—2008　可燃气体报警控制器

GB/T 18033—2017　无缝铜水管和铜气管

GB/T 18442.1～GB/T 18442.7　固定式真空绝热深冷压力容器

GB/T 18603—2014　天然气计量系统技术要求

GB/T 18604—2014　用气体超声流量计测量天然气流量

GB/T 18940—2003　封闭管道中气体流量的测量　涡轮流量计

GB/T 19835—2015　自限温电伴热带

GB/T 20936.1—2017　爆炸性环境用气体探测器　第 1 部分：可燃气体探测器性能要求

GB/T 20936.4—2017　爆炸性环境用气体探测器　第 4 部分：开放路径可燃气体探测器性能要求

GB/T 21391—2008　用气体涡轮流量计测量天然气流量

GB/T 21435—2008　相变加热炉

GB/T 21446—2008　用标准孔板流量计测量天然气流量

GB/T 22653—2008　液化气体设备用紧急切断阀

GB/T 24918—2010　低温介质用紧急切断阀

GB/T 26002—2010　燃气输送用不锈钢波纹软管及管件

GB/T 27699—2011　钢质管道内检测技术规范

GB 27790—2011　城镇燃气调压器

GB 27791—2011　城镇燃气调压箱

GB/T 28473.1—2012　工业过程测量和控制系统用温度变送器　第1部分：通用技术条件

GB/T 28473.2—2012　工业过程测量和控制系统用温度变送器　第2部分：性能评定方法

GB/T 28474.1—2012　工业过程测量和控制系统用压力/差压变送器　第1部分：通用技术条件

GB/T 28474.2—2012　工业过程测量和控制系统用压力/差压变送器　第2部分：性能评定方法

GB/T 31130—2014　科里奥利质量流量计

GB/T 32201—2015　气体流量计

GB/T 33008.1—2016　工业自动化和控制系统网络安全　可编程序控制器（PLC）第1部分：系统要求

GB/T 33840—2017　水套加热炉通用技术要求

GB/T 34039—2017　远程终端单元（RTU）技术规范

GB/T 34041—2017　封闭管道中流体流量的测量　气体超声流量计

GB/T 34042—2017　在线分析仪器系统通用规范

GB 35844—2018　瓶装液化石油气调压器

GB/T 36051—2018　燃气过滤器

GB/T 36242—2018　燃气流量计体积修正仪

GB 50016—2014　（2018年版）　建筑设计防火规范

GB 50028—2006　城镇燃气设计规范

GB 50494—2009　城镇燃气技术规范

GB 51066—2014　工业企业干式煤气柜安全技术规范

GB/T 51094—2015　工业企业湿式气柜技术规范

GB 51102—2016　压缩天然气供应站设计规范

GB 51142—2015　液化石油气供应工程设计规范

CJ/T 112—2008　IC卡膜式燃气表

CJ/T 125—2014　燃气用钢骨架聚乙烯塑料复合管及管件

CJJ/T 148—2010　城镇燃气加臭技术规程

CJ/T 180—2014　建筑用手动燃气阀门

CJ/T 197—2010　燃气用具连接用不锈钢波纹软管

CJJ/T 259—2016　城镇燃气自动化系统技术规范

CJJ/T 268—2017　城镇燃气工程智能化技术规范

CJ/T 334—2010　集成电路（IC）卡燃气流量计

CJ/T 335—2010　城镇燃气切断阀和放散阀

CJ/T 394—2018　电磁式燃气紧急切断阀

CJ/T 435—2013　燃气用铝合金衬塑复合管材及管件
CJ/T 447—2014　管道燃气自闭阀
CJ/T 448—2014　城镇燃气加臭装置
CJ/T 449—2014　切断型膜式燃气表
CJ/T 463—2014　薄壁不锈钢承插压合式管件
CJ/T 466—2014　燃气输送用不锈钢管及双卡压式管件
CJ/T 470—2015　瓶装液化二甲醚调压器
CJ/T 477—2015　超声波燃气表
CJ/T 503—2016　无线远传膜式燃气表
CJ/T 514—2018　燃气输送用金属阀门
CJ/T 524—2018　加臭剂浓度监测仪
JB/T 7385—2015　气体腰轮流量计
JB/T 8803—2015　双金属温度计
JB/T 12015—2014　膜片式差压表
JB/T 12624—2016　液化天然气用截止阀、止回阀
JB/T 12625—2016　液化天然气用球阀
JB/T 12957—2016　磁浮子液位计
JJG 350—1994　标准套管铂电阻温度计检定规程
JJG 1055—2009　在线气相色谱仪检定规程
JJF 1183—2007　温度变送器校准规范
SY/T 0516—2016　绝缘接头与绝缘法兰技术规范
SY/T 0538—2012　管式加热炉规范
SY/T 0556—2018　快速开关盲板技术规范
SY/T 5257—2012　油气输送用钢制感应加热弯管
SY/T 6597—2018　油气管道内检测技术规范
SY/T 6883—2012　输气管道工程过滤分离设备规范
TSG D0001—2009　压力管道安全技术监察规程——工业管道
TSG 21—2016　固定式压力容器安全技术监察规程

3.2　净化设备

3.2.1　工程设计选用规范和标准条文

（1）《城镇燃气设计规范》GB 50028—2006 第 6.5.7 条第 2 款：（门站和储配站）站内应根据输配系统调度要求分组设置计量和调压装置，装置前应设过滤器；门站进站总管上宜设置分离器。

（2）《城镇燃气设计规范》GB 50028—2006 第 6.6.10 条第 4 款：（调压站、调压箱或调压柜）在调压器燃气入口处应安装过滤器。

（3）《城镇燃气设计规范》GB 50028—2006 第 10.3.3 条第 1 款：（用户工程燃气表保

护装置的设置）当输送燃气过程中可能产生尘粒时，宜在燃气表前设置过滤器。

3.2.2 工程设计选用要求

（1）净化设备工程设计选用建议使用位置见表3-1。

净化设备工程设计选用要求
表 3-1

设备类型	建议使用位置	主要功能	适用标准
旋风分离器	与上游分输站不毗邻建设的门站、具有清管接收功能的调压站	分离燃气气流中夹带的较大粒径的固体颗粒	SY/T 6883—2012
过滤分离器	门站、调压站	分离燃气气流中夹带的粒径较小的固体粉尘和粒径较大的液滴	SY/T 6883—2012
过滤器	调压站、用户工程	分离燃气气流中夹带的杂物（灰尘、铁锈或其他杂物）	GB/T 36051—2018

（2）对于小于 $5\mu m$ 的固体颗粒，旋风分离器的分离效果不佳，不建议使用。对于处理流量较大的场合，为提高分离效率，应采用多个旋风分离器并联或多管旋风分离器。旋风分离器进口气流流速宜保持在 15m/s～25m/s，过高会导致压损过大，并卷带杂质；过低会导致离心力不够，都会影响分离效率。

旋风分离器在额定工况下应可除去≥$10\mu m$ 的固体颗粒；在额定工况点，除去≥$10\mu m$ 固体颗粒的分离效率≥85％；在额定工况点±15％范围内，除去≥$10\mu m$ 固体颗粒的分离效率≥75％。旋风分离器在初始工况下压降≤50kPa。

（3）过滤分离器分级效率参见第2章。为操作和维修的方便，过滤分离器一般采用卧式结构，但占地面积较大。若由于场地限制，可采用立式结构，但应考虑相关操作空间，必要时应设操作平台。

（4）对于低压过滤器，初始压差≤20kPa，滤芯更换压差≤50kPa。对于高中压过滤器，初始压降宜≤50kPa，滤芯更换压差≤100kPa。过滤器的过滤精度一般应≤$20\mu m$，过滤效率≥75％。对于具体的使用工况，应根据实际需要提高过滤精度要求，例如：对于高精度流量计、调压装置，过滤精度宜≤$5\mu m$，过滤效率≥95％；电厂燃机用户，过滤精度宜≤$3\mu m$，过滤效率≥98％。

（5）卧式过滤器、过滤分离器宜采用带压力闭锁安全装置的快开盲板，快开盲板应满足开闭灵活、轻便、密封可靠无泄漏的要求。快开盲板符合 SY/T 0556—2018 的要求。

（6）过滤器、过滤分离器接管尺寸不大于 150mm，采用卧式过滤器或篮式过滤器；过滤器接管尺寸大于 150mm，宜采用卧式过滤器。

（7）过滤器、过滤分离器两端宜设差压检测，底部均应设置排污口。

（8）过滤器、过滤分离器材质应符合环境温度变化要求，要考虑低温环境下过滤器处于备用状态时对环境的适应性，应按最低环境温度选择材质或考虑保温伴热措施。

3.3 计量设备

3.3.1 工程设计选用规范和标准条文

（1）《城镇燃气设计规范》GB 50028—2006 第 6.5.7 条第 2 款：（门站和储配站）站

内应根据输配系统调度要求分组设置计量和调压装置，装置前应设过滤器。

（2）《城镇燃气设计规范》GB 50028—2006 第 6.5.9 条：（门站和储配站）站内燃气计量和气质的检验应符合要求：站内设置的计量仪表应符合表 3-2 的规定。

站内设置的计量仪表　　　　　　　　　　　　　　　　　表 3-2

进出站参数	功能		
	指示	记录	累计
流量	＋	＋	＋
压力	＋	＋	－
温度	＋	＋	－

注：表中"＋"为应规定设置。

（3）《城镇燃气设计规范》GB 50028—2006 第 10.3.1 条：（用户工程）燃气用户应单独设置燃气表，燃气表应根据燃气的工作压力、温度、流量和允许的压力降（阻力损失）等条件选择。

（4）《城镇燃气技术规范》GB 50494—2009 第 8.4.1 条～第 8.4.3 条：使用管道燃气的用户应设置燃气计量装置；燃气计量装置应根据各类燃气计量特点、使用工况条件等因素选用；选用的燃气计量装置产品应符合国家有关计量法规的要求。

3.3.2　工程设计选用要求

（1）计量设备工程设计选用建议使用位置见表 3-3。

（2）天然气输配场站中，贸易计量系统流量计在有效测量范围内准确度宜优于±0.5％（含±0.5％），同时流量计的测量精度最低应满足 GB/T 18603—2014 附录 B 的要求；非贸易计量系统，流量计在有效测量范围内准确度宜优于±1％（含±1％），同时流量计的测量精度最低应满足 GB/T 18603—2014 附录 B 的要求。

（3）门站总计量用流量计类型、准确度等应与上游计量系统保持一致；门站流量计选型原则：口径≥100mm 宜采用超声流量计；口径＜100mm 宜采用气体涡轮流量计；当上游场站不能在线传输气质参数至门站时，门站宜设置在线气质检测，以提高计量系统准确度。门站是否设置在线分析仪系统，需结合气源情况、流量范围、用户需求进行确定。

（4）超声流量计计量系统的主要配置包括：流量传感器，信号处理单元，温度变送器，压力变送器，流量计算机；气体超声流量计宜不低于 4 声道，时差式流量计的量程比（标况下）不低于 1∶30。

（5）气体涡轮流量计计量系统主要包括：流量传感器，流量修正仪，温度变送器，压力变送器；流量计的量程比（标况下）不低于 1∶20；计量系统中单台流量计的口径不宜大于 300mm。

（6）标准孔板流量计计量系统主要包括：差压变送器，温度变送器，压力变送器；流量计的量程比（标况下）不低于 1∶3；差压变送器及压力变送器安装高度宜高于取源点。

计量设备工程设计选用要求 表 3-3

设备类型	建议使用位置及条件	适用标准
气体超声流量计 （多声道）	中高压运行工况，大流量，量程比宽；具有贸易计量功能的门站	GB/T 18604—2014 GB/T 34041—2017
气体涡轮流量计	1) 门站出站、LNG 及 CNG 供气场站出站和各类高中低压调压站的管理计量，计量准确度采用 1.0 级或 1.5 级； 2) 次高压、中压运行压力的非居民用户计量时，计量准确度采用 1.0 级或 0.5 级，宜具备数据远传功能	GB/T 21391—2008 GB/T 18940—2003
标准孔板流量计	一般调压站管理计量	GB/T 21446—2008
气体腰轮流量计	中压、低压运行压力的非居民用户计量，计量准确度不低于 1.0 级，宜具备数据远传功能	JB/T 7385—2015
膜式燃气表	1) 低压运行压力，工况流量不大于 6.0m³/h 的居民用户计量； 2) 工况流量小于 100m³/h 的商业与公建用户计量	GB/T 6968—2019 CJ/T 112—2008 CJ/T 503—2016 CJ/T 449—2014
气体超声流量计 （单声道）		CJ/T 477—2015
质量流量计	压缩天然气计量	GB/T 31130—2014

3.4 换热设备

3.4.1 工程设计选用规范和标准条文

（1）《城镇燃气设计规范》GB 50028—2006 第 6.5.7 条第 3 款：（门站和储配站）调压装置应根据燃气流量、压力降等工艺条件确定设置加热装置。

（2）《城镇燃气设计规范》GB 50028—2006 第 6.6.13 条：（调压站和调压装置）燃气调压站供暖应根据气象条件、燃气性质、控制测量仪表结构和人员工作的需要等因素确定。当需要供暖时严禁在调压室内用明火供暖，但可采用集中供热或在调压站内设置燃气、电气供暖系统。

（3）《压缩天然气供应站设计规范》GB 51102—2016 第 6.2.25 条：压缩天然气储配站、压缩天然气瓶组供气站应根据燃气流量、压力降等工艺条件设置天然气加热装置。加热能力应保证燃气设备、管道及附件正常运行。

3.4.2 工程设计选用要求

（1）换热设备工程设计选用建议使用位置见表 3-4。

换热设备工程设计选用要求 表 3-4

设备类型	建议使用位置及条件	适用标准
电伴热带	调压器引压管保温加热	GB/T 19835—2015
管道式电加热器	站场有稳定外电，单台换热设备的热负荷≤100kW	—
水套炉	单台换热设备的热负荷在 100kW～1000kW 之间	GB/T 33840—2017
真空相变加热炉	单台换热设备的热负荷≥1000kW	GB/T 21435—2008

（2）对于进出站压降大于 1.5MPa 的站场应进行气体预加热处理分析，从不同季节工况、水露点变化、下游管道材质、用户接气温度要求、设备运行状况等方面进行分析。

（3）门站、高-中压调压站内换热设备可通过技术经济比选确定，设置水套加热炉、电加热器或真空相变加热炉。按照气体加热负荷计算，确定加热器的类型、数量和容量。间断加热的站场通常不考虑备用加热器或容量。

（4）目前国内还没有燃气行业大功率管道式电加热器的国家和行业标准，管道式电加热器的选择主要考虑加热负荷、加热效率及设备防爆等级等方面。

（5）若采用电加热器，直接安装在流量计和调压系统之间，加热器出口管路上应设置安全阀。

（6）加热器通常设置在调节装置入口侧。若燃气含水或液态烃较多，对冬季温度较低的地方，排除杂质对加热器不利因素的情况下，可将加热器设置在过滤器前。若采用加热炉，对于流量计与调压系统一对一串联安装的回路，加热器应设置在过滤器和流量计之间。

3.5　流量/压力控制设备

3.5.1　工程设计选用规范和标准条文

（1）《城镇燃气设计规范》GB 50028—2006 第 6.1.7 条：燃气输配系统各种压力级别的燃气管道之间应通过调压装置相连。当有可能超过最大允许工作压力时，应设置防止管道超压的安全保护设备。

（2）《城镇燃气设计规范》GB 50028—2006 第 6.5.7 条第 2 款：（门站和储配站）站内应根据输配系统调度要求分组设置计量和调压装置，装置前应设过滤器。

（3）《城镇燃气设计规范》GB 50028—2006 第 6.6 节"调压站与调压装置"，该节适用于城镇燃气输配系统中不同压力级别管道之间连接的调压站、调压箱（或柜）和调压装置的设计。

（4）《城镇燃气设计规范》GB 50028—2006 第 10.2.10 条：商业和工业用户调压装置及居民楼栋调压装置的设置形式应符合该规范第 6.6.2 条和第 6.6.6 条的规定。

（5）《城镇燃气技术规范》GB 50494—2009 第 5.3.5 条：燃气压缩、输送和调压的设备应符合节能、低噪声的要求。

（6）《城镇燃气技术规范》GB 50494—2009 第 6.3.5 条：设置调压装置的场所，其环境温度应能保证调压装置的正常工作。

（7）《城镇燃气技术规范》GB 50494—2009 第 6.3.6 条：调压装置应具有防止出口压力过高的安全措施。

3.5.2　工程设计选用要求

（1）流量/压力控制设备工程设计选用建议使用位置见表 3-5。

流量/压力控制设备工程设计选用要求   表 3-5

设备类型	建议使用位置及条件	适用标准
调压器	设置于需要对燃气压力进行调节的场所，设置于过滤、预热装置后	GB 27790—2011
	设置于瓶装液化石油气瓶口	GB 35844—2018
	设置于瓶装液化二甲醚瓶口	CJ/T 470—2015
紧急切断阀	公称压力≤4.0MPa，公称直径≤300mm，以流经阀门自身的燃气（液化石油气除外，户内工程除外）做驱动源的燃气自立式切断阀	CJ/T 335—2010
电动调节阀	设置于流量计前，用于对燃气压力控制或流量控制，防爆等级不低于 EXdIIBT4	JB/T 7387—2014

(2) 直接作用式调压器可用于流量不大、使用压力较低的居民用户、区域调压站，也可以用于集体食堂、餐饮服务行业及小型燃气锅炉等要求响应时间短的公福用户。调压精度一般要求不低于±10%，关闭精度不低于 20%。直接作用式调压器一般集成内置切断阀，其切断精度不低于±10%。

(3) 间接作用式调压器一般用于流量较大、压力较高的门站、分输站等场合。调压精度要求不低于±5%，关闭精度不低于 10%。截止阀式间接作用调压器可集成一体式切断阀，轴流式间接作用式调压器需另行配置切断阀，切断精度不低于±5%。

(4) 对仅需要进行压力控制的场站，进出站压差超过 1.6MPa 时，调压装置应由主调压器＋监控调压器或主调压器＋紧急切断阀组成；进出站压差小于 1.6MPa 时，调压装置应由主调压器＋紧急切断阀组成；调压器宜选用间接作用式调压器，调压器调压精度不低于±2.5%，调压器关闭精度不低于 5%；调压器运行时噪声不应大于 85dB（A）。紧急切断阀宜选用自力式切断阀，应为整体式或分体串联式，人工复位型，切断精度不低于±2.5%，切断响应时间≤1s。燃气输配场站中调压装置均应设置备用管路；调压装置应设有适当的自动识别选路装置。调压管路应设置调压器出口侧管路超压泄放、切断，以及管路检维修放空功能。

(5) 对仅需要流量控制的燃气计量站，可独立设置电动调节阀。

(6) 对需要进行压力控制和流量控制的燃气场站，可采用"紧急切断阀＋调压器＋电动调节阀"结构的撬装式流量/压力控制单元。调压器调压精度不低于±2.5%，调压器关闭精度不低于 5%；紧急切断阀、超压切断阀应为整体式或分体串联式，人工复位型，切断精度不低于±2.5%，切断响应时间≤1s。

(7) 目前国内还没有燃气行业专用电动调节阀的国家和行业标准，主要参考美国和欧盟标准。电动调节阀的选择主要考虑输送介质的规模、阀两端差压、允许的渗漏量、最大噪声等。电动调节阀进行流量或压力调节是一个闭合回路控制，将现场采集的数据经计算机计算后传输给工作调节阀的控制器，控制器将该现场数据与设定值进行对比，从而控制工作调节阀的开大或关小，使现场数值满足设定值。电动调节阀的调节精度应不低于±1.0%。

(8) 用户工程户内表前调压器可采用直接作用式调压器。

3.6　加臭设备

3.6.1　工程设计选用规范和标准条文

(1)《城镇燃气设计规范》GB 50028—2006 第 3.2.3 条：城镇燃气应具有可以察觉的

臭味，燃气中加臭剂的最小量应符合下列规定：

　　1）无毒燃气泄漏到空气中，达到爆炸下限的 20％时，应能察觉；

　　2）有毒燃气泄漏到空气中，达到对人体允许的有害浓度时，应能察觉；

　　对于以一氧化碳为有毒成分的燃气，空气中一氧化碳含量达到 0.02％（体积分数）时，应能察觉。

　　（2）《城镇燃气设计规范》GB 50028—2006 第 3.2.4 条：城镇燃气加臭剂应符合下列要求：

　　1）加臭剂和燃气混合在一起后应具有特殊的臭味；

　　2）加臭剂不应对人体、管道或与其接触的材料有害；

　　3）加臭剂的燃烧产物不应对人体呼吸有害，并不应腐蚀或伤害与此燃烧产物经常接触的材料；

　　4）加臭剂溶解于水的程度不应大于 2.5％（质量分数）；

　　5）加臭剂应有在空气中应能察觉的加臭剂含量指标。

　　（3）《城镇燃气设计规范》GB 50028—2006 第 6.5.6 条：当燃气无臭味或臭味不足时，门站或储配站内应设置加臭装置。

　　（4）《城镇燃气设计规范》GB 50028—2006 第 9.2.13 条：液化天然气气化后向城镇管网供应的天然气应进行加臭。

　　（5）《城镇燃气技术规范》GB 50494—2009 第 4.2.1 条：城镇燃气应具有当其泄漏到空气中并在发生危险之前，嗅觉正常的人可以感知的警示性臭味。

　　（6）《城镇燃气技术规范》GB 50494—2009 第 4.2.2 条：城镇燃气加臭剂的添加量应符合国家现行相关标准的要求，其燃烧产物不应对人体有害，并不应腐蚀或损害与此燃烧产物经常接触的材料。

　　（7）《城镇燃气加臭技术规程》CJJ/T 148—2010 对加臭设备设计选用作出了详细规定。

3.6.2　工程设计选用要求

　　（1）天然气门站、气源站宜设置加臭装置；天然气进入调压站、压缩天然气站和液化天然气站前未加臭的，应在调压站、压缩天然气站和液化天然气站的高中压管网出站管路设置加臭点。

　　（2）加臭装置应符合 CJ/T 448—2014 的要求；加臭点应配置计量装置，其信号输出应满足自动加臭控制系统的要求。

　　（3）加臭装置应能够自动将加臭剂注入天然气管道内，并应保持加臭浓度基本恒定，加臭精度±5％；天然气管道内加臭剂浓度应通过浓度监测仪测定，并应满足规范要求，加臭剂浓度监测仪满足 CJ/T 524—2018 的要求。加臭装置是否具备多点加臭的功能要求，由设计单位根据输配系统工艺确定。

　　（4）加臭装置应具有自动加臭、手动加臭和编程定量加臭三种运行模式；加臭装置应具有燃气流量、加臭剂注入量等相关运行参数的储存、打印和数据通信功能。

　　（5）加臭剂储罐上需设储罐臭味剂排放吸收器。加臭装置应配置预防臭剂泄漏扩散的集液池或拦蓄设施。

3.7 阀门设备

3.7.1 工程设计选用规范和标准条文

(1)《城镇燃气设计规范》GB 50028—2006 第 6.3.12 条：穿越或跨越重要河流的燃气管道，在河流两岸均应设置阀门。

(2)《城镇燃气设计规范》GB 50028—2006 第 6.3.13 条：在次高压、中压燃气干管上，应设置分段阀门，并应在阀门两侧设置放散管。在燃气支管的起点处，应设置阀门。

(3)《城镇燃气设计规范》GB 50028—2006 第 6.4.15 条：高压燃气管道的布置应符合下列要求：

1) 高压燃气管道不宜进入四级地区，当受条件限制需要进入或通过四级地区时，应符合下列要求：

① 应符合本书第 3.7.1 条第（4）款的要求；

② 管道分段阀门应采用遥控或自动控制。

(4)《城镇燃气设计规范》GB 50028—2006 第 6.4.19 条：燃气管道阀门的设置应符合下列要求：

1) 在高压燃气干管上，应设置分段阀门；分段阀门的最大间距，以四级地区为主的管段不应大于 8km，以三级地区为主的管段不应大于 13km，以二级地区为主的管段不应大于 24km，以一级地区为主的管段不应大于 32km；

2) 在高压燃气支管的起点处，应设置阀门；

3) 燃气管道阀门的选用应符合国家现行有关标准，并应选择适用于燃气介质的阀门；

4) 在防火区内关键部位使用的阀门，应具有耐火性能，需要通过清管器或电子检管器的阀门，应选用全通径阀门。

(5)《城镇燃气设计规范》GB 50028—2006 第 6.5.7 条第 5 款：（门站和储配站）进出站管线应设置切断阀门和绝缘法兰。

(6)《城镇燃气设计规范》GB 50028—2006 第 6.6.10 条第 2 款：调压站（或调压箱或调压柜）的工艺设计应符合下列要求：

1) 高压和次高压燃气调压站室外进、出口管道上必须设置阀门；

2) 中压燃气调压站室外进口管道上，应设置阀门。

(7)《城镇燃气设计规范》GB 50028—2006 第 9.4.17 条：液化天然气气化器和天然气气体加热器的天然气出口应设置测温装置并应与相关阀门连锁，热媒的进口应设置能遥控和就地控制的阀门。

(8)《城镇燃气设计规范》GB 50028—2006 第 10.2.19 条：（用户工程）燃气引入管阀门宜设在建筑物内，对重要用户还应在室外另设阀门。

(9)《城镇燃气设计规范》GB 50028—2006 第 10.2.23 条：第 1 款：（用户工程）敷设在地下室、半地下室、设备层和地上密闭房间以及竖井、住宅汽车库（不使用燃气，并能设置钢套管的除外）的燃气管道应符合下列要求：管材、管件及阀门、阀件的公称压力应按提高一个压力等级进行设计。

（10）《城镇燃气设计规范》GB 50028—2006 第 10.2.40 条：（用户工程）室内燃气管道的下列部位应设置阀门：

　　1）燃气引入管；

　　2）调压器前和燃气表前；

　　3）燃气用具前；

　　4）测压计前；

　　5）放散管起点。

（11）《城镇燃气设计规范》GB 50028—2006 第 10.2.41 条：（用户工程）室内燃气管道阀门宜采用球阀。

（12）《城镇燃气技术规范》GB 50494—2009 第 5.3.4 条：燃气进出厂站管道应设置切断阀门；当厂站外管道采用阴极保护腐蚀控制措施时，其与站内管道应采用绝缘连接。

（13）《城镇燃气技术规范》GB 50494—2009 第 6.2.7 条：在设计压力大于或等于 0.01MPa 的燃气管道上，应根据检修和事故处置的要求设置分段阀门。

（14）《城镇燃气技术规范》GB 50494—2009 第 6.3.7 条：下列调压站或调压箱的连接管道上应设置切断阀门：

　　1）进口压力大于或等于 0.01MPa 的调压站或调压箱的燃气进口管道；

　　2）进口压力大于 0.4MPa 的调压站或调压箱的燃气出口管道。

3.7.2　工程设计选用要求

（1）阀门设备工程设计选用建议使用位置见表 3-6。

阀门设备工程设计选用要求　　　　　　　　表 3-6

设备类型	建议使用位置及条件	适用标准
球阀	城镇燃气输配系统和用户工程（CJ/T180 规定的球阀除外），常温	CJ/T 514—2018
	用户工程中建筑物内公称压力不大于 1.6MPa、公称直径不大于 100mm，常温	CJ/T 180—2014
截止阀	城镇燃气输配系统和用户工程，常温	GB/T 12235—2007
安全阀	设置于调压系统进口、调压器出口以及压力容器顶部，常温	GB/T 12241—2005
止回阀	设置于阻止气流倒流的管道上，常温	GB/T 12235—2007
闸阀	城镇燃气输配系统和用户工程、工作压力不大于 1.6MPa，常温	CJ/T 514—2018
	城镇燃气输配系统、工作压力大于 1.6MPa，常温	GB/T 12234—2007
蝶阀	城镇燃气输配系统和用户工程、工作压力不大于 0.4MPa、公称直径不大于 300mm，常温	CJ/T 514—2018
	城镇燃气输配系统和用户工程、工作压力不大于 2.5MPa、法兰连接弹性密封，常温	GB/T 12238—2008
聚乙烯管道系统阀门	城镇燃气输配系统和用户工程、工作压力不大于 0.4MPa、聚乙烯管道系统阀门，常温	GB/T 15558.3—2008
电磁阀	在用户工程中工作压力不大于 0.4MPa、公称直径不大于 300mm、以电磁力驱动的紧急切断阀	CJ/T 394—2018
自闭阀	在用户工程中燃气支管与灶具采用软管连接时设置的过流切断装置	CJ/T 447—2014

设备类型	建议使用位置及条件	适用标准
旋塞阀	在用户工程中建筑物内公称压力不大于 1.6MPa、公称直径不大于 100mm、底部密封的旋塞阀	CJ/T 180—2014
紧急切断阀	设置于调压装置进口端，用于超压切断	CJ/T 335—2010
	公称压力不大于 2.5MPa、公称直径不大于 350m、液化石油气用紧急切断阀	GB/T 22653—2008
	公称压力不大于 1.6MPa、公称直径不大于 200m、液化天然气低温介质用紧急切断阀，设计温度－196℃	GB/T 24918—2010
液化天然气用球阀	液化天然气低温介质专用，设计温度－196℃	JB/T 12625—2016
液化天然气用截止阀、止回阀	液化天然气低温介质专用，设计温度－196℃	JB/T 12624—2016

（2）天然气高压、次高压输配系统中门站、调压站进出站及高压、次高压管线应设置具备紧急关断功能的截断阀，截断阀宜采用全通径球阀。高压、次高压管线设置的埋地截断阀及场站内与站外输配管线连通的第一个阀门宜采用焊接式阀门。

（3）目前国内还没有城镇燃气输配系统用截止阀、止回阀、蝶阀的国家和行业标准，截止阀、止回阀、蝶阀的选用还是参考石油天然气行业标准选用。

（4）城镇燃气用球阀阀体与球体之间具有静电导出功能；球阀应满足全压差启闭使用条件；$DN100$ 及以上口径球阀，球体应为固定球；$DN100$ 以下尺寸的球阀采用浮动球结构；固定球球阀阀座密封结构应为浮动座双重密封、阀座上下游可同时密封结构。

（5）城镇燃气用安全阀，当公称直径 $DN \geqslant 50mm$，且介质水露点低于最低日平均气温时，宜采用先导式安全阀；其他可采用弹簧直接作用式安全阀。

3.8 储存设备

3.8.1 工程设计选用规范和标准条文

（1）《城镇燃气设计规范》GB 50028—2006 第 6.5.2 条第 6 款：储配站内的储气罐与站外的建（构）筑物的防火间距应符合现行国家标准《建筑设计防火规范》GB 50016 的有关规定。

（2）《城镇燃气设计规范》GB 50028—2006 第 6.5.4 条：储气罐或罐区之间的防火间距应符合下列要求：

1）湿式储气罐之间、干式储气罐之间、湿式储气罐与干式储气罐之间的防火间距，不应小于相邻较大罐的半径；

2）固定容积储气罐之间的防火间距，不应小于相邻较大罐直径的 2/3；

3）固定容积储气罐与低压湿式或干式储气罐之间的防火间距，不应小于相邻较大罐的半径；

4）数个固定容积储气罐的总容积大于 200000m³ 时，应分组布置；组与组之间的防火间距：卧式储罐，不应小于相邻较大罐长度的一半；球形储罐，不应小于相邻大罐的直径，且不应小于 20.0m；

5）储气罐与液化石油气罐之间防火间距应符合现行国家标准《建筑设计防火规范》GB 50016 的有关规定。

（3）《城镇燃气设计规范》GB 50028—2006 第 6.5.10 条：燃气储存设施的设计应符合下列要求：

1）储配站所建储罐容积应根据输配系统所需储气总容量、管网系统的调度平衡和气体混配要求确定；

2）储配站的储气方式及储罐形式应根据燃气进站压力、供气规模、输配管网压力等因素，经技术经济比较后确定；

3）确定储罐单体或单组容积时，应考虑储罐检修期间供气系统的调度平衡；

4）储罐区宜设有排水设施。

（4）《城镇燃气设计规范》GB 50028—2006 第 6.5.11 条：低压储气罐的工艺设计，应符合下列要求：

1）低压储气罐宜分别设置燃气进、出气管，各管应设置关闭性能良好的切断装置，并宜设置水封阀，水封阀的有效高度应取设计工作压力（以 Pa 表示）乘 0.1 加 500mm；燃气进、出气管的设计应能适应气罐地基沉降引起的变形；

2）低压储气罐应设储气量指示器；储气量指示器应具有显示储量及可调节的高低限位声、光报警装置；

3）储气罐高度超越当地有关的规定时应设高度障碍标志；

4）湿式储气罐的水封高度应经过计算后确定；

5）寒冷地区湿式储气罐的水封应设有防冻措施；

6）干式储气罐密封系统，必须能够可靠地连续进行；

7）干式储气罐应设置紧急放散装置；

8）干式储气罐应配有检修通道，稀油密封干式储气罐外部应设置检修电梯。

（5）《城镇燃气设计规范》GB 50028—2006 第 6.5.12 条：高压储气罐工艺设计，应符合下列要求：

1）高压储气罐宜分别设置燃气进、出气管，不需要起混气作用的高压储气罐，其进、出气管也可合为一条；燃气进、出气管的设计宜进行柔性计算；

2）高压储气罐应分别设置安全阀、放散管和排污管；

3）高压储气罐应设置压力检测装置；

4）高压储气罐宜减少接管开孔数量；

5）高压储气罐宜设置检修排空装置；

6）当高压储气罐罐区设置检修用集中放散装置时，集中放散装置的放散管与站外建（构）筑物的防火间距不应小于表 3-7 的规定；集中放散装置的放散管与站内建（构）筑物的防火间距不应小于表 3-8 的规定；放散管管口高度应高出距其 25m 内的建（构）筑物 2m 以上，且不得小于 10m；

7）集中放散装置宜设置在站内全年最小频率风向的上风侧。

集中放散装置的放散管与站外建（构）筑物的防火间距　　　　表 3-7

项目		防火间距（m）
明火或散发火花地点		30
民用建筑		25
甲、乙类液体储罐、易燃材料堆场		25
室外变配电站		30
甲乙类物品库房、甲乙类生产厂房		25
其他厂房		20
铁路（中心线）		40
公路、道路（路边）	高速、Ⅰ、Ⅱ级，城市快速	15
	其他	10
架空电力线（中心线）	＞380V	2.0 倍杆高
	≤380V	1.5 倍杆高
架空通信线（中心线）	国家Ⅰ、Ⅱ级	1.5 倍杆高
	其他	1.5 倍杆高

集中放散装置的放散管与站内建（构）筑物的防火间距　　　　表 3-8

项目	防火间距（m）
明火、散发火花地点	30
办公、生活建筑	25
可燃气体储气罐	20
室外变、配电站	30
调压室、压缩机室、计量室及工艺装置区	20
控制室、配电室、汽车库、机修间和其他辅助建筑	25
燃气锅炉房	25
消防泵房、消防水池取水口	20
站内道路（路边）	2
围墙	2

（6）《城镇燃气设计规范》GB 50028—2006 第 9.4.9 条：液化天然气储罐和容器本体及附件的材料选择和设计应符合国家现行标准《压力容器》GB 150、《固定式真空绝热深冷压力容器》GB/T 18442 和《固定式压力容器安全技术监察规程》TSG 21 的规定。

（7）《城镇燃气设计规范》GB 50028—2006 第 9.4.10 条：液化天然气储罐必须设置安全阀，安全阀的开启压力及阀口总通过面积应符合国家现行标准《固定式压力容器安全技术监察规程》TSG 21 的规定。

（8）《城镇燃气设计规范》GB 50028—2006 第 9.4.11 条：液化天然气储罐安全阀的设置应符合下列要求：

1）必须选用奥氏体不锈钢弹簧封闭全启式；

2）单罐容积为 100m³ 或 100m³ 以上的储罐应设置 2 个或 2 个以上安全阀；

3）安全阀应设置放散管，其管径不应小于安全阀出口的管径；放散管宜集中放散；

4）安全阀与储罐之间应设置切断阀。

（9）《城镇燃气设计规范》GB 50028—2006 第 9.4.12 条：储罐应设置放散管，其设置要求应符合该规范第 9.2.12 条的规定。

（10）《城镇燃气设计规范》GB 50028—2006 第 9.4.13 条：储罐进出液管必须设置紧急切断阀，并与储罐液位控制连锁。

（11）《城镇燃气设计规范》GB 50028—2006 第 9.4.14 条：液化天然气储罐仪表的设置，应符合下列要求：

1）应设置 2 个液位计，并应设置液位上、下限报警和连锁装置；若容积小于 3.8m³ 的储罐和容器，可设置一个液位计（或固定长度液位管）；

2）应设置压力表，并应在有值班人员的场所设置高压报警显示器，取压点应位于储罐最高液位以上；

3）采用真空绝热的储罐，真空层应设置真空表接口。

3.8.2　工程设计选用要求

储存设备工程设计选用建议使用位置见表 3-9。

储存设备工程设计选用要求　　　　　　　　　　　　　　　　表 3-9

设备类型	建议使用位置及条件	适用标准
湿式储气罐	低压燃气储存设施，常温，适用于冬季常年气温在 0℃ 以上地区	GB 50028—2006
干式储气罐	低压、中压燃气储存设施，常温	GB 50028—2006
钢制球形储罐	中压、高压燃气储存设施，常温	GB 50028—2006
储气井	总储存几何容积不大于 18m³，压缩天然气，最高运行压力 25MPa，常温	GB 51102—2016
高压储气罐	总储存几何容积大于 18m³，压缩天然气，最高运行压力 25MPa，常温	GB 51102—2016
双金属真空粉末储罐	总储存容积不大于 1000m³，液化天然气，设计温度 −196℃	GB 50028—2006
低温带压子母罐	总储存容积 1000m³～5000m³，液化天然气，设计温度 −196℃	GB 50028—2006 GB 50183—2004
低温常压储罐	总储存容积不小于 5000m³，液化天然气，设计温度 −196℃	GB 50183—2004

3.9　增压设备

3.9.1　工程设计选用规范和标准条文

（1）《城镇燃气设计规范》GB 50028—2006 第 6.5.14 条：燃气加压设备的选型应符合下列要求：

1）储配站燃气加压设备应结合输配系统总体设计采用的工艺流程、设计负荷、排气压力及调度要求确定；

2）加压设备应根据吸排气压力、排气量选择机型；所选用的设备应便于操作维护、安全可靠，并符合节能、高效、低震和低噪声的要求；

3）加压设备的排气能力应按厂方提供的实测值为依据。站内加压设备的形式应一致，加压设备的规格应满足运行调度要求，并不宜多于 2 种。储配站内装机总台数不宜过多。每 1 台～5 台压缩机宜另设 1 台备用。

（2）《城镇燃气设计规范》GB 50028—2006 第 6.5.15 条：压缩机室的工艺设计应符

合下列要求：

1) 压缩机宜按独立机组配置进、出气管及阀门、旁通、冷却器、安全放散、供油和供水等各项辅助设施；

2) 压缩机的进、出气管道宜采用地下直埋或管沟敷设，并宜采取减震降噪措施；

3) 管道设计应设有能满足投产置换、正常生产维修和安全保护所必需的附属设备；

4) 压缩机及其附属设备的布置应符合下列要求：

① 压缩机宜采取单排布置；

② 压缩机之间及压缩机与墙壁之间的净距不宜小于1.5m；

③ 重要通道的宽度不宜小于2m；

④ 机组的联轴器及皮带传动装置应采取安全防护措施；

⑤ 高出地面2m以上的检修部位应设置移动或可拆卸式的维修平台或扶梯；

⑥ 维修平台及地坑周围应设防护栏杆；

5) 压缩机室宜根据设备情况设置检修用起吊设备；

6) 当压缩机采用燃气为动力时，其设计应符合现行国家标准《输气管道工程设计规范》GB 50251 和《石油天然气工程设计防火规范》GB 50183 的有关规定；

7) 压缩机组前必须设有紧急停车按钮。

(3)《城镇燃气设计规范》GB 50028—2006 第6.5.16条：压缩机的控制室宜设在主厂房一侧的中部或主厂房的一端。控制室与压缩机之间应设有能观察各台设备运转的隔声耐火玻璃窗。

(4)《城镇燃气设计规范》GB 50028—2006 第6.5.17条：储配站控制室内的二次检测仪表及操作调节装置宜按表3-10规定设置。

储配站控制室内二次检测仪表及调节装置 表3-10

参数名称		现场显示	控制室		
			显示	记录或累计	报警连锁
压缩机室进气管压力		—	+	—	+
压缩机室出气管压力		—	+	+	—
机组	吸气压力	+	—	—	—
	吸气温度	+	—	—	—
	排气压力	+	+	—	+
	排气温度	+	—	—	—
压缩机室	供电压力	—	+	—	—
	电流	—	+	—	—
	功率因数	—	+	—	—
	功率	—	+	—	—
机组	电压	+	+	—	—
	电流	+	+	—	—
	功率因数	+	+	—	—
	功率	+	+	—	—
压缩机室	供水温度	—	+	—	—
	供水压力	—	+	—	+
机组	供水温度	+	+	—	—
	回水温度	+	—	—	—
	水流状态	+	+	—	—

续表

参数名称		现场显示	控制室		
			显示	记录或累计	报警连锁
润滑油	供油压力	＋	－	－	＋
	供油温度	＋	－	－	－
	回油温度	＋	－	－	－
电机防爆通风系统排风压力		－	＋	－	＋

注：表中"＋"为应规定设置。

（5）《城镇燃气设计规范》GB 50028—2006 第 6.5.18 条：压缩机室、调压计量室等具有爆炸危险的生产用房应符合现行国家标准《建筑设计防火规范》GB 50016 中甲类生产厂房的规定。

（6）《液化石油气供应工程设计规范》GB 51142—2015 第 5.3.5 条：液化石油气储存站、储配站和灌装站应具有泵、机联合运行功能，液化石油气压缩机不宜少于 2 台。

（7）《液化石油气供应工程设计规范》GB 51142—2015 第 5.3.6 条：液化石油气压缩机进、出口管段阀门及附件的设置应符合下列规定：

1）进、出口管段应设置阀门；

2）进口管段应设置过滤器；

3）出口管段应设置止回阀和安全阀（设备自带除外）；

4）进、出口管段之间应设置旁通管及旁通阀。

（8）《液化石油气供应工程设计规范》GB 51142—2015 第 5.3.7 条：液化石油气压缩机室的布置宜符合下列规定：

1）压缩机机组间的净距不宜小于 1.5m；

2）机组操作侧与内墙的净距不宜小于 2.0m，其余各侧与内墙的净距不宜小于 1.2m；

3）安全阀应设置放散管。

（9）《液化石油气供应工程设计规范》GB 51142—2015 第 5.3.9 条：液态液化石油气宜采用屏蔽泵，泵的安装高度应保证系统不发生气蚀，并应采取防止振动的措施。

（10）《液化石油气供应工程设计规范》GB 51142—2015 第 5.3.10 条：液态液化石油气泵进、出口管段阀门及附件的设置应符合下列规定：

1）泵进、出口管段应设置切断阀和放气阀；

2）泵进口管段应设置过滤器；

3）泵出口管段应设置止回阀，并应设置液相安全回流阀。

3.9.2　工程设计选用要求

增压设备工程设计选用建议使用位置见表 3-11。

增压设备工程设计选用要求　　　　　　　　　　　　　　　表 3-11

设备类型	建议使用位置及条件	适用标准
天然气压缩机	储气增压，防爆等级不低于 EXdⅠ ⅠBT4，推荐采用对置式天然气压缩机	GB 50028—2006
液化石油气压缩机	槽车和储罐装卸、倒罐、灌装瓶，防爆等级不低于 EXdⅠ ⅠBT4	GB 51142—2015
液化石油气泵	槽车和储罐装卸、倒罐、灌装瓶、增压外输，防爆等级不低于 EXdⅠ ⅠBT4	GB 51142—2015
液化天然气泵	槽车和储罐装卸、倒罐、灌装瓶、增压外输，防爆等级不低于 EXdⅠ ⅠBT4	GB 51142—2015

3.10 气化设备

3.10.1 工程设计选用规范和标准条文

（1）《城镇燃气设计规范》GB 50028—2006 第 9.2.11 条：气化器、低温泵设置应符合下列要求：

1）环境气化器和热流媒体为不燃烧体的远程间接加热气化器、天然气气体加热器可设置在储罐区内，与站外建（构）筑物的防火间距应符合现行国家标准《建筑设计防火规范》GB 50016 中甲类厂房的规定；

2）气化器的布置应满足操作维修的要求；

3）对于输送液体温度低于−29℃的泵，设计中应有预冷措施。

（2）《城镇燃气设计规范》GB 50028—2006 第 9.4.16 条：液化天然气气化器或其出口管道上必须设置安全阀，安全阀的泄放能力应满足下列要求：

1）环境气化器的安全阀泄放能力必须满足在 1.1 倍的设计压力下，泄放量不小于气化器设计额定流量的 1.5 倍；

2）加热气化器的安全阀泄放能力必须满足在 1.1 倍的设计压力下，泄放量不小于气化器额定流量的 1.1 倍。

（3）《城镇燃气设计规范》GB 50028—2006 第 9.4.17 条：液化天然气气化器和天然气气体加热器的天然气出口应设置测温装置并应与相关阀门连锁；热媒的进口应设置能遥控和就地控制的阀门。

（4）《液化石油气供应工程设计规范》GB 51142—2015 第 6.2.1 条：液化石油气气化站和混气站储存设施的设计应符合下列规定：

1）站内储罐总容积应根据供气规模、用户的性质、气源供应等因素确定；当由液化石油气储存站、储配站供气时，储罐设计总容量可按 3d 的计算月平均日用气量确定；

2）确定储罐的单罐容积和总容积时，应考虑储罐检修期间供气系统的调度平衡。

（5）《液化石油气供应工程设计规范》GB 51142—2015 第 6.2.2 条：气化、混气装置的总供气能力应根据高峰小时用气量确定。

（6）《液化石油气供应工程设计规范》GB 51142—2015 第 6.2.5 条：气化、混气装置可设置在一幢建筑物内，也可设置在同一房间内，并应符合下列规定：

1）气化装置之间的净距不宜小于 0.8m；

2）气化装置操作侧与内墙之间的净距不宜小于 1.2m；

3）气化装置其余各侧与内墙的净距不宜小于 0.8m；

4）调压、计量装置可设置在气化间或混气间内。

3.10.2 工程设计选用要求

气化设备工程设计选用建议使用位置见表 3-12。

气化设备工程设计选用要求　　　　　　　　　　　　　　表 3-12

设备类型	建议使用条件	适用标准
空温式气化装置	主气化装置，单台气化量≤5000Nm³/h	GB 50028—2006 GB 51142—2015
电加热式气化装置	辅助或强制气化，单台气化量≤5000Nm³/h	GB 50028—2006 GB 51142—2015
水浴加热式气化装置	辅助或强制气化，单台气化量＞5000Nm³/h	GB 50028—2006 GB 51142—2015

3.11　混气设备

3.11.1　工程设计选用规范和标准条文

（1）《液化石油气供应工程设计规范》GB 51142—2015 第 3.0.3 条：当液化石油气与空气混合气作为气源时，液化石油气的体积分数应大于其爆炸上限的 2 倍，混合气的露点温度应低于管道外壁温度 5℃，其质量应符合国家现行标准的有关规定，且应符合下列规定：

1）混合气中硫化氢含量不应大于 20mg/m³；

2）向用户供应的混合气应具有可以察觉的警示性臭味；混合气中加臭剂的添加量应使得当混合气泄漏到空气中，达到爆炸下限的 20％时，嗅觉正常的人应能察觉；

3）加臭剂的质量、添加量及检测应符合现行行业标准《城镇燃气加臭技术规程》CJJ/T 148 的有关规定。

（2）《液化石油气供应工程设计规范》GB 51142—2015 第 3.0.4 条：当采用液化石油气与空气混合气作为城镇燃气调峰气源或补充气源时，应与主气源有良好的互换性。

（3）《液化石油气供应工程设计规范》GB 51142—2015 第 3.0.5 条：液化石油气供应工程选址、选线，应遵循保护环境、节约用地的原则，且应具有给水、供电和道路等市政设施条件。大型燃气设施应远离居住区、学校、幼儿园、医院、养老院和大型商业建筑及重要公共建筑物，并应设置在城镇的边缘或相对独立的安全地带。

（4）《液化石油气供应工程设计规范》GB 51142—2015 第 6.2.5 条：气化、混气装置可设置在一幢建筑物内，也可设置在同一房间内，并应符合下列规定：

1）混合装置之间的净距不宜小于 0.8m；

2）混合装置操作侧与内墙的净距不宜小于 1.2m；

3）混合装置其余各侧与内墙的净距不宜小于 0.8m。

（5）《液化石油气供应工程设计规范》GB 51142—2015 第 6.2.6 条：当液化石油气与空气或其他燃气混气时，除应符合该规范第 3.0.4 条和第 3.0.5 条的规定外，尚应符合下列规定：

1）混气装置应设置切断气源的安全连锁装置，当参与混合的任何一种气体突然中断或液化石油气体积分数接近爆炸上限的 2 倍时，应自动报警；

2）混气装置的出口总管道应设置检测混合气热值的取样管；热值仪应与混气装置连

锁，并应能实时调节其混气比例；

3）混气装置的出口管段宜设置在线检测混合气氧含量的装置。

（6）《液化石油气供应工程设计规范》GB 51142—2015 第 6.2.7 条：热值仪应靠近取样点，且应设置在混气间内的专用隔间或附属房间内，并应符合下列规定：

1）设置热值仪的房间应设置直接通向室外的门，与混气间的隔墙应采用无门窗洞口的防火墙；

2）应配置可燃气体浓度检测、报警装置；

3）应设置事故排风装置，并应与泄漏报警装置连锁；当室内可燃气体浓度达到爆炸下限的 20％时，应启动；

4）设置热值仪的房间的门窗洞口与混气间门窗洞口间的距离不应小于 6m；

5）设置热值仪的房间的地面应高出室外地面 0.6m；

3.11.2 工程设计选用要求

混气设备工程设计选用建议使用位置见表 3-13。

混气设备工程设计选用要求　　　　　　　　　　　　表 3-13

设备类型	建议使用条件	适用标准
引射式混气设备	适用于混气能力≤5000m³/d，混合气体压力通常在 45kPa 以内，混合气比例调节范围小	GB 51142—2015
高压比例式混气设备	适用于混气能力 5000m³/d，混合气体压力通常在 0.4MPa 以内，混合气比例调节范围较大	GB 51142—2015
随动流量式混气设备	适用于任何混气规模和混气压力需求，混合气比例调节范围可任意	GB 51142—2015

3.12　清管设备

3.12.1　工程设计选用规范和标准条文

（1）《城镇燃气设计规范》GB 50028—2006 第 6.4.20 条：高压燃气管道及管件设计应考虑日后清管或电子检管的需要，并宜预留安装电子检管器收发装置的位置。

（2）《城镇燃气设计规范》GB 50028—2006 第 6.5.7 条第 7 款：（门站和储配站）当长输管道采用清管工艺时，其清管器的接收装置宜设置在门站内。

3.12.2　工程设计选用要求

（1）应根据输配系统设计的要求，在门站、调压站设置清管器发送或接收功能。

（2）清管设备的设计、制造、检验应符合 GB 150—2011 及 TSG 21—2016 的要求，收、发球筒应配套带压力自锁保护装置的快开盲板。快开盲板要求满足 SY/T 0556—2018 的要求。收球筒盲板后应保持 60m 安全距离，不满足时应加装防爆墙等措施。

（3）需要内检测或智能检管功能的清管装置还应满足 GB/T 27699—2011、SY/T 6597—2018 的要求。

（4）清管器收发筒的进出管线出入地部分的弯管宜采用 45°、30°，曲率半径等于或大于 6D，并能满足清管器顺利通过。

3.12.3 相关管道内检测标准的合规性

对输油输气管道进行的管道清管、几何变形检测和漏磁腐蚀检测，完全符合《钢质管道内检测技术规范》GB/T 27699—2011、《油气管道内检测技术规范》SY/T 6597—2018、《石油天然气管道安全规程》SY/T 6186—2007、《天然气管道运行规范》SY/T 5922—2012、《钢质管道内检测开挖验证规范》Q/SY 1267—2010 和《油气输送管道完整性管理规范》GB 32167—2015。

3.13 输配系统用管道及组成件

3.13.1 工程设计选用规范和标准条文

（1）《城镇燃气设计规范》GB 50028—2006 第 6.3.1 条：中压和低压燃气管道宜采用聚乙烯管、机械接口球墨铸铁管、钢管或钢骨架聚乙烯塑料复合管，并应符合下列要求：

1）聚乙烯燃气管应符合现行国家标准《燃气用埋地聚乙烯（PE）管道系统 第 1 部分：管材》GB 15558.1 和《燃气用埋地聚乙烯（PE）管道系统 第 2 部分：管件》GB 15558.2 的规定；

2）机械接口球墨铸铁管应符合现行国家标准《水及燃气用球墨铸铁管、管件和附件》GB 13295 的规定；

3）钢管采用焊接钢管、镀锌钢管或无缝钢管时，应分别符合现行国家标准《低压流体输送用焊接钢管》GB/T 3091、《输送流体用无缝钢管》GB/T 8163 的规定；

4）钢骨架聚乙烯塑料复合管应符合现行行业标准《燃气用钢骨架聚乙烯塑料复合管及管件》CJ/T 125 的规定。

（2）《城镇燃气设计规范》GB 50028—2006 第 6.3.2 条：次高压燃气管道应采用钢管，其管材和附件应符合该规范第 6.4.4 条的要求。地下次高压 B 燃气管道也可采用钢号 Q235B 焊接钢管，并应符合现行国家标准《低压流体输送用焊接钢管》GB/T 3091 的规定。

（3）《城镇燃气设计规范》GB 50028—2006 第 6.4.4 条：高压燃气管道采用的钢管和管道附件材料应符合下列要求：

1）燃气管道所用钢管、管道附件材料的选择，应根据管道的使用条件（设计压力、温度、介质特性、使用地区等）、材料的焊接性能等因素，经技术经济比较后确定；

2）燃气管道选用的钢管，应符合现行国家标准《石油天然气工业 管线输送系统用钢管》GB/T 9711 和《输送流体用无缝钢管》GB/T 8163 的规定，或符合不低于上述 2 项标准相应技术要求的其他钢管标准；三级和四级地区高压燃气管道材料钢级不应低于 L245；

3）燃气管道所采用的钢管和管道附件应根据选用的材料、管径、壁厚、介质特性、使用温度及施工环境温度等因素，对材料提出冲击试验和（或）落锤撕裂试验要求；

4) 当管道附件与管道采用焊接连接时，两者材质应相同或相近；

5) 管道附件中所用的锻件，应符合现行行业标准《承压设备用碳素钢和合金钢锻件》NB/T 47008、《低温承压设备用合金钢锻件》NB/T 47009、《承压设备用不锈钢和耐热钢锻件》NB/T 47010 的有关规定；

6) 管道附件不得采用螺旋焊缝钢管制作，严禁采用铸铁制作。

(4)《城镇燃气设计规范》GB 50028—2006 第 6.5.13 条：（门站和储配站）站内工艺管道应采用钢管。燃气管道设计压力大于 0.4MPa 时，其管材性能应分别符合现行国家标准《石油天然气工业　管线输送系统用钢管》GB/T 9711、《输送流体用无缝钢管》GB/T 8163 的规定；设计压力不大于 0.4MPa 时，其管材性能应符合现行国家标准《低压流体输送用焊接钢管》GB/T 3091 的规定。阀门等管道附件的压力级别不应小于管道设计压力。

(5)《城镇燃气设计规范》GB 50028—2006 第 9.4.2 条：对于使用温度低于 −20℃ 的管道应采用奥氏体不锈钢无缝钢管，其技术性能应符合现行国家标准《流体输送用不锈钢无缝钢管》GB/T 14976 的规定。

3.13.2　工程设计选用要求

(1) 输配工程管道

输配工程管道设计选用建议使用范围见表 3-14。

输配工程用管道管材设计选用要求　　　　　　　表 3-14

设备类型	使用范围	适用标准
无缝钢管	公称直径 $DN \leqslant 250$mm 的高压、次高压、中低压场站、输配管线用钢管	GB 6479—2013 GB/T 9711—2017 GB/T 5310—2017
	管道设计压力 < 4.0MPa，公称直径 $DN \leqslant 250$mm 的高压、次高压、中低压场站、输配管线用钢管	GB/T 8163—2018
	压缩天然气场站内压缩天然气管道	GB/T 6479—2013 GB/T 5310—2017
焊接钢管	高压、次高压、中低压场站、输配管线用钢管，当公称直径 $DN \geqslant 450$mm 可采用直缝埋弧焊接钢管、螺旋缝焊接钢管	GB/T 9711—2017
	高压、次高压、中低压场站、输配管线用钢管，当公称直径在 $DN300$mm～$DN400$mm 之间时可采用直缝高频电阻焊钢管	GB/T 9711—2017
	中低压场站及输配管线用焊接钢管	GB/T 3091—2015
不锈钢无缝钢管	液化天然气场站内使用温度低于 −20℃ 的管道	GB/T 14976—2012
	压缩天然气场站内压缩天然气管道	GB/T 14976—2012
聚乙烯管道	聚乙烯管道系统用管	GB/T 15558.1—2015
铸铁管道	管道设计压力 < 0.4MPa 的铸铁管道	GB/T 13295—2013
钢骨架聚乙烯管	管道设计压力 < 1.6MPa，公称直径 $DN \leqslant 600$mm 的钢骨架聚乙烯管	CJ/T 125—2014

1) 螺旋缝焊接钢管、直缝埋弧焊接钢管、直缝高频电阻焊钢管及无缝钢管选用满足 GB/T 9711—2017 要求的钢管时，高压、次高压管道应选用 PSL2 级钢管，中低压管道可选用 PSL1 级钢管。

2) 输配工程用钢制管道的壁厚计算公式按 GB 50028—2006 第 6.4.6 条执行，强度设计系数按 GB 50028—2006 第 6.4.8 条、第 6.4.9 条选用，管道的选取壁厚还不能小于 GB 50028—2006 第 6.3.2 条要求。

3）输配工程用聚乙烯管道的壁厚分为 SDR17.6 和 SDR11 两个系列，当管道公称外径不大于 110mm 时宜采用 SDR11 系列，当管道公称外径大于 110mm 时宜采用 SDR17.6 系列。采用定向钻等非开挖施工技术时宜采用 SDR11 系列管材。

（2）输配工程管件

1）管件（弯头、三通、管帽及异径管）标准执行 GB/T 12459—2017 和 GB/T 13401—2017。

2）管件（弯头、三通、管帽及异径管）外径系列应与采用的钢管外径系列相适应。

3）管件（弯头、三通、管帽及异径管）壁厚不应小于采用的钢管直管的公称壁厚，管件壁厚按 GB/T 12459—2017 附录 B 提供的方法计算。管件的壁厚相差应满足焊接对口的要求。

4）通球管线用热煨弯管满足 SY/T 5257—2012 的要求，曲率半径不小于 6D，弯管管壁厚度的计算公式按 GB 50251—2015 第 5.3.3 条执行。

5）清管三通内径与相接管线公称内径偏差应不大于 3%。

6）聚乙烯管道管件应满足 GB 15558.2—2005 的要求。

（3）法兰

1）法兰、垫片、紧固件标准执行 HG/T 20592—2009～HG/T 20635—2009。

2）法兰的压力、温度等级、材料应符合管道的要求。

3）与设备、阀门配对的法兰应符合配对法兰密封面的要求。

4）法兰材质的选择应满足最高、最低设计温度和最高工作压力条件的要求。

（4）绝缘接头

1）门站、调压站进出站管道应设置绝缘接头。

2）绝缘接头应具有埋地钢质管道电法保护腐蚀防护工程要求的绝缘性能。

3）绝缘接头应能在管输介质要求的温度、压力下长期可靠地工作，有足够的强度和密封性能。

4）绝缘接头不应承受轴向拉压应力，绝缘等级标准执行 SY/T 0516—2016。

（5）用户工程用管材及管件

用户工程用管材、管件设计选用建议使用位置见表 3-15。

用户工程用管道管材、管件设计选用要求　　　　　　　　表 3-15

设备类型	使用条件及技术要求	适用标准
无缝钢管	1）室内管壁厚不得＜3.5mm； 2）引入管壁厚不得＜3.5mm； 3）屋面、地下室、半地下室管壁厚不得＜4mm； 4）外墙敷设，在避雷保护范围以外时，壁厚不得＜4mm； 5）室内立管必须采用无缝钢管且采用焊接连接	GB/T 8163—2018
镀锌钢管	1）热浸镀锌钢管壁厚不应＜2.8mm，且宜采用加厚管； 2）管道公称直径＞DN100 时，不宜选用螺纹连接； 3）沿外墙敷设，在避雷保护范围以外时采用加厚管	GB/T 3091—2015
薄壁不锈钢管	管道材料宜选用 304（沿海地区宜选用 316L），壁厚不应＜0.8mm，外表面宜有防护	GB/T 12771—2008

设备类型	使用条件及技术要求	适用标准
输送用不锈钢波纹软管	1）不锈钢波纹管燃气表后使用，壁厚应≥0.2mm； 2）PN≤0.2MPa采用Ⅰ型，PN≤0.01MPa采用Ⅱ型； 3）安装在可能受到外力冲击的环境，应设置防护装置	GB/T 26002—2010
铜管	1）铜管暗埋时应覆塑或带有专用涂层； 2）燃气中硫化氢含量≤7mg/m³时，应选用A型管或B型管； 3）安装在可能受到外力冲击的环境，应设置防护装置	GB/T 18033—2017
铝合金衬塑复合管	铝合金衬塑复合管燃气表后使用，环境温度不应高于60℃；工作压力应<10kPa	CJ/T 435—2013
燃具连接用不锈钢波纹软管	燃具连接不锈钢波纹管工作压力<10kPa；用于固定式燃具	CJ/T 197—2010
燃具连接用金属包覆软管	燃具连接不锈钢波纹管工作压力<10kPa；用于移动式或固定式燃具	CJ/T 490—2016
燃具连接橡胶复合软管	燃具连接橡胶复合软管工作压力<10kPa；用于移动式或固定式燃具，应有防鼠咬措施	CJ/T 491—2016

3.14 站控

3.14.1 工程设计选用的主要规范和标准条文

（1）《城镇燃气设计规范》GB 50028—2006第6.8.1条：城市燃气输配系统，宜设置监控及数据采集系统。

（2）《城镇燃气设计规范》GB 50028—2006第6.8.2条：监控及数据采集系统应采用电子计算机系统为基础的装备和技术。

（3）《城镇燃气设计规范》GB 50028—2006第6.8.3条：监控及数据采集系统应采用分级结构。

（4）《城镇燃气设计规范》GB 50028—2006第6.8.4条：监控及数据采集系统应设主站、远端站。主站应设在燃气企业调度服务部门，并宜与城市公用数据库连接。远端站宜设置在区域调压站、专用调压站、管网压力监测点、储配站、门站和气源厂等。

（5）《城镇燃气设计规范》GB 50028—2006第6.8.5条：根据监控及数据采集系统拓扑结构设计的需求，在等级系统中可在主站与远端站之间设置通信或其他功能的分级站。

（6）《城镇燃气设计规范》GB 50028—2006第6.8.6条：监控及数据采集系统的信息传输介质及方式应根据当地通信系统条件、系统规模和特点、地理环境，经全面的技术经济比较后确定。信息传输宜采用城市公共数据通信网络。

（7）《城镇燃气设计规范》GB 50028—2006第6.8.7条：监控及数据采集系统所选用的设备、器件、材料和仪表应选用通用性产品。

（8）《城镇燃气设计规范》GB 50028—2006第6.8.8条：监控及数据采集系统的布线和接口设计应符合国家现行有关标准的规定，并具有通用性、兼容性和可扩性。

（9）《城镇燃气设计规范》GB 50028—2006第6.8.9条：监控及数据采集系统的硬件和软件应有较高可靠性，并应设置系统自身诊断功能，关键设备应采用冗余技术。

（10）《城镇燃气设计规范》GB 50028—2006第6.8.10条：监控及数据采集系统宜配

备实时瞬态模拟软件，软件应满足系统进行调度优化、泄漏检测定位、工况预测、存量分析、负荷预测及调度员培训等功能。

（11）《城镇燃气设计规范》GB 50028—2006 第 6.8.11 条：监控及数据采集系统远端站应具有数据采集和通信功能，并对需要进行控制或调节的对象点，应有对选定的参数或操作进行控制或调节功能。

（12）《城镇燃气设计规范》GB 50028—2006 第 6.8.12 条：主站系统设计应具有良好的人机对话功能，宜满足及时调整参数或处理紧急情况的需要。

（13）《城镇燃气设计规范》GB 50028—2006 第 6.8.13 条：远端站数据采集等工作信息的类型和数量应按实际需要予以合理地确定。

（14）《城镇燃气设计规范》GB 50028—2006 第 6.8.14 条：设置监控和数据采集设备的建筑应符合现行国家标准《计算机场地通用规范》GB/T 2887、《数据中心设计规范》GB 50174、《防静电活动地板通用规范》SJ/T 10796 的有关规定。

（15）《城镇燃气设计规范》GB 50028—2006 第 6.8.15 条：监控及数据采集系统的主站机房，应设置可靠性较高的不间断电源设备及其备用设备。

（16）《城镇燃气设计规范》GB 50028—2006 第 6.8.16 条：远端站的防爆、防护应符合所在地点防爆、防护的相关要求。

（17）《城镇燃气设计规范》GB 50028—2006 第 6.4.15 条第 1 款第 3 项：管道分段阀门应采用遥控或自动控制。

（18）《城镇燃气设计规范》GB 50028—2006 第 6.5.8 条：（门站和储配站）站内宜设置自动化控制系统，并宜作为输配系统的数据采集监控系统的远端站。

（19）《城镇燃气自动化系统技术规范》CJJ/T 259—2016 的全部规定。

（20）《城镇燃气工程智能化技术规范》CJJ/T 268—2017 的全部规定。

3.14.2　工程设计选用要求

（1）自控系统建设应统一规划分步实施。

（2）结合生产管理需要、智能化建设要求，确定监控功能，编制技术文件。

（3）结合远程通信网络需求、网络资源情况、运行维护能力、经济性比较等，确定远程通信网络和通信接入方案，一般采用主、备热冗余设计。

（4）网络安全设计。

（5）确定中心站系统组成、网络架构、关键技术指标，硬件技术指标等。

（6）本地站应根据不同种类区别建设，确定监控功能、系统组成、网络架构、关键技术指标，硬件技术指标等。系统应是以微电子技术、软件技术和智能控制器相结合的智能控制系统。

3.15　仪表

3.15.1　工程设计选用的主要规范和标准条文

（1）《城镇燃气设计规范》GB 50028—2006 第 6.5.9 条：（门站和储配站）站内燃气

计量和气质的检验应符合下列要求：

    1）站内设置的计量仪表应符合表 3-16 的规定；

    2）宜设置测定燃气组分、发热量、密度、湿度和各项有害杂质含量的仪表。

站内设置的计量仪表   表 3-16

进、出站参数	功能		
	指示	记录	累计
流量	＋	＋	＋
压力	＋	＋	－
温度	＋	＋	－

注：表中"＋"为应规定设置。

（2）《城镇燃气设计规范》GB 50028—2006 第 6.5.17 条：储配站控制室内的二次检测仪表及操作调节装置宜按表 3-17 的规定设置。

储配站控制室内二次检测仪表及调节装置   表 3-17

参数名称		现场显示	控制室		
			显示	记录或累计	报警连锁
压缩机室进气管压力		－	＋	－	＋
压缩机室出气管压力		－	＋	＋	－
机组	吸气压力	＋	－	－	－
	吸气温度	＋	－	－	－
	排气压力	＋	－	－	＋
	排气温度	＋	－	－	－
压缩机室	供电电压	－	＋	－	－
	供电电流	－	＋	－	－
	功率因数	－	＋	－	－
	功率	－	＋	－	－
机组	电压	＋	－	－	－
	电流	＋	－	－	－
	功率因数	－	＋	－	－
	功率	－	＋	－	－
压缩机室	供水温度	－	＋	－	－
	供水压力	－	＋	－	＋
机组	供水温度	＋	－	－	－
	回水温度	＋	－	－	－
	水流状态	＋	－	－	＋
润滑油	供油压力	＋	－	－	－
	供油温度	＋	－	－	－
	回油温度	＋	－	－	－
电机防爆通风系统排风压力		－	＋	－	＋

注：表中"＋"为应规定设置。

（3）《城镇燃气设计规范》GB 50028—2006 第 6.5.21 条：门站和储配站电气防爆设计符合下列要求：3 站内爆炸危险厂房和装置区内应装设燃气浓度检测报警装置。

（4）《城镇燃气设计规范》GB 50028—2006 第 6.6.10 条：调压站（或调压箱或调压柜）的工艺设计应符合下列要求：8 调压站内调压器及过滤器前后均应设置指示式压力表，调压器后应设置自动记录式压力仪表。

（5）《压缩天然气供应站设计规范》GB 51102—2016 第 10.2.5 条：可燃气体探测报警系统的设计应符合下列规定：

1）在生产、使用可燃气气体的场所和有可燃气体产生的场所应设置可燃气体探测报警系统，并应符合国家现行标准《城镇燃气报警控制系统技术规程》CJJ/T 146 和《石油化工可燃气体和有毒气体探测报警设计规范》GB 50493 的有关规定；

2）可燃气体探测报警浓度应为天然气爆炸下限的 20%（体积分数）；

3）可燃气体探测器应采用固定式，设置可燃气体探测器的场所应配置声光报警器；

4）报警控制器应设置在有人值守的监控室内，并应与自控系统连接。

（6）《液化石油气供应工程设计规范》GB 51142—2015 第 12.3.1 条：液化石油气储罐检测仪表的设置应符合下列规定：

1）应设置接地显示的液位计、压力表；

2）当全压力式储罐小于 3000m³ 时，就地显示液位计宜采用能直接观测储罐全液位的液位计；

3）应设置远传显示的液位计和压力表，且应设置液位上、下限报警装置和压力上限报警装置；

4）应设置温度计。

（7）《液化石油气供应工程设计规范》GB 51142—2015 第 12.3.2 条：液化石油气气液分离器和容积式气化器应设置直观式液位计和压力表。

（8）《液化石油气供应工程设计规范》GB 51142—2015 第 12.3.3 条：液化石油气储罐、泵、压缩机、气化、混气和调压、计量装置的进、出口应设置压力表。

（9）《液化石油气供应工程设计规范》GB 51142—2015 第 12.3.4 条：液化石油气供应站应设置可燃气体检测报警系统和视频监视系统。

（10）《城镇燃气设计规范》GB50028—2006 第 9.4.14 条：液化天然气储罐仪表的设置，应符合下列要求：

1）应设置 2 个液位计，并应设置液位上、下限报警和连锁装置；容积小于 3.8m³ 的储罐和容器，可设置 1 个液位计（或固定长度液位管）；

2）应设置压力表，并应在有值班人员的场所设置高压报警显示器，取压点应位于储罐最高液位以上；

3）采用真空绝热的储罐，真空层应设置真空表接口。

（11）《城镇燃气设计规范》GB 50028—2006 第 9.4.17 条：液化天然气气化器和天然气气体加热器的天然气出口应设置测温装置并应与相关阀门连锁；热媒的进口应设置能遥控和就地控制的阀门。

（12）《城镇燃气设计规范》GB 50028—2006 第 9.4.18 条：对于有可能受到土壤冻结或冻胀影响的储罐基础和设备基础，必须设置温度监测系统并应采取有效保护措施。

（13）《城镇燃气设计规范》GB 50028—2006 第 9.4.19 条：储罐区、气化装置区域或有可能发生液化天然气泄漏的区域内应设置低温检测报警装置和相关的连锁装置，报警显示器应设置在值班室或仪表室等有值班人员的场所。

（14）《城镇燃气设计规范》GB 50028—2006 第 9.4.20 条：爆炸危险场所应设置燃气浓度检测报警器。报警浓度应取爆炸下限的 20％，报警显示器应设置在值班室或仪表室等有值班人员的场所。

（15）《城镇燃气设计规范》GB 50028—2006 第 10.5.3 条第 3 款：商业用气设备设置在地下室、半地下室（液化石油气除外）或地上密闭房间内时，用气房间应设置燃气浓度检测报警器，并由管理室集中监视和控制。

（16）《城镇燃气设计规范》GB 50028—2006 第 10.8.1 条：在下列场所应设置燃气浓度检测报警器：

1）建筑物内专用的封闭式燃气调压、计量间；

2）地下室、半地下室和地上密闭的用气房间；

3）燃气管道竖井；

4）地下室、半地下室引入管穿墙处；

5）有燃气管道的管道层。

3.15.2　工程设计选用要求

（1）一般要求

1）测量和控制仪表应优先选用电子式、智能型。

2）在现场安装的电子式仪表应根据危险区域的等级划分，选择满足该危险区域的相应仪表，防爆设计应符合现行国家标准 GB 3836 的要求，所选择的防爆产品应具有防爆合格证。

3）仪表的防护等级应符合 GB/T 4208—2017 的有关规定，现场安装的电子式仪表不宜低于 IP65 的防护等级，在现场安装的非电子式仪表防护等级不宜低于 IP54。

4）管道安装仪表（节流装置、流量计等）过程连接的压力等级应满足管道材料等级表的要求。当仪表选用的材质与管道（或设备）等级不同时，应保证所选材料应能承受测量介质的设计温度和设计压力及温压曲线的相应要求。

（2）压力表（变送器）、差压变送器工程设计选用要求

压力表（变送器）、差压变送器设计选型应满足 HG/T 20507—2014 第 5 章的相关规定。

（3）温度计（变送器）工程设计选用要求

温度计（变送器）设计选型应满足 HG/T 20507—2014 第 4 章的相关规定。

（4）流量计工程设计选用要求

流量计设计选型应满足 HG/T 20507—2014 第 6 章的相关规定。

（5）液位计（变送器）工程设计选用要求

液位计（变送器）设计选型应满足 HG/T 20507—2014 第 7 章的相关规定。

（6）气质分析仪工程设计选用要求

气质分析仪设计选型应满足 HG/T 20507—2014 第 8 章的相关规定。

（7）可燃气体报警系统工程设计选用要求

可燃气体报警系统设计应满足 GB 50493—2009 的相关规定。

第4章 施工、安装及验收

4.1 相关标准

GB 150—2011　压力容器

GB/T 13927—2008　工业阀门　压力试验

GB 17681—1999　易燃易爆罐区安全监控预警系统验收技术要求

GB 50093—2013　自动化仪表工程施工及质量验收规范

GB 50094—2010　球形储罐施工规范

GB 50184—2011　工业金属管道工程施工质量验收规范

GB 50204—2015　混凝土结构工程施工质量验收规范

GB 50235—2010　工业金属管道工程施工规范

GB 50275—2010　风机、压缩机、泵安装工程施工及验收规范

GB 51066—2014　工业企业干式煤气柜安全技术规范

GB/T 51094—2015　工业企业湿式气柜技术规范

CJJ 33—2005　城镇燃气输配工程施工及验收规范

CJJ 63—2018　聚乙烯燃气管道工程技术标准

CJJ/T 146—2011　城镇燃气报警控制系统技术规程

HG/T 20212—2017　金属焊接结构湿式气柜施工及验收规范

NB/T 47013.1～47013.5—2015　承压设备无损检测

NB/T 47013.14—2016　承压设备无损检测　第14部分：X射线计算机辅助成像检测

SH/T 3521—2013　石油化工仪表工程施工技术规程

SY/T 4111—2018　天然气压缩机组安装工程施工技术规范

TSG ZF001—2006　安全阀安全技术监察规程

TSG 21—2016　固定式压力容器安全技术监察规程

4.2 产品进场检验

4.2.1 净化设备

（1）随机文件

过滤器的类型、规格、型号和性能检测报告应符合设计要求，质量合格证明文件应齐全、完整，设备标识应符合产品标准要求。

满足 TSG 21—2016 的净化设备的设计单位和制造单位应具备相应的特种设备设计和

制造资格。净化设备在安装前应进行检查，随机至少应有以下资料：

1）竣工图样；

2）产品合格证（含产品数据表）和产品质量证明文件；

3）《特种设备监督检验证书》（适用于实施监督检验的产品）；

4）设计单位提供的压力容器制造文件；

5）设备还应有产品说明书，产品说明书应至少具有安装说明、操作运行说明、维修与保养、过滤器滤芯更换、主要设备说明书。

注：属于简单压力容器的净化设备只需提供竣工图复印件、产品合格证和《特种设备监督检验证书》。

（2）铭牌和标识

净化设备的明显部位需装设产品铭牌。铭牌应符合 GB 150—2011 的规定，铭牌应当清晰、牢固、耐久，采用中文（必要时可以中英文对照）和国际单位。产品铭牌上的项目至少包括以下内容：

1）产品名称；

2）制造单位名称；

3）制造单位许可证书编号和许可级别；

4）产品标准；

5）主体材料；

6）介质名称；

7）设计温度；

8）设计压力、最高允许工作压力（必要时）；

9）耐压试验压力；

10）产品编号或者产品批号；

11）设备代码；

12）制造日期；

13）压力容器分类；

14）自重和容积。

（3）外观检查

1）按照竣工图样和有关标准对设备进行验收、检查。现场检查质量证明文件、检测报告。

2）根据装箱单和图样进行清点，查收零部件、附件、附属材料和技术文件，做好检查验收记录，并在交付设备时一并交付安装单位。

3）设备管口封闭。

4）过滤器表面应无损伤和缺陷；铸件不应有影响强度和使用寿命的裂纹、砂眼、渣砂、缩孔等缺陷；碳钢和低合金钢制造的过滤器表面应除锈涂防锈漆，涂层厚度均匀、光滑，色泽一致，不应有流痕、鼓泡、裂纹及脱落现象；不锈钢过滤器表面应进行酸洗钝化或抛光处理。

5）过滤器壳体应符合下列要求：

① 过滤器盖应能用常规工具拆卸；

② 在承压腔开孔用于测量或排放的螺纹应符合 GB/T 7306.2 或 GB/T 12716 等的规定；

③ 滤芯应能用简单的方法按照制造商产品说明书进行更换；

④ 用于安装或装配的螺栓、销钉等不能接触燃气介质；

⑤ 用于外部密封的非金属密封件应封闭。

6）过滤器焊缝应平整，焊缝表面应无裂纹、气孔、夹渣及未焊透等缺陷。

7）过滤器内吸附剂的填充应符合下列规定：

① 各类吸附剂的填充量应符合设计技术文件的要求；脱水装置的设置和选型应满足压缩机的性能和天然气含水量的处理要求；

② 卧式脱水装置、脱硫装置内部筛网应平整，筛网与容器壁之间的间隙应符合设计技术文件的要求。

4.2.2　计量设备

（1）随机文件

气体分析、计量设备的规格、型号等应符合设计要求；产品质量证明文件、出厂合格证、使用说明书等资料齐全、完整；计量设备、仪表经检定合格。

1）流量计应附有使用说明书。

2）外夹式流量计的使用说明书中应详细说明流量计的安装方法和使用要求。

3）流量计使用说明书中应对换能器给出工作压力范围和工作温度范围，并提供换能器安装的几何尺寸。接触式超声流量计在随机文件中应包括流量计出厂检验时几何尺寸的检验报告。

4）周期检定的流量计还应有上一次的检定证书及上一次检定后各次使用中检验的检验报告。

（2）铭牌和标识

1）流量计应有流向标识。

2）流量计应有铭牌，表体或铭牌上一般应注明以下内容及其他有关技术指标：

① 制造厂名；

② 产品名称及型号；

③ 出厂编号；

④ 制造计量器具许可证标志和编号；

⑤ 耐压等级（仅对接触式流量计）；

⑥ 标称直径或其适用管径范围；

⑦ 适用工作压力范围和工作温度范围；

⑧ 在工作条件下的最大、最小流量或流速；

⑨ 分界流量（当流量计有该指标时）；

⑩ 准确度等级；

⑪ 防爆等级和防爆合格证编号（仅对防爆型流量计）；

⑫ 制造年月等。

3）每一对超声波换能器应在明显位置标有永久性的唯一性标识和安装标识。

4）当换能器的信号电缆与超声波换能器需一一对应时，应在明显位置标有永久性的唯一性标识和安装标识。

（3）外观检查

气体分析、计量设备及附件应齐全，外观应完好无损，标识齐全。仪表显示应准确，数字应清晰，无明显外伤。数字式显示仪器的显示数值应清晰、稳定，在测量范围内其示值误差应符合仪表精准度的规定。

1）流量计应有良好的表面处理，不得有毛刺、划痕、裂纹、锈蚀、霉斑和涂层剥落现象。密封面应平整，不得有损伤。

2）流量计表体的连接部分的焊接应平整光洁，不得有虚焊、脱焊等现象。

3）接插件必须牢固可靠，不得因振动而松动或脱落。

4）显示的数字应醒目、整齐，表示功能的文字符号和标志应完整、清晰、端正。

5）按键应手感适中，没有粘连现象。

6）流量计各项标识正确；读数装置上的防护玻璃应有良好的透明度，没有使读数畸变等妨碍读数的缺陷。

4.2.3 换热设备

（1）换热器型号、规格和性能应符合设计要求，设备内仪表、管路、阀门、元件等应符合设计要求，质量合格证明文件应齐全、完整。

（2）满足 TSG 21—2016 的换热设备的设计单位和制造单位应具备相应的特种设备设计和制造资格。换热设备在安装前应进行现场检查。换热设备的质量现场验收要求同本书 4.2.1 净化设备。

（3）电加热器应检查相关防爆结构是否满足使用要求。

4.2.4 流量/压力控制设备

（1）随机文件

调压器、切断阀和安全阀等应由具有相应生产资质的制造单位生产，质量合格证明文件齐全、完整。安全阀应经计量检定合格，阀门的强度和严密性试验符合现行国家标准的有关规定。撬装设备的质量证明文件应齐全。

（2）铭牌和标识

铭牌上一般应注明：

1）制造厂名；

2）产品名称及型号；

3）出厂编号；

4）耐压等级；

5）适用工作压力范围和工作温度范围；

6）在工作条件下的最大、最小流量或流速；

7）制造年月。

（3）外观检查

1）流量/压力控制设备的开箱外观检查应符合下列要求：

① 包装和密封应良好；

② 型号、规格、材质、数量与设计文件的规定应一致，并应无残损和短缺；

③ 铭牌标志、附件、备件应齐全;

④ 产品的技术文件和质量证明书应齐全。

2）流量/压力控制设备的盘、柜、箱的开箱检查除应符合 1）的规定外,尚应符合下列规定:

① 表面应平整,内外表面涂层应完好;

② 外形尺寸和安装孔尺寸,盘、柜、箱内的所有仪表、电源设备及其所有部件的型号、规格,应符合设计文件的规定。

3）成撬安装的流量/压力控制设备,除应符合 1）、2）的规定外,还应符合下列要求:

① 制造厂应提供试压记录;

② 撬装内设备应完好,尺寸应符合设计规定;撬装设备内控制箱、仪表、管路、阀门、元器件应符合设计要求;

③ 撬的进出口连接法兰密封面应光滑、平整,不应有毛刺、径向划痕、砂眼及气孔。

4.2.5　加臭设备

（1）随机文件

1）加臭泵（机）、加臭剂储罐规格、型号应符合设计要求,并应经检验合格,质量合格证明文件齐全完整。

2）满足 TSG 21—2016 的加臭剂储罐的设计单位和制造单位应具备相应的特种设备设计和制造资格。包装箱内应附有下列资料:

① 产品合格证。

② 装箱单。

③ 符合 GB/T 9969—2008 编写规范的使用说明书,应包含以下内容:

a）主要用途与适用范围;

b）额定参数;

c）额定电压和额定频率;

d）使用条件;

e）结构尺寸、安装尺寸和系统说明;

f）安装与调试;

g）使用与操作;

h）维修与保养;

i）故障及排除等注意事项。

④ 成品检验报告。

（2）铭牌和标识

1）每台加臭装置应设置固定铭牌,铭牌应标注下列内容:

① 产品名称和型号;

② 工作电压、功率;

③ 最高输出压力、工作频率范围;

④ 加臭剂储罐容积;

⑤ 环境温度;

⑥ 生产日期和出厂编号；

⑦ 生产单位名称和地址；

⑧ 产品标准编号。

2）警示标识应有易燃、易爆、危险等警示字样。

3）防爆电气部件标牌上应有"Ex"标识、防爆等级和防爆合格证号。

4）包装箱上应标注下列内容：

① 产品名称和型号；

② 生产单位名称和地址；

③ 包装储运标志应符合 GB/T 191—2008 和 GB 6388—1986 的规定。

（3）外观检查

1）加臭装置各部位的阀门应开启灵活、操作方便。仪表及安全装置（包括控制器上各开关、参数调整按钮按键）应灵敏、可靠、准确、有效，各连接处应牢固无泄漏。报警器的声、光及显示应符合设计和产品说明书的要求。

2）注入喷嘴插入燃气管道内的长度应大于燃气管道直径的 60％。

3）不锈钢储罐液位计底阀安装、玻底管保护装置的安装应符合设计要求。

4）加臭装置控制器的空载模拟试验合格。备用加臭泵和控制器切换调试操作控制应准确，数据显示应正确。加臭装置实际动作的参数与各项控制参数应一致。加臭精度应在 $\pm5\%$ 之间。

5）设备在到场后和安装前还应进行外观检查，其质量应符合以下规定：

① 设备到货检查验收时，应根据装箱单、规范和图纸进行清点和检查，查收零部件、附件、附属材料和技术文件，做好检查验收记录，并在交付设备时一并交付安装单位；

② 不得有整体或局部明显的变形，不得有尖锐机械划痕，且无锈蚀；

③ 应对设备防爆标志和警示标志进行检查，标志应明显。

4.2.6 阀门设备

（1）随机文件

阀门应附有下列资料：

1）合格证；

2）使用维护说明书；

3）质量证明文件；

4）带袖管阀门需随机附上袖管合格证明。

（2）铭牌和标识

每只阀门都要有明显的标识和铭牌，在运输和使用过程中确保这些标识和铭牌不被损坏。

1）金属阀门的标志应按 GB/T 12220—2015 执行，要求阀门出厂时应有金属铭牌，且材质为不锈钢，铭牌上至少需载明下列各项内容：

① 阀门型号（可增加乙方特殊代码）；

② 制造厂名及制造许可证编号；

③ 产品编号；

④ 出厂年月；

⑤ 公称压力；

⑥ 适用温度；

⑦ 阀门公称尺寸（DN）；

⑧ 阀体材料、内件材料。

2）PE 阀门的标志应按 GB 15558.3—2008 执行，在阀门上应至少有下列永久标志：

① 制造商的名称或商标；

② PE（混配料）材料级别和/或牌号；

③ 公称外径 d_n；

④ SDR 系列及 MOP 值；

⑤ 对于阀门和其部件的可追溯性编码。

注：制造日期，如用数字或代码表示的年和月；生产地点的名称或代码。

GB 15558.3—2008 的信息可以直接成型在阀门上或所附的标签或包装上。

所有标志应在正常储存、操作、搬运和安装后，保持字迹清晰。标志的方法不应妨碍阀门符合 GB 15558.3—2008 的要求。标志不应位于阀门的最小插口长度范围内。

（3）外观检查

1）阀门外包装应完好，外包装箱上铭牌标示正确无误。

2）阀门外表不得有裂纹、砂眼、机械损伤、锈蚀等缺陷和缺件，以及污物和杂质、铭牌脱落及色标不符等情况。阀体上的有关标志应正确、齐全、清晰并符合相应标准规定。

3）阀体内应无积水、锈蚀、脏污和损伤等缺陷，法兰阀门法兰密封面不得有径向划痕、沟槽及其他影响密封性能的损伤。阀门两端应有防锈和防护盖保护。

4）检查阀门配件主要零部件，如阀杆、阀杆螺母、连接螺母的螺纹应光洁，不得有毛刺、凹疤与裂纹等缺陷，外露的螺纹部分应予以保护。

5）现场存放时间较长的阀门，应对脱落的色标进行补刷。存放时间超过 6 个月的阀门使用前应重新检查，清除污物，特别注意密封面的清洁，防止密封面受损。

6）传动机构的检查：

① 应有与阀门在工厂内联合调试的整体功能测试报告；

② 应提供传动装置的安装、调试手册；

③ 阀门的手柄、手轮及执行机构应操作灵活，无卡涩现象；

④ 阀门执行机构开关限位应标识清晰。

4.2.7　储存设备

（1）随机文件

满足 TSG 21—2016 要求的储存设备的设计单位和制造单位应具备相应的特种设备设计和制造资格。储存设备在安装前应进行检查。储存设备等压力容器随机至少应有以下资料：

1）竣工图样；

2）产品合格证（含产品数据表）和产品质量证明文件；

3）《特种设备监督检验证书》（适用于实施监督检验的产品）；

4）设计单位提供的压力容器制造文件；

注：简单压力容器只需提供竣工图复印件、产品合格证和《特种设备监督检验证书》。

5）设备还应有产品说明书，产品说明书应至少具有安装说明、操作运行说明、维修与保养等内容。

（2）铭牌和标识

属于压力容器的储存设备的明显部位需装设产品铭牌。铭牌应当清晰、牢固、耐久，采用中文（必要时可以中英文对照）和国际单位。产品铭牌上的项目至少包括以下内容：

1）产品名称；

2）制造单位名称；

3）制造单位许可证书编号和许可级别；

4）产品标准；

5）主体材料；

6）介质名称；

7）设计温度；

8）设计压力、最高允许工作压力（必要时）；

9）耐压试验压力；

10）产品编号或者产品批号；

11）设备代码；

12）制造日期；

13）压力容器类别；

14）自重和容积。

（3）外观检查

1）按照竣工图样和有关标准对设备进行验收、检查。

2）根据装箱单和图样进行清点，查收零部件、附件、附属材料和技术文件，作好检查验收记录，并在交付设备时一并交付安装单位。

3）设备表面应无损伤和缺陷。

4.2.8 增压设备

（1）随机文件

1）压缩机型号、规格应符合设计要求，质量合格证明文件、设备技术文件齐全、完整，开箱验收合格。

2）主要零件、密封件及垫片应符合设计及设备技术文件的要求，无缺件，不得有损伤和划痕，轴的表面不得有裂纹、损伤和其他缺陷，泵进出口原密封完好，盘车无异常声响，外观检查无缺陷。质量合格证明文件应齐全完整，开箱验收应合格。

3）增压设备随机至少应有以下资料：

① 机组的出厂质量证明文件；

② 机组所附管材、管件、高压紧固件的材料合格证明书；

③ 机组供方提供的有关重要零部件的制造、装配图纸及有关试验报告、记录等资料；

④ 机组的平、立面安装图，基础图及相关工艺设计图；

⑤ 供方提供的安装手册、用户手册等指导性文件；

⑥ 机组的装箱清单；

⑦ 国外进口的机组，应具有商检资料。

（2）铭牌和标识

产品铭牌上的项目至少包括以下内容：

1）产品型号；

2）产品名称；

3）公称容积流量，单位为 m^3/min；

4）吸气压力，单位为 MPa；

5）轴功率或驱动机功率，单位为 kW；

6）转速，单位为 r/min；

7）外形尺寸（长×宽×高），单位为 mm×mm×mm；

8）净重，单位为 kg；

9）出厂编号；

10）出厂年月；

11）制造厂名称及制造厂所在地。

（3）开箱验收

1）设备进场应以装箱单为依据进行开箱检验。整体安装的机组，出厂时应整体装配、调试完善，制造厂试运转合格，且不超过机械保证期限，无损害。整体出厂的压缩机组油封、气封应良好且无锈蚀。

2）泵的开箱检查，应符合下列规定：

① 按装箱单清点泵的零件和部件、附件和专用工具，应无缺件；防锈包装应完好，无损坏和锈蚀；管口保护物和堵盖应完好；

② 核对泵的主要安装尺寸，并应与工程设计相符；

③ 应核对输送特殊介质的泵的主要零件、密封件以及垫片的品种和规格；

④ 安装时，泵应在制造厂规定的防锈及质量保证期内；

⑤ 泵进出口原密封完好，盘车无异常声响，外观检查无缺陷。

3）机组开箱验收应由业主（监理）组织供方、施工单位、进出口商检机构（若有必要）等单位的相关人员按照图样及装箱清单进行核对、检查。其主要内容包括：

① 机器的名称、型号、规格、包装箱号、箱数和包装应与装箱单相符；

② 随机技术文件及专用工具、备品备件应齐全；

③ 所有设备及零件的外观、规格及数量应与图纸相符；

④ 地脚螺栓孔的安装尺寸应与设计图纸相符。

4.2.9 气化设备

（1）随机文件

1）气化装置型号、规格及性能检测报告应符合设计要求，质量合格证明文件应齐全、完整。气化器换热元件的材质应适用于液化天然气介质，与加热流体接触部分的材质与加热流体特性相匹配（无腐蚀），必要时应设置保护涂层。

2）气化设备随机至少应有以下资料：

① 产品合格证。

② 设备说明书，应至少包括：

a）设备特性（包括设计压力、最大允许工作压力、试验压力、设计温度、工作介质、气化器类别）；

b）设计总图；

c）主要零部件表。

③ 质量证明书，按照执行及验收标准提供所有相关材料的检验证书及合格证，具体应包括：

a）主要零部件材料的化学成分和力学性能；

b）无损检测报告；

c）焊接质量的检查报告；

d）压力试验和气密性试验报告。

（2）铭牌和标识

属于压力容器的气化设备的明显部位需装设产品铭牌。铭牌应当清晰、牢固、耐久，采用中文（必要时可以中英文对照）和国际单位。产品铭牌上的项目至少包括以下内容：

1）产品名称；

2）制造单位名称；

3）制造单位许可证书编号和许可级别；

4）产品标准；

5）主体材料；

6）介质名称；

7）设计温度；

8）设计压力、最高允许工作压力（必要时）；

9）耐压试验压力；

10）产品编号或者产品批号；

11）设备代码；

12）制造日期；

13）压力容器分类；

14）自重和容积（换热面积）。

（3）外观检查

同本书 4.2.1 净化设备。

4.2.10　混气设备

（1）随机文件

1）混气设备的型号、规格和性能应符合设计要求，质量合格证明文件齐全、完整。设备外观无破损。

2）包装箱内应附有产品装箱单及出厂资料，对混合器使用有特殊要求时，还应提供使用说明书，出厂资料至少应包括：

① 制造商名称及地址；

② 混合器竣工图；

③ 产品合格证；

④ 主要受压元件材质证明书；

⑤ 必要的检验报告（结构尺寸检验报告、无损检测报告、耐压试验报告及气密性试验报告等）。

（2）铭牌和标识

混合器应在显著的位置设置字迹清晰的铭牌，且应符合 GB/T 13306—2011 的规定，其中低温混合器的铭牌不能直接铆固在壳体上。

混合器铭牌上应注明下列内容：

1）产品名称；

2）产品规格；

3）设备位号（若有）；

4）公称压力和公称尺寸；

5）制作日期及产品编号；

6）制造商名称和商标；

7）执行标准编号。

（3）外观检查

同本书 4.2.1 净化设备。

4.2.11　清管设备

（1）随机文件

清管器收发装置随机文件应包括：

1）产品合格证。

2）清管器收发装置说明书。清管器收发装置说明书至少应包括下列内容：

① 清管器收发装置特性：包括设计压力、最大允许工作压力（必要时）、试验压力、设计温度和操作介质；

② 清管器收发装置竣工总图；

③ 清管器收发装置主要零部件表；

④ 清管器收发装置的热处理报告及热处理后硬度检测报告。

3）质量证明书。质量证明书至少应包括下列内容：

① 主要零部件材料的化学成分和力学性能（包括复验报告）；

② 无损检测报告；

③ 焊接质量的检查报告（包括返修记录）；

④ 压力试验报告。

4）清管器收发装置的操作手册。

（2）铭牌和标识

清管器收发装置应配设铭牌。铭牌由耐腐材料制作，铭牌支架焊于清管器收发装置外壁上，其位置应便于观察和接近。铭牌至少应包括以下内容：

1）设备名称和规格；

2）设计压力；

3）最高工作压力；

4）设计温度；

5）介质；

6）试验压力；

7）制造日期；

8）设备净重；

9）容积；

10）设备位号；

11）制造单位名称和制造许可证号码；

12）制造单位对该清管器收发装置的产品编号。

4.2.12 输配系统用管道及组成件

（1）随机文件

管道及组成件随机文件应包括：

1）合格证或质量证明书等；

2）出厂检验报告，包括材料成分分析、力学性能、管线钢焊接、钢制管材采购技术规格书、无损检测报告等；

3）装箱单；

4）其他文件。

（2）铭牌和标识

1）钢管标志

① 钢管标志应包含如下信息：

a）制造商的名称或标记；

b）当产品符合多个兼容标准时，可将各个标准名称进行标记；

c）规定外径；

d）规定壁厚；

e）钢管钢级（钢名），USC 与 SI 钢级代号都可标记在钢管上，订货钢管钢级在前，与之相对应的另一单位钢管钢级代号紧随其后；PSL2 钢管钢级应包含轧制状态字母（R、N、Q 或 M）；

f）产品规范水平（PSL1 或 PSL2）；

g）钢管类型。

② 除上述要求外，应按以下要求牢固清楚地制作标志：

a）在钢管外表面，距钢管一端 450mm 和 760mm 之间的一点开始，按①要求的顺序制作标志；

b）在钢管内表面上，距钢管一端至少 150mm 外开始制作标志。

③ 随后要进行涂敷的钢管标志可由涂敷商制作，而不在钢管加工厂制作，但应保证可追溯性，如使用唯一编号。

④ 除①规定的标志外，钢管长度应按下列要求标识：

除订货合同或订单规定的特殊表面外，钢管应标记单根长度，可以在钢管外表面方便位置或内表面方便位置。

⑤ 应在每根钢管内表面上涂刷直径大约 50mm 的颜色标识。

2）PE 管标志

① 标志内容应打印或直接成型在管材上，标志不应引发管材破裂或其他形式的失效；并且在正常的储存、气候老化、加工及允许的安装、使用后，在管材的整个寿命周期内，标志字迹应保持清晰可辨。

② 如果采用打印，标志的颜色应区别于管材的颜色。

③ 标志目视应清晰可辨。

④ 标志至少包括下列内容，并清楚、持久：

a）制造商和商标；

b）内部流体；

c）尺寸；

d）SDR（$DN \geqslant 40$mm）；

e）材料和命名；

f）混配料牌号；

g）生产时间（日期、代码）；

h）本部分标准编号。

（3）外观检查

管道及组成件分别按照下列标准进行检查、验收：

1）GB 50540—2009（2012 年版）

2）GB 50235—2010

3）GB 15558.1—2015

4）GB/T 20173—2013

5）CJJ 63—2018

4.2.13　站控

站控系统随机文件应包括：

（1）系统设计和详细技术方案及功能说明，至少包括以下内容：

1）系统方框图；

2）网络拓扑图；

3）系统网络连接图；

4）详细的各种机柜内设备布置和接线图；

5）防雷系统；

6）接地系统；

7）操作手册；

8）用户指南；

9）系统中采用的各种设备和材料详细的产品说明书；

10）采用的标准和规范的文本；

11）详细的设备和材料清单；

12）详细的软件清单；

13）系统可靠性和可用性分析；

14）系统内部和外部通信接口、通信方式和协议；

15）程序框图；

16）地址分配表。

（2）所有设备的操作使用说明书。

（3）所有的软件。

4.2.14 仪表

（1）随机文件

仪表随机文件应包括：

1）产品样本；

2）安装、操作和维护手册；

3）检验和测试报告；

4）其他相关资料（包括防爆产品合格证等）。

（2）开箱检查

1）仪表设备和材料的开箱外观检查应符合下列要求：

① 包装和密封应良好；

② 型号、规格、材质、数量与设计文件的规定应一致，并应无残酸和短缺；

③ 铭牌标志、附件、备件应齐全；

④ 产品的技术文件和质量证明书应齐全。

2）仪表盘、柜、箱的开箱检查除应符合1）规定外，尚应符合下列规定：

① 表面应平整，内外表面涂层应完好；

② 外形尺寸和安装孔尺寸，盘、柜、箱内的所有仪表、电源设备及其所有部件的型号、规格，应符合设计文件的规定。

4.3 施工和安装

设备基础的施工及验收应符合 GB 50204—2015 的规定。

4.3.1 净化设备

（1）安装单位及安装前要求

从事压力容器安装的单位应当是取得相应资质的单位。安装单位应当按照相关安全技术规范的要求，建立质量保证体系并且有效运行。安装单位应当严格执行法规、安全技术规范及技术标准。

1）安装单位应当向建设单位提供施工方案、图样和施工质量证明文件等技术资料。

2）压力容器安装前，从事压力容器安装的单位应向使用地的特种设备安全监管部门书面告知。

3）净化设备安装前，应按照图纸和国家现行相关标准对设备基础进行验收，验收合格后才能安装。

（2）安装要求

1）设备应在进出口管道吹扫、试压合格后进行安装，安装严禁强力连接。

2）设备吊装前，应清除设备上的油污、泥土等脏物，吊装设备时应保持平稳，不得与已安装的设备和已完成的建（构）筑物碰撞。

3）设备应抬入或吊入安装处，不得采用抛、扔、滚的方式。

4）设备就位后进行找平、找正（找平、找正应用垫铁或其他专用调整件）、二次灌浆。

5）有滑动要求的设备安装时，应确认以下事项：

① 膨胀（收缩）的方向；

② 滑动端地脚螺栓在设备地脚螺栓孔中的位置；

③ 连接外部附件用的螺栓在螺栓孔中的位置。

（3）试验要求

1）满足 TSG 21—2016 要求的净化设备应按照国家现行相关标准要求在制造厂进行耐压试验和泄漏试验。

2）净化设备如在现场进行耐压试验，宜采用液压试验；耐压试验的试验压力应符合图纸和标准要求。

3）下列设备施工现场可不再进行耐压试验：

① 同时符合以下条件的设备：

a）质量证明文件中证明已做过试验的设备。

b）在运输过程中无损伤和变形。

② 符合①的规定，且使用正式紧固件和垫片的设备。

4）设备安装完成后，应与管线一起进行严密性试验。

4.3.2　计量设备

（1）计量设备的现场安装位置应符合设计文件的规定，当设计文件未规定时，应符合下列规定：

1）光线应充足，操作和维护应方便；

2）仪表的中心距操作地面的高度宜为 1.2m～1.5m；

3）仪表不应安装在有振动、潮湿、易受机械损伤、有强电磁场干扰的位置。

（2）流量计应水平安装。其他安装方式可以由流量计生产厂家指定，当采用其他安装方式时，应将流量计安装在管道上升段内，以保证流体充满管道。

（3）安装时要保证流体流动方向与流量计标志的流体正方向一致。

（4）安装中应保证流量计测量管轴线与管道轴线方向一致，流量计测量管轴线与水平线的夹角不超过 3°。

（5）涡轮流量计应安装在振动较小的水平管道上，信号线应使用屏蔽线，上、下游直管段的长度应符合设计文件的规定，前置放大器与变送器间的距离不宜大于 3m。

（6）超声波流量计上、下游直管段的长度应符合设计文件的规定。对于水平管道，换能器探头的位置应在与水平面成 45°夹角的范围内。被测管道内壁不应有影响测量精度的结垢层或涂层。

（7）安装过程中不应敲击、振动仪表，计量设备与管道的连接部位应受力均匀，不应承受非正常的外力。

（8）安装流量计和测量管路时应尽量减小管路安装时产生的应力。

（9）法兰连接时，应使用同一规格的螺栓，并符合设计要求。紧固螺栓时应对称均匀用力，松紧适度，螺栓紧固后螺栓与螺母宜齐平，但不得低于螺母。

（10）流量计与管道连接的部分应没有渗漏，连接处的密封垫不能凸出到管道内。

（11）不应在靠近流量计的地方施焊，以防损坏流量计内部构件。

（12）计量设备接线箱（盒）应采取密封措施，引入口不宜朝上。

（13）计量设备接线箱（盒）在施工过程中应及时封闭盖及引入口。

（14）计量设备电缆敷设前，应对电缆进行外观检查、导通检查和绝缘电阻测量，100V以上线路的绝缘电阻测量采用直流500V兆欧表测量，100V以下线路的绝缘电阻测量采用直流250V兆欧表测量，其电阻值不应小于5MΩ；当设计文件有特殊规定时，应符合设计文件的规定。

（15）计量设备的电气线路不得敷设在易受机械损伤、腐蚀性物质排放、潮湿、强磁场和强静电场干扰的位置。

（16）计量设备的电气线路不得敷设在影响操作和妨碍设备、管道检修的位置，应避开运输、人行通道和吊装孔。

（17）计量设备的电气线路与绝热的设备和管道绝热层之间的距离应大200mm，与其他设备和管道表面之间的距离应大于150mm。

（18）线路敷设完毕后应进行校线和标号，并应按规定测量电缆电线的绝缘电阻。

（19）测量电缆电线的绝缘电阻时，必须将已连接上的计量设备及部件断开。

（20）计量设备宜在管道吹扫后安装，当与管道同时安装时，在管道吹扫前应将计量设备拆下。

（21）计量设备安装完毕后应与管道一起进行气密性试验。

4.3.3 换热设备

（1）安装单位要求

同本书4.3.1净化设备。

（2）安装要求

1）设备安装前，应按照图纸和国家现行相关标准对设备基础进行验收，验收合格后才能安装。

2）设备应在进出口管道吹扫、试压合格后进行安装，安装时严禁强力连接。

3）设备吊装前，应清除设备上的油污、泥土等脏物，吊装设备时应保持平稳，不得与已安装的设备和已完成的建（构）筑物碰撞。

4）设备应抬入或吊入安装处，不得采用抛、扔、滚的方式。

5）在不影响设备支座滑动的情况下，可用平垫铁组与斜铁组进行找平；不得采用改变地脚螺紧固程度的方法调整设备的水平度（或垂直度），找平、找正后进行二次灌浆。

6）设备应按设计文件或标准要求调整、检查水平度和垂直度。

7）换热设备安装时还应确认以下事项：

① 膨胀（收缩）的方向。

② 滑动端地脚螺栓在设备地脚螺栓孔中的位置。

③ 连接外部附件用的螺栓在螺栓孔中的位置。

④ 基础不得限制热交换器的热膨胀。活动支座的基础面上应预埋滑板，地脚螺栓不应妨碍热交换器的热膨胀。

⑤ 活动支座的地脚螺栓应装有 2 个锁紧的螺母，螺母与座底板间应留有 1mm～3mm 的间隙。

（3）试验要求

1）满足 TSG 21—2016 要求的换热设备应按照国家现行相关标准要求在制造厂进行耐压试验和泄漏试验。

2）现场进行抽芯检查后或者认为有必要时，安装前应在现场进行耐压试验，耐压试验宜采用液压试验，图样有规定时还应进行泄漏试验。耐压试验的顺序应符合 GB/T 151—2014 第 8.13 节的规定。

（4）拆装空间要求

1）对于浮头式、填料函式热交换器，前端留有抽出管束的空间，后端应有拆除外头盖和浮头盖的空间。

2）对于 U 形管式热交换器，前端应留有抽出管束的空间，或另一端应留有拆除壳体的空间。

3）对于固定管板式热交换器，一端留有更换换热管的空间，另一端应留有拆装管箱或头盖的空间。

4.3.4　流量/压力控制设备

（1）安装前准备事项

1）流量/压力控制系统中的各类控制阀和切断阀，在安装前应按照相应的标准要求进行阀体耐压实验和密封试验。

2）设备应在进出口管道吹扫、试压合格后进行安装，安装时严禁强力连接；流量/压力控制设备安装完毕后应与管道一起进行严密性试验。

（2）安装要求

1）控制阀的安装位置应便于观察、操作和维护。

2）执行机构应固定牢固，操作手轮应处在便于操作的位置。

3）安装用螺纹连接的小口径控制阀时，应装有可拆卸的活动连接件。

4）执行机构的机械传动应灵活，并应无松动和卡涩现象。

5）电磁阀的进出口方位应安装正确。安装前应检查线圈与阀体间的绝缘电阻。

6）控制阀应进行行程实验，行程允许偏差应符合产品技术文件的规定。

7）事故切断阀和设计文件明确规定全行程时间的执行器，应进行全行程时间实验，测定结果不得超过设计文件的规定。

8）控制阀应进行灵敏度实验，实验结果应符合产品技术文件的规定。

9）法兰连接时，应使用同一规格的螺栓，并符合设计要求。紧固螺栓时应对称均匀用力，松紧适度，螺栓紧固后螺栓与螺母宜齐平，但不得低于螺母。

10）流量/压力控制设备的接线箱（盒）应采取密封措施，引入口不宜朝上。

11）流量/压力控制设备的电缆敷设前，应对电缆进行外观检查、导通检查和绝缘电阻测量，100V 以上线路的绝缘电阻测量采用直流 500V 兆欧表测量，100V 以下线路的绝缘电阻测量采用直流 250V 兆欧表测量，其电阻值不应小于 5MΩ；当设计文件有特殊规定时，应符合设计文件的规定。

12）流量/压力控制设备的电气线路不得敷设在易受机械损伤、腐蚀性物质排放、潮湿、强磁场和强静电场干扰的位置。

13）流量/压力控制设备的电气线路不得敷设在影响操作和妨碍设备、管道检修的位置，应避开运输、人行通道和吊装孔。

14）流量/压力控制设备的电气线路与绝热的设备和管道绝热层之间的距离应大于 200mm，与其他设备和管道表面之间的距离应大于 150mm。

15）线路敷设完毕后应进行校线和标号，并应按规定测量电缆电线的绝缘电阻。

16）测量电缆电线的绝缘电阻时，必须将已连接上的计量设备及部件断开。

4.3.5 加臭设备

（1）加臭装置的安装应按设计文件的规定进行，未经设计单位的书面同意，不得擅自修改。

（2）加臭装置应牢固地设置在基础上；加臭装置的基础应采用钢筋混凝土基础，其高度不应低于地面标高；设备安装前，应按照图纸和国家现行相关标准对设备基础进行验收，验收合格后才能安装。

（3）焊接连接的管道应按照设计文件和国家现行标准要求进行无损检验。

（4）现场组装加臭装置的管道和整体组撬加臭装置的外部管道应按照设计文件和 GB 50235—2010 的要求进行压力试验和整体泄漏性试验。

（5）加臭剂注入喷嘴宜设置在燃气成分分析仪、调压器、流量计后的水平钢质燃气管道上。当安装加臭剂注入喷嘴时，现场安装应按照国家现行有关标准的规定进行，且注入喷嘴插入燃气管道内的长度应大于燃气管道直径的 60%。

（6）加臭装置应与场站的防雷和静电接地系统相连接，且接地电阻应小于 10Ω。

（7）加臭装置的控制器应安装在厂站非防爆区的控制室内。确需安装在防爆区的控制器应按燃气厂站的防爆等级采取相应的防爆措施。控制器的安装要平直且稳固，应检查连接件及连接部位，且无松动现象。

（8）加臭装置的仪表及安全装置应可靠有效，各连接处应牢固无泄漏。

（9）加臭装置安装完成后，应对输出管路进行打压，验证强度、检查是否泄漏。

（10）加臭装置安装完毕后应进行控制器的空载模拟试验，试验合格后方可断电接入负载和数据信号，严禁带电接、拆控制器的任何线路。

（11）现场设备和控制器等全部安装完毕并检查合格后，宜由设备厂家进行调试，调试合格后方可投入使用。

4.3.6 阀门设备

（1）安装前准备工作

1）阀门安装前应进行壳体压力试验和密封试验，试验合格后方可安装，试验应按照设计文件和 GB/T 13927—2008 执行。

2）安装前应检查阀芯的开启度和灵活度，并根据需要对阀体进行清洗、上油。

3）球阀阀门单体试压完成后，安装前应在阀座注脂口根据不同品牌和规格的要求注入润滑脂以检测注脂系统是否畅通，注脂嘴、内止回阀是否完好有效，阀门限位是否正确，确定无误后方可进行安装。

（2）安装要求

1）安装有方向性要求的阀门时，阀体上的箭头方向应与燃气流向一致。

2）法兰或螺纹连接的阀门应在关闭状态下安装，焊接阀门应在打开状态下安装。焊接阀门与管道连接焊缝宜采用氩弧焊打底。

3）安装时，吊装绳索应拴在阀体上，严禁拴在手轮、阀杆或转动机构上。

4）法兰阀门安装时，与阀门连接的法兰应保持平行，其偏差不应大于法兰外径的 1.5‰，且不得大于 2mm。严禁强力组装，安装过程中应保证受力均匀，阀门下部应根据设计要求设置承重支撑，支撑不应设在法兰处。

5）法兰连接时，应使用同一规格的螺栓，并符合设计要求。紧固螺栓时应对称均匀用力，松紧适度，螺栓紧固后螺栓与螺母宜齐平，但不得低于螺母。

6）焊接阀门进行焊接时必须遵照规程和要求进行。焊后应清扫和检查焊缝，并作必要的修补。

7）焊接阀门在预热和焊接时，为防止损坏密封，应采取适当保护措施确保密封阀座范围的温度不超过阀门供货商的要求。

8）在阀门井内安装阀门和补偿器时，阀门应与补偿器先组对好，然后与管道上的法兰组对，将螺栓与组对法兰紧固好后，方可进行管道与法兰的焊接。

9）对直埋的阀门，应按设计要求做好阀体、法兰、紧固件及焊口的防腐。埋地安装后的回填材料不应使用大颗粒石块，以避免损坏阀门外涂层。

10）埋地式燃气聚乙烯球阀杆长度与阀门埋设深度有关，设计时要求阀门顶部与井盖的距离为 300mm～350mm，具体阀杆加长高度根据下单时项目施工要求确定。

11）安全阀应垂直安装，在安装前必须经法定检验部门检验合格并铅封。

12）所有不受外加电流阴极保护的阀门应进行静电接地。对法兰螺栓孔数量少于 5 个的阀门，法兰间宜采用金属跨接。

13）安全阀的校验，应按 TSG ZF001—2006 和设计文件的规定进行整定压力调整和密封试验，当有特殊要求时，还应进行其他性能试验。安全阀校验应做好记录、铅封，并应出具校验报告。

4.3.7 储存设备

（1）现场组装储存设备

1）球形储罐

球形储罐的安装和施工应按 GB 50094—2010 中的现场组装、焊接、焊缝检查、焊后整体热处理等有关规定执行。

2）干式罐

干式储罐的安装和施工应符合 GB 51066—2014 的有关规定。

3) 湿式罐

湿式储罐的安装和施工应符合 GB/T 51094—2015、HG/T 20212—2017 的有关规定。

（2）工厂预制 LNG 储罐

1) 储罐安装前，应对其混凝土基础的质量进行验收，合格后方可进行。

2) 与储罐连接的第一对法兰、垫片和紧固件应符合有关规定。其余法兰垫片可采用高压耐油橡胶石棉垫。

3) 管道及管道与设备之间的连接应采用焊接或法兰连接。焊接宜采用氩弧焊打底，分层施焊；焊接、法兰连接应符合 CJJ 33—2005 第 5.2 节和第 5.3 节的规定。

4) 管道安装的坡度及方向应符合设计要求。

5) 管道及设备的焊接质量应符合下列要求：

① 所有焊缝应进行外观检查；管道对接焊缝内部质量应采用射线照相探伤，抽检个数为对接焊缝总数的 25%，并应符合 NB/T 47013 中的 II 级质量要求；

② 管道与设备、阀门、仪表等连接的角焊缝应进行磁粉或液体渗透检验，抽检个数应为角焊缝总数的 50%，并应符合 NB/T 47013 中的 II 级质量要求。

4.3.8 增压设备

增压设备的安装和施工应按照 GB 50275—2010 和 SY/T 4111—2018 的有关规定执行。

4.3.9 气化设备

（1）气化设备安装前，应按照图纸和国家现行相关标准对设备基础进行验收，验收合格后才能安装。

（2）设备应在进出口管道吹扫、试压合格后进行安装，安装时严禁强力连接。

（3）设备吊装前，应清除设备上的油污、泥土等脏物，吊装设备时应保持平稳，不得与已安装的设备和已完成的建（构）筑物碰撞。

（4）设备应抬入或吊入安装处，不得采用抛、扔、滚的方式。

（5）设备就位后进行找平、找正（找平、找正应用垫铁或其他专用调整件）、二次灌浆。

4.3.10 混气设备

（1）混气设备安装前，应按照图纸和国家现行相关标准对设备基础进行验收，验收合格后才能安装。

（2）设备应在进出口管道吹扫、试压合格后进行安装，安装时严禁强力连接。

（3）设备吊装前，应清除设备上的油污、泥土等脏物，吊装设备时应保持平稳，不得与已安装的设备和已完成的建（构）筑物碰撞。

（4）设备应抬入或吊入安装处，不得采用抛、扔、滚的方式。

（5）设备就位后进行找平、找正（找平、找正应用垫铁或其他专用调整件）、二次灌浆。

（6）有滑动要求的设备安装时，应确认以下事项：

1) 膨胀（收缩）的方向；

2) 滑动端地脚螺栓在设备地脚螺栓孔中的位置；

3) 连接外部附件用的螺栓在螺栓孔中的位置。

4.3.11　清管设备

（1）清管设备壳体的对接焊接接头应采用 GB/T 985.1—2008 或 GB/T 985.2—2008 中规定的焊接形式。焊接中所选用的焊接方法及坡口形状应能保证焊接接头全焊透，不允许焊缝根部未熔合、未焊透及裂纹等缺陷存在。

（2）所有的对接焊接坡口必须机械加工成型。

（3）焊接接头应做夏比 V 形缺口冲击试验。要求 3 个试样的冲击功平均值不小于材料所在标准在规定设计温度时的冲击功值，单个试样冲击功的试验值不得小于规定值的 70%。

（4）焊缝余高应达到 GB 150.4—2011 或 ASME Ⅷ Div.1 的规定。

（5）所有壳体的开口接管（压力表接管除外）均采用对焊法兰连接。法兰等级应由清管器收发装置设计压力和设计温度确定，且应符合规范要求。

（6）清管器收发装置顶部和底部的接管、检测孔、放气孔和排污孔应与清管器收发装置内壁齐平。

（7）当筒体直径 $DN\geqslant800mm$、开孔接管的直径 $DN\geqslant150mm$ 时，应加挡条。

（8）所有接管的开口不应位于纵焊缝上，并应避开环焊缝。

4.3.12　输配系统用管道及组成件

输配系统用管道及组成件应按照 CJJ 33—2005、CJJ 63—2018 的有关规定执行。

4.3.13　站控

（1）硬件部分施工

1）站控系统施工和制造均应符合电子工业标准的质量要求。

2）站控系统施工和制造的设备应易于操作，且所有部件均应便于维修和更换。

3）机柜、机架、端子、连接件和回路电线应标有唯一性的标签。设备的标签应用螺丝或胶粘的方法永久性地固定在部件上，标签应用层压塑料制成。

（2）应用软件的编制

为了能够使业主和设计的有关技术人员全面地、深入地掌握软件，在实际的运行中能够根据需要进一步地开发，应用软件的编制和组态采用由供货商、业主、设计三方合作的方式来完成。应用软件的编制工作在工厂完成。

4.3.14　仪表

（1）仪表安装和施工应按照 GB 50093—2013、SH/T 3521—2013 的有关规定执行。

（2）可燃气体报警器安装和施工应按 CJJ/T 146—2011 的有关规定执行。

4.4　验收

4.4.1　净化设备

工程竣工验收应以批准的设计文件、国家现行有关标准、施工承包合同和工程施工许可文件为依据进行验收。

净化设备施工应按照本书第 4.3.1 节的要求进行施工，施工验收要求如下：

(1) 应按照本书第 4.2.1 节的要求检查设备到货验收记录单，并现场检查铭牌；

(2) 应检查基础复测记录；

(3) 应按照本书第 4.3.1 节检查设备试验记录；

(4) 应检查设备安装检验记录；

(5) 应检查隐蔽工程验收记录；

(6) 应检查设备二次灌浆记录；

(7) 检查设备滑动端的安装记录。

4.4.2　计量设备

工程竣工验收应以批准的设计文件、国家现行有关标准、施工承包合同和工程施工许可文件为依据进行验收。

计量设备施工应按照本书第 4.3.2 节的要求进行施工，施工验收要求如下：

(1) 应按照本书第 4.2.2 节的要求检查设备到货验收记录单；

(2) 应检查设备安装检验记录，保证计量设备与管道的连接部位应受力均匀，不应承受非正常的外力；

(3) 应按照本书第 4.3.2 节的检查设备试验记录；

(4) 检查电缆绝缘实验记录；

(5) 检查计量设备上、下游直管段的长度，其长度应符合设计文件的规定。

4.4.3　换热设备

工程竣工验收应以批准的设计文件、国家现行有关标准、施工承包合同和工程施工许可文件为依据进行验收。

换热设备施工应按照本书第 4.3.3 节的要求进行施工，施工验收要求如下：

(1) 应按照本书第 4.2.3 节的要求检查设备到货验收记录单，并现场检查铭牌；

(2) 应检查基础复测记录；

(3) 应按照本书第 4.3.3 节检查设备试验记录；

(4) 应检查设备安装检验记录；

(5) 应检查隐蔽工程验收记录；

(6) 应检查设备二次灌浆记录；

(7) 检查设备滑动端的安装记录。

4.4.4　流量/压力控制设备

工程竣工验收应以批准的设计文件、国家现行有关标准、施工承包合同和工程施工许可文件为依据进行验收。

流量/压力控制设备施工应按照本书第 4.3.4 节的要求进行施工，施工验收要求如下：

(1) 应按照本书第 4.2.4 节的要求检查设备到货验收记录单；

(2) 应检查设备安装检验记录，保证设备与管道的连接部位应受力均匀，不应承受非正常的外力；

（3）应检查设备试验记录；

（4）应检查电缆绝缘实验记录；

（5）应检查无损检测报告。

4.4.5　加臭设备

加臭装置安装完毕后应按照设计文件、国家现行有关标准、施工承包合同、设备采购合同进行验收，验收应符合下列规定：

（1）加臭装置及管道安装完毕后，外观检查应合格；

（2）加臭装置各部位的阀门应开启灵活、操作方便；

（3）启动运行加臭装置时，设备实际动作的参数与各项控制参数应一致；加臭精度应符合要求；

（4）控制器上各开关、参数调整按键应灵敏、可靠、准确，报警器的声、光及显示应符合设计文件或产品说明书的要求；

（5）对备用加臭泵和控制器进行切换调试，操作控制应准确，数据显示应正确；

（6）应对设备到场验收记录、设备基础复测记录、设备安装记录、管道焊接无损检测记录、设备试验记录、设备调试记录等记录进行检查验收。

4.4.6　阀门设备

（1）阀门材质、型号、压力等级应符合设计要求，阀门应经试验合格；并应符合下列规定：

1）用于高温、高压、腐蚀、低温环境的阀门，对壳体材质的化学成分应逐件进行光谱半定量分析复验，若有不合格，不得使用。

2）设计要求做低温密封试验或主材材质低温冲击试验的阀门，应具有制造厂提供的相应合格证明书。

3）阀体的外表不得有裂纹、砂眼、机械损伤、锈蚀等缺陷。铭牌等有关标志应正确、齐全、清晰，并符合相应标准的规定。

4）阀体内应无积水、锈蚀、脏污和损伤等缺陷，法兰密封面不得有影响密封性能的划痕、沟槽及损伤，阀门两端应有防护盖保护。

5）安全阀材质、型号、压力等级应符合设计要求，经调校符合设计要求和标准规定的合格，并应进行铅封。

（2）工程竣工验收应以批准的设计文件、国家现行有关标准、施工承包合同和工程施工许可文件为依据进行验收。

1）阀门安装完毕后，宜与其他设备、管道统一进行验收。

2）阀门施工应按照本书第 4.3.6 节的要求进行施工，阀门施工验收要求如下：

① 应按照本书第 4.2.6 节检查阀门到货验收记录单；

② 应有阀门检查调试记录（含执行机构）；

③ 应按照本书第 4.3.6 节检查阀门试验记录；

④ 安全阀应有安全阀校验报告；

⑤ 检查阀门安装施工记录单。

4.4.7 储存设备

（1）现场组装储存设备

1）球形储罐

球形储罐应以 GB 50094—2010 和 CJJ 33—2005 等为依据进行验收。

2）干式罐

干式储罐的验收应符合 GB 51066—2014 的有关规定。

3）湿式罐

湿式储罐的验收应符合 GB/T 51094—2015、HG/T 20212—2017 的有关规定。

（2）工厂预制 LNG 储罐

工程竣工验收应以批准的设计文件、国家现行有关标准、施工承包合同和工程施工许可文件为依据进行验收。

储罐施工应按照本书第 4.3.7 节的要求进行施工，施工验收要求如下：

1）应按照本书第 4.2.7 节的要求检查设备到货验收记录单，并现场检查铭牌；

2）应检查基础复测记录；

3）应按照本书第 4.3.7 节检查设备试验记录；

4）应检查设备安装检验记录；

5）应检查隐蔽工程验收记录；

6）应检查设备二次灌浆记录。

4.4.8 增压设备

工程竣工验收应以批准的设计文件、国家现行有关标准、施工承包合同和工程施工许可文件为依据进行验收。

增压设备施工应按照本书第 4.3.8 的要求进行施工，施工验收要求如下：

（1）应按照本书第 4.2.8 节的要求检查设备到货验收记录单，并现场检查铭牌；

（2）应检查基础复测记录；

（3）应按照本书第 4.3.8 节检查设备试验记录；

（4）应检查设备安装检验记录；

（5）应检查隐蔽工程验收记录；

（6）应检查设备二次灌浆记录；

（7）检查设备滑动端的安装记录。

4.4.9 气化设备

工程竣工验收应以批准的设计文件、国家现行有关标准、施工承包合同和工程施工许可文件为依据进行验收。

混气设备施工应按照本书第 4.3.9 节的要求进行施工，施工验收要求如下：

（1）应按照本书第 4.2.9 节的要求检查设备到货验收记录单，并现场检查铭牌；

（2）应检查基础复测记录；

（3）应按照本书第 4.3.9 检查设备试验记录；

（4）应检查设备安装检验记录；

（5）应检查隐蔽工程验收记录；

（6）应检查设备二次灌浆记录；

（7）检查设备滑动端的安装记录。

4.4.10　混气设备

工程竣工验收应以批准的设计文件、国家现行有关标准、施工承包合同和工程施工许可文件为依据进行验收。

混气设备施工应按照本书第 4.3.10 节的要求进行施工，施工验收要求如下：

（1）应按照本书第 4.2.10 节的要求检查设备到货验收记录单，并现场检查铭牌；

（2）应检查基础复测记录；

（3）应按照本书第 4.3.10 节检查设备试验记录；

（4）应检查设备安装检验记录；

（5）应检查隐蔽工程验收记录；

（6）应检查设备二次灌浆记录；

（7）检查设备滑动端的安装记录。

4.4.11　清管设备

工程竣工验收应以批准的设计文件、国家现行有关标准、施工承包合同和工程施工许可文件为依据进行验收。

（1）压力试验采用水压试验。试验压力按 1.5 倍设计压力，程序按 GB 150.4—2011 或 ASME Ⅷ Div 1 执行。

（2）水压试验用水应是清洁、无毒、无腐蚀性的自然洁净水。试验后的清管器收发装置应用空气吹干。

（3）A、B 类焊缝应 100％射线检查，符合 NB/T 47013.2—2015 中的 Ⅱ 级规定。必要时应进行≥20％超声复验，符合 NB/T 47013.3—2015 中的 Ⅰ 级规定。

（4）接管与筒体连接的角焊缝表面应进行磁粉或渗透检测，确认无裂纹为合格。

（5）筒体内径 $DN≥800mm$、接管公称直径 $DN≥250mm$ 时，角焊缝进行超声波探伤，可按 NB/T 47013.3—2015 的规定，Ⅰ 级为合格。

（6）当设备需进行整体消除应力热处理时，热处理后不允许再在设备上施焊。随炉焊接试板热处理后，进行低温夏比 V 形缺口冲击试验，冲击功值不低于母材要求。

（7）外观和开闭检查：

1）目测外形美观、表面情况良好；

2）焊接接头表面应光滑、平整；

3）与设备组焊后的快开盲板开、闭灵活。

4.4.12　输配系统用管道及组成件

工程竣工验收应以批准的设计文件、国家现行有关标准、施工承包合同和工程施工许可文件为依据进行验收。

4.4.13 站控

工程竣工验收应以批准的设计文件、国家现行有关标准、施工承包合同和工程施工许可文件为依据进行验收。

（1）站控系统验收应按照 GB 17681—1999 的有关规定执行。

（2）系统安装完毕投入运行前须进行现场测试（SAT），SAT 涉及系统所有的组成部分（包括主备通信线路）。

4.4.14 仪表

工程竣工验收应以批准的设计文件、国家现行有关标准、施工承包合同和工程施工许可文件为依据进行验收。

（1）仪表验收应按照 GB 50093—2013、SH/T 3521—2013 的有关规定执行。

（2）可燃气体报警器验收应按 CJJ/T 146—2011 的有关规定执行。

第5章 管理及维护

5.1 相关标准

GB 150—2011　压力容器

GB/T 21446—2008　用标准孔板流量计测量天然气流量

CJJ 51—2016　城镇燃气设施运行、维护和抢修安全技术规程

CJJ 95—2013　城镇燃气埋地钢质管道腐蚀控制技术规程

CJJ/T 148—2010　城镇燃气加臭技术规程

CJJ/T 215—2014　城镇燃气管网泄漏检测技术规程

JJG 52—2013　弹性元件式一般压力表、压力真空表和真空表检定规程

JJG 226—2001　双金属温度计检定规程

JJG 461—2010　靶式流量计检定规程

JJG 577—2012　膜式燃气表检定规程

JJG 633—2005　气体容积式流量计检定规程

JJG 640—2016　差压式流量计检定规程

JJG 693—2011　可燃气体检测报警器检定规程

JJG 700—2016　气相色谱仪检定规程

JJG 882—2004　压力变送器检定规程

JJG 1003—2016　流量积算仪检定规程

JJG 1030—2007　超声流量计检定规程

JJG 1037—2008　涡轮流量计检定规程

JJG 1038—2008　科里奥利质量流量计检定规程

TSG 21—2016　固定式压力容器安全技术监察规程

5.2 净化设备

5.2.1 净化设备的使用管理

净化设备投入使用前应对操作人员进行培训，操作人员必须熟知净化设备的工艺流程（包括站场工艺流程）、结构、原理、性能、操作、各部件名称、代号、位置和作用，必须熟练掌握净化设备的运行参数范围及设定值，以便检查时能够及时、准确地发现和处理问题。净化设备使用前，应检查进口阀、出口阀和排污阀的状态，保证操作人员的安全。

启用净化设备时，注意前后阀门开启的顺序，应先缓慢打开上游阀门进行充压，使净

化装置升压至稳定状态后再全开进口阀，然后打开出口阀，阀门两端有平衡阀的应首先使用平衡阀缓慢冲压。净化设备内压力稳定后打开差压表，观察差压值，注意先开平衡阀再开左右阀以免差压表损坏。

对于快开盲板式的净化装置，还应检查快开盲板安全连锁装置的有效性，充压过程中若安全销未顶出，应立即关闭进口阀门停止充压，并检查安全连锁装置。

5.2.2 净化设备的维护保养

日常运行中应定期对净化设备进行排污，排污时不宜直接就地排污，宜将排污物排入集污池或集污罐。日常巡查中应检查净化设备的差压，当前后差压达到报警值时，应切换至备用路，对报警净化设备的滤芯进行清洗或更换。

立式安装的旋风除尘设备，宜定期检测其垂直度，检查设备基础是否产生沉降，避免设备和管道存在较大应力。

属于压力容器的净化设备，还应符合 TSG 21—2016 的相关规定。

5.3 计量设备

5.3.1 计量设备的使用管理

计量设备所有的操作和维护人员应进行考核，确保熟练掌握计量设备的性能和操作。

计量设备应进行外观检查，看是否有运行异常的迹象，如噪声过高、指针不规则运动，检查是否有腐蚀或其他损坏情况的出现。计量设备需要定期润滑的，应定期检查油位是否符合运行要求，并按照制造厂家的要求进行润滑。

对计量设备有影响的工艺设备，例如：旁通阀、计量管道截断阀、调节阀和过滤器等，除经常性检查外，还应定期检查。定期检查实测流量和工作压力，以确保计量设备（包括配套仪表）在限定值内工作。当使用一确定的压力系数转换值时，调节阀的设定值和温度控制的设定值（如果预热）都应定期进行检查。计量设备如有电子脉冲输出结果应定期相互比对，并与计量设备的累加器进行比对。应定期对转换装置和校准情况进行检查。

对于罗茨流量计，如果压差明显上升，则表明可能出现机械故障或阻塞，这时应将流量计从管道中拆下并进行内部检查。

如果对涡轮流量计的运行情况有怀疑，必要时可将其拆卸进行内部检查。同时注意检查安装中的附着物、磨蚀和对流量计内部的损坏以及入口衬套、流动调整器和叶轮等。

对于超声流量计，应定期委托有资质的单位检查超声波换能器孔，以确保孔内无阻塞。应定期检查接收信号的信噪比，信噪比降低意味着超声波换能器孔被污垢覆盖或磨蚀。

对于科里奥利质量流量计，应定期检查仪表的工作状态，如仪表出现报警信息，需及时检查流量管内部是否有脏污物附着或测量管的磨蚀。发现仪表出现报警信息时，要及时查明原因，必要时对仪表零点示值漂移进行检查，以便及时消除管道安装应力及流量管内部是否有脏污物附着或测量管的磨蚀影响。

对于孔板流量计，其孔板、孔板夹持器以及相连的测量管应定期检查它们的磨蚀和粘污情况，看有否损坏。若果发现有明显的磨蚀和损坏的情况，应及时更换，并应检查其他部件，以满足 GB/T 21446—2008 规定的技术要求。

5.3.2　计量设备的检定周期

为了确保计量设备在要求的准确度范围内操作并保持高可靠性，应进行常规检查和周期检定。检定周期应依据计量设备不确定度的要求、计量设备的性能和计量工艺参数变化情况而定。检查和校准结果应进行记录，用来评价计量仪表的性能。

根据 JJG 1037—2008，涡轮流量计的检定周期一般为 2 年，准确度等级不低于 0.5 级的检定周期为 1 年。

根据 JJG 1038—2008，科里奥利质量流量计优于 0.5 级的检定周期一般不超过 1 年，0.5 级及以下的一般不超过 2 年。

根据 JJG 1030—2007，超声流量计的检定周期一般不超过 2 年。对接触式超声流量计，如流量计具有自诊断功能，且能够保留报警记录，也可每 6 年检定一次并每年在使用现场进行使用中检验。

孔板流量计、文丘里流量计的检定周期应满足 JJG 640—2016 第 7.5 节的相关规定。几何检测法的标准节流件的检定周期一般不超过 2 年，对 ISA 1932 喷嘴、长颈喷嘴、文丘里喷嘴、经典文丘里管组成的差压装置，根据使用情况可以延长，但一般不超过 4 年。系统检测法的差压装置的检定周期一般不超过 2 年，对 ISA 1932 喷嘴、长颈喷嘴、文丘里喷嘴、经典文丘里管组成的差压装置，根据使用情况可以延长，但一般不超过 4 年。示值误差检测法检测的差压装置的检定周期一般不超过 1 年。

罗茨流量计等气体容积式流量计的检定周期应满足 JJG 633—2005 第 7.2.6 条的相关规定。确定度等级为 0.2 级和 0.5 级的流量计，检定周期为 2 年，其余等级的流量计检定周期为 3 年。

膜式燃气表的检定周期应满足 JJG 577—2012 第 7.5 节的相关规定。对于最大流量 $\leqslant 10\mathrm{m}^3/\mathrm{h}$ 且用于贸易结算的燃气表只作首次强制检定要求，限期使用，到期更换（对于最大流量 $\geqslant 16\mathrm{m}^3/\mathrm{h}$ 燃气表的检定周期一般不超过 3 年）。以天然气为介质的膜式燃气表使用期限一般不超过 10 年，以人工煤气、液化石油气等为介质的膜式燃气表使用期限一般不超过 6 年。

5.4　换热设备

5.4.1　换热设备运行管理

为了保证换热器长久正常运行，应对设备进行维护与检修，以保证换热器连续运转，减少事故的发生。在检查过程中，除了查看换热器的运转记录外，主要是通过目视外观检查来确认是否有异状。

（1）运行参数的变动情况

测定和调查换热器各流体出入口温度变动及传热量降低的推移量，以推定污垢的情况。保持压力表、温度计、安全阀、液位计等附件齐全、灵活、准确。

（2）压力损失情况

要查清因管内、外附着的生成物而使流体压力损失增大的推移量。

（3）内部泄漏

换热器的内部泄漏有：管子腐蚀、磨损所引起的减薄和穿孔；因龟裂、腐蚀、振动而使扩管部分松脱；因与挡板接触而引起的磨损、穿孔。由于换热器内部泄漏而使高压燃气进入换热介质，严重时可能导致爆炸事故发生，所以通过对换热器低压流体出口的取样和分析来及早发现其内部泄漏是很重要的。

5.4.2 换热设备的维护保养

（1）外部情况

对运转中换热器的外部情况检查是以目视来进行的，其项目有：

1）接头部分的检查，要检查从主体的焊接部分、法兰接头、配管连接部向外泄漏的情况或螺栓是否松开；

2）基础、支脚架的检查，要检查地脚螺栓是否松开，水泥基础是否开裂、脱落，钢支架脚是否异常变形、损伤劣化；

3）保温、保冷装置的检查，要检查保温保冷装置的外部有无损伤情况，特别是覆在外部的防水层以及支脚容易损伤，所以要注意检查；

4）涂料检查，要检查外面涂料的劣化情况；

5）振动检查，检查主体及连接配管有无发生异常振动和声音。如发生异常情况，则要查明其原因并采取必要的措施。

（2）测定厚度

长期连续运转的换热器，要担心其异常腐蚀，宜定期从外部来测定其壳体的厚度并推算腐蚀的推移量。测定时，应使用超声波等非破坏性的厚度测定器。

（3）操作上的注意事项

启动前，应打开换热器的所有出口阀，关闭换热器的进口阀，启动泵后，再慢慢地打开换热器的进口阀，逐渐提高流量及压力，避免瞬时冲击而产生局部高压损坏设备。当两种介质温度差较大时，可先通入低温介质，后通高温介质，如遇停机断电应立即关掉高温介质的入口阀，其配套阀门必须密封良好，不允许泄漏，以避免垫片在高温状态下无热交换而过早老化，后关掉低温介质。

换热器不能给予剧烈的温度变化，普通的换热器是以运转温度为对象来采取热膨胀措施的，所以急剧的温度变化在局部上会产生热应力，而使扩管部分松开或管子破损等，因此温度升降时特别需要注意。对于采用法兰连接的密封处，因螺栓随温度上升而伸长，紧固部位发生松动，因此，在操作中应重新紧固螺栓。

要充分注意压力、温度异常上升，要充分了解换热器的设计条件，使用仪表来检查压力、温度有无异常上升。

（4）拆开检查、维修

为使换热器长期连续运行，必须定期进行检查与清洗。换热器操作一段时间后，换热性能会降低，应注意以下几个问题：

1) 传热表面上结污严重，传热效果显著下降；

2) 污垢将使管内径变小，流速相应增大，压力损失增加；

3) 产生管子胀口泄漏及腐蚀；

4) 操作条件不符合设计要求，而使材料产生疲劳破坏。

根据换热器的故障、性能降低等有关规定，定期地停止运转并要进行拆开检查，其要点如下：

1) 拆开时的外观检查

为了全面判明各部分的腐蚀、劣化情况，所以拆开后要立即检查污染的程度、水垢的附着情况，并根据需要进行取样分析实验。

2) 壳体、通道和管板的检查

按照一般结构，拆开后的内外侧检查以肉眼检查为主。对腐蚀部分，可用深度计或超声波测厚仪进行壁厚测定，判明是否超出允许范围。其次是通道、隔板往往由于使用中水垢堵塞和压力变化等情况而弯曲，或因垫圈装配不良流体从内隔板前端漏出引起腐蚀。另外管板由于扩管时的应力、管子堵塞和压力变化等影响容易弯曲，所以必须进行抗拉等项目的测定。

3) 传热管的检查

管子内侧缺陷可用测径表测定，如超过测径表范围，要用带放大镜的管内检查器进行肉眼检查。缺陷的大小，可由检查器上的刻度测得，但其深度，用目测就很难正确掌握。如果管子材质是非磁性的，可用涡流探伤器测定其腐蚀量。固定管板式换热器的管子缺陷也可用超声波探伤器以水深法来测定。

4) 装配、复位、测试

清扫检查或保养修理后的换热器按照装配顺序、要领，一边进行耐压试验以检查其是否异常，一边进行装配、复位。

属于压力容器的换热设备，还应符合 TSG 21—2016 的相关规定。

5.5 流量/压力控制设备

流量/压力控制设备主要包括：调压器（减压阀）、调节阀、紧急切断阀、安全阀、安全放散阀。其中，在调压路中调压器、紧急切断阀和安全放散阀会配合使用。

5.5.1 调压器

（1）调压器首次使用流程

在调压器投入使用前必须进行检查，确保承压腔内没有压力（在出厂前，通常采用空气对调压器进行测试），以防止燃气与空气相混合从而形成可爆混合物。同时，应该对调压系统进行检查，确保所有的开关阀门（调压器上游阀门、下游阀门以及旁通阀门）处于关闭位置，并且燃气具有适当的温度。随后按以下步骤进行操作：

1) 缓慢开启调压器上游阀门并控制阀门的开度（或缓慢开启切断阀并控制切断阀开度），让少量的燃气流入管路；

2) 观察调压器下游的压力表，压力应该缓慢地上升，当达到（或略微超出）设定压力值后，调压器上游的压力继续上升的同时，调压器下游的压力值应该保持稳定；如果调压器下游的压力在达到设定值以后持续升高，那么应该关闭上游阀门，中止调压器的运行，对调压器进行维修或更换；

3）当调压器上游和下游的压力稳定后，完全开启上游的阀门；

4）缓慢地开启调压器下游的阀门，向下游管路充气。

（2）调压器的压力设定

在非常小燃气流量的情况下，缓慢调节调压器调压螺杆，直到调压器下游的压力表指示下游压力达到所期望的设定值。

根据 CJJ 51—2016，调压装置的运行应符合下列规定：

1）调压装置应定期进行检查，内容应包括调压器、过滤器、阀门、安全设施、仪器、仪表、换热器等设备及工艺管道的运行工况及运行参数，不得有泄漏等异常情况；

2）严寒和寒冷地区应在供暖期前检查调压室的供暖状况或调压器的保温情况；

3）过滤器前后压差应定期进行检查，并应及时排污和清洗；

4）应定期对切断阀、安全放散阀、水封等安全装置进行可靠性检查；

5）地下调压装置的运行检查尚应符合下列规定：

① 地下调压箱或地下式调压站内应无积水；

② 地下调压箱或地下式调压站的通风或排风系统应有效，上盖不得受重压或冲撞；

③ 地下调压箱的防腐保护措施应完好，地下式调压站室内燃气泄漏报警装置应有效。

（3）调压装置的维护

根据 CJJ 51—2016，调压装置的维护应符合下列规定：

1）当发现调压器及各连接点有燃气泄漏、调压器有异常喘振或压力异常波动等现象时，应及时处理；

2）应及时清除各部位油污、锈斑，不得有腐蚀和损伤；

3）新投入使用和保养修理后重新启用的调压器，应在经过调试达到技术要求后，方可投入运行；

4）停气后重新启用的调压器，应检查进出口压力及有关参数；

5）建议定期对调压路进行切换以及设定参数进行校核；

6）建议定期对调压系统进行大修，更换主要设备中的非金属件。

调压装置的维护保养除符合上述要求外，维护保养还宜分为三级，各级维护保养的周期按表 5-1 的规定进行，对维护保养中发现的问题应进行现场处理。

调压装置三级维护保养周期   表 5-1

调压装置类别	维护保养周期（月）		
	一级维护保养	二级维护保养	三级维护保养
悬挂式调压箱	≤12	不需要	≤60
落地式调压箱	≤6（6～12）*	≤12	≤48
地下调压箱地下式调压站	≤6（6～12）*	≤12	≤48
门站、高中压站	≤3（3～6）*	≤12	≤36

注："*"仅适用于下述第 1）条第 5 款的一级维护保养周期。

1）一级维护保养应包括下列内容：

① 定期对过滤器进行排污，必要时打开过滤器头部并对滤芯进行清洗或更换；

②检查各阀门的启闭灵活性;

③检查调压器、切断阀和放散阀等设备的设定值是否为规定值;

④检查电动、气动及其他动力系统是否工作正常;当气动系统由高压瓶装氮气供应时,应记录氮气压力,并确保在保养周期内能正常使用;

⑤两条及以上调压路、计量路或过滤路时,应进行主副路切换及设定值的调整。

2)二级维护保养应包括下列内容:

①第 1)条规定的全部内容;

②检查调压器和切断阀等关键设备的运动件(如阀座、阀芯等)磨损情况,并应根据需要进行清洁或更换处理;

③检修后的高压、次高压系统经过不少于 24h 且不超过 1 个月的正常运行后,可转为备用状态。

3)三级维护保养应包括下列内容:

①第 2)条规定的全部内容;

②对调压器、切断阀、放散阀等设备进行整体拆卸检查,并对内部橡胶件进行更换。

5.5.2　调节阀

(1)调节阀的使用

调节阀的使用要求参考本书 5.7 阀门设备的相关内容。

(2)调节阀的维护保养

1)调节阀在工作时,因固定阀座表面易受气流或腐蚀性物质冲刷、磨蚀而使阀座松动,检查时应予注意。对于高压差下工作的阀,还应检查阀座密封面是否被冲坏。

2)阀芯是调节阀工作时的可动部件,受截止冲刷、腐蚀最为严重,检修时要认真检查阀芯各部分是否被腐蚀、磨损,特别是在高压差的情况下阀芯的磨损更为严重(因汽蚀现象),应予注意。阀芯损坏严重时应进行更换,另外还应注意阀杆是否也有类似的现象,或与阀芯连接松动等。

3)应检查调节阀中膜片、O 形圈和其他密封垫是否老化、裂损。

4)应注意聚四氟乙烯填料、密封润滑油脂是否老化,配合面是否被损坏,应在必要时更换。

5.5.3　紧急切断阀

紧急切断阀当检测到相应的漏气或超限信号后,紧急切断阀就会自动作出快开、快关动作,避免或降低损失。因此,应定期测试紧急切断阀的有效性,并检查信号线缆(管)是否符合使用要求。

调压路系统中的紧急切断阀建议定期对调压路进行切换以及设定参数进行校核,建议定期对其进行大修,更换主要设备中的非金属件。

5.5.4　安全阀

(1)安全阀的使用

使用安全阀时,首先要正确安装。安全阀安装的正确与否,不仅关系到阀门能否正常工作并发挥其应有的作用，同时也将直接影响到阀门的动作性能、密封性能和排量等指标。本书第 4 章已对安全阀的安装施工、验收进行阐述，在此不再赘述。

（2）安全阀的维护保养

1）对使用中的安全阀应作定期检查。应特别注意阀座和阀瓣密封面以及弹簧的状况，并注意观察调整螺杆及调节圈螺钉的紧锁螺母是否松动，若发现问题应及时采取适当措施。

2）对每一只安全阀应建立使用卡片，使用卡片中应保存供货厂商的安全阀合格证的副本，以及阀门修理、检查和调整记录的副本。

3）对使用中的安全阀应按照国家现行有关标准的规定，每年至少进行一次定期校验，并应保存好安全阀的检验报告。

4）安装在室外的安全阀要采取适当的防护措施，以防止雨、雪、尘埃、锈污等脏物侵入安全阀及排放管道。当环境温度低于 0℃时，还应采取必要的防冻措施以保证安全阀动作的灵敏可靠性。

5.5.5　安全放散阀

安全放散阀的使用要求与安全阀的使用要求类似，维护保养要求参考本书 5.5.4 安全阀。

5.6　加臭设备

根据 CJJ/T 148—2010，加臭装置的运行、维护应符合下列规定。

5.6.1　一般规定

（1）加臭装置应在全密闭、无泄漏状态下运行。

（2）使用单位应制定加臭装置的安全运行、操作、检修与维护管理制度。

（3）使用单位应针对加臭装置制定突发事故应急预案，并应定期进行预案演练。

（4）加臭装置应由专人进行操作和管理。每年应对操作人员至少培训一次。

（5）操作、检修、处理事故或进入含有加臭剂气体的室内时，操作人员应佩戴适合的防护面具。防护面具等用品应定期进行性能检查，并应按相关规定定期更换。

（6）加臭剂的使用、储存与运输应符合国家现行有关标准的规定。桶装加臭剂应储存在阴凉、干燥且通风良好的房间。加臭剂严禁同易燃物品共同存放。

（7）当加臭剂储罐作为压力容器进行管理时，应符合 TSG 21—2016 的有关规定，并应定期检验。

5.6.2　加臭装置的运行

（1）应定期检查加臭剂储罐内加臭剂的储量，并应及时补充加臭剂。

（2）用户端的燃气加臭量应符合下列规定，并应定期进行抽样检测，检测频率不得低于 2 次/年：

（1）无毒无味燃气泄漏到空气中，达到爆炸下限的 20% 时应能察觉；

（2）有毒无味燃气泄漏到空气中，达到对人体允许的有害浓度时，应能察觉；对于含有 CO 的燃气，空气中 CO 含量达到 0.02%（体积分数）时，应能察觉。

（3）应定期检查和更换加臭泵的润滑油，加臭泵的润滑油液位应符合产品使用说明书的规定。

（4）当采用电动方式补充加臭剂时，在启动上料泵前，泵内的加臭剂液体不应少于泵腔的 2/3，严禁上料泵空转。

（5）加臭剂输出量标定应在有燃气运行工况下进行，用标定设备对加臭装置在最大输出量和最小输出量的工作状态范围内进行标定，标定数据与控制器设定数据必须相同。

（6）当发生加臭剂意外泄漏时，应先切断泄漏源；当泄漏量较大时，应构筑围堤或挖坑收容，并应采取措施防止泄漏的加臭剂流入下水道、排洪沟等，使用吸附剂或消除剂等及时消除加臭剂造成的污染。泄漏出的加臭剂液体可用吸附剂进行吸附，吸附后的废弃物应放入封闭的容器中并按照有关规定进行处理。

（7）操作人员交接班时应检查集液池，保持集液池清洁、无杂物和积水。当有杂物、积水或泄漏的加臭剂液体时，应立即清除，并应采用吸附剂消除加臭剂的气味。

（8）加臭装置启动时应确认加臭泵进、出口阀门为开启状态，禁止关闭阀门运转。运行时应检查加臭泵输出压力是否高于燃气管道压力，并保证加臭正常进行。

（9）应定期对加臭剂气体吸收器内的吸附剂进行更换。

根据 CJJ 51—2016，加臭装置的运行、维护除应符合 CJJ/T 148—2010 的规定外，尚应符合下列规定：

（1）加臭装置初次投入使用前或加臭泵检修后，应对加臭剂输出量进行标定；

（2）带有备用泵的加臭装置应定期进行切换运行，每 3 个月不得少于 1 次；

（3）向现场储罐补充加臭剂的过程中，应保持加臭剂原料罐与现场储罐之间密闭连接，现场储罐内排出的气体应进行吸附处理，加臭剂气味不得外泄。

5.7　阀门设备

5.7.1　阀门本体的运行维护

（1）一般规定

根据 CJJ 51—2016，阀门的运行、维护应符合下列规定：

1）应定期检查阀门，不得有燃气泄漏、损坏等现象；

2）阀门井内不得积水、塌陷，不得有妨碍阀门操作的堆积物；

3）应根据管网运行情况对阀门定期进行启闭操作和维护保养；

4）无法启闭或关闭不严的阀门，应及时维修或更换；

5）带电动、气动、电液联动、气液联动执行机构的阀门，应定期检查执行机构的运行状态。

（2）阀门运转中的维护

阀门运转中维护的目的，是要保证阀门处于整洁、润滑良好、阀件齐全、正常运转的状态。运行中的阀门，各种阀件应齐全、完好。法兰和支架上的螺栓不可缺少，螺纹应完好无损，不允许有松动现象。手轮上的紧固螺母，如发现松动应及时拧紧，以免磨损连接处或丢失手轮和铭牌。手轮如有丢失，不允许用活扳手代替，应及时配齐。填料压盖不允许歪斜或无预紧间隙。

1）阀门的清理

阀门的表面、阀杆和阀杆螺母上的梯形螺纹、阀杆螺母与支架滑动部位以及齿轮、蜗轮蜗杆等部件，容易沾积许多灰尘、油污以及介质残渍等脏物，对阀门会产生磨损和腐蚀。因此经常保持阀门外部和活动部位的清洁，保护阀门油漆的完整，显然是十分重要的。

2）阀门的排污

运行中的阀门应定期进行排污，在操作时打开排污嘴的速度应缓慢，操作人员应避开排污嘴的排气方向，以防止快速气流中的杂质伤害操作人员。在排污过程中，如阀腔内存在气体或液体，由于排污嘴的节流，可能会导致排污嘴排气口冻堵的情况，所以在排污过程中，应不断反复活动排污嘴的关闭件，以保证排污嘴通道的畅通。

运行中的阀门在排污过程中可进行定期的内漏检测，当无法通过阀门后端的管线过容器来判断阀门是否内漏时，通过排污检查阀门内漏，缓慢打开阀门排污阀将阀腔内气体放空，如阀腔内气体无法排尽，即认为该阀门内漏。

3）阀门的清洗、润滑

阀门梯形螺纹、阀杆螺母与支架滑动部位，轴承部位、齿轮和蜗轮、蜗杆的啮合部位以及其他配合活动部位，都需要良好的润滑条件，减少相互间的摩擦，避免相互磨损。有的部位专门设有油杯或油嘴，若在运行中损坏或丢失，应修复配齐，油路要疏通。

对运行中的阀门的阀座密封系统进行清洗、润滑时，阀门应置于全开或全关的位置。清洗阀座密封系统时，可缓慢注入清洗液，并保证清洗液浸泡阀座有足够的时间，以保证注脂口和密封面的污物得到清洗。阀门清洗结束后，缓慢地注入密封脂，保证密封脂充满阀体内所有注脂通道，同时将清洗液排出注脂系统。

5.7.2 阀门执行机构的维护

（1）电动装置的维护

电动装置密封良好，各密封面、点应完整牢固、严密、无泄漏。电动装置应润滑良好，按时按规定加油，阀杆螺母应加润滑脂。电气部分应完好，切忌潮湿与灰尘的侵蚀；自动开关和热继电器不应脱扣，指示灯显示正确，无缺相、短路、断路故障。电动装置的工作状态正常，开、关灵活。

（2）气动装置的维护

气动装置的密封应良好，各密封面、点应完整牢固，严密无损。手动操作机构应润滑良好，启闭灵活。气缸进出口气接头不允许有损伤；气缸和空气管系的各部位应进行仔细检查，不得有影响使用性能的泄漏。管子不允许有凹陷，信号器应处于完好状态，信号器的指示灯应完好，不论是气动信号器还是电动信号器的连接螺纹应完好无损，不得有泄漏。气动装置上的阀门应完好、无泄漏，开启灵活，气流畅通。整个气动装置应处于正常工作状态，开、关灵活。

（3）电液联动装置的维护

电液联动装置的密封应良好，各密封面、点应完整牢固，严密无损。应根据液压油的使用情况定期注油，定期检测气囊的压力，保证气囊的压力在有限范围内。信号器的指示灯应完好，整个气动装置应处于正常工作状态，开、关灵活。

5.8　储存设备

本节以燃气输配系统中常见的 LNG 储罐和 LPG 储罐进行说明。储罐运行操作管理人员必须经专业培训和考核并持有上岗证，掌握 LNG 和 LPG 的基本知识，熟知有关规程和本岗位有关的工艺流程，具备操作技能。

储罐的液位临近高液位限位线时，应采取换罐措施。液化石油气储罐的液位临近低液位限位线时，亦应做好换罐准备。

5.8.1　LNG 储罐的运行维护

（1）储罐的预冷和充液

储罐第一次使用时应先进行预冷。预冷过程中，为使内胆、支撑件、绝热层等冷却，要气化掉一定量的冷液，而且只有经过一定的时间，才能使其达到热平衡状态。预冷过程中最主要的是估算冷却时间和需要的预冷量。冷却时间和实际的预冷量与输液工况、输液管的结构、被冷件的热容量、初始条件、漏热量等因素有关。对于储存 LNG 的储罐，建议采用液氮对储罐进行充分预冷，预冷符合要求后方可充液。

进液时需选择合适液位、压力的储罐，根据储罐的液位进行上进液和下进液的切换。储罐接收的是槽车或船舶来的 LNG，还应实时关注槽车或船舶的压力和液位。

（2）储罐的压力测量

由于热传递，LNG 蒸发导致储罐压力上升。另外，储罐灌充 LNG 时置换出的气体也将导致储罐压力上升。为了维持罐内压力在正常操作范围，LNG 储罐应设有压力测量和控制调节系统，及时将 BOG 排入下游管网。对于 LNG 应急气化站，还可以进行倒罐操作。

（3）储罐的液位测量

过高液位时进行充灌可能导致液体溢出，为确保安全充灌和防止溢罐，应采用液位计高液位测量信号并设置一个液位超限控制开关，以有效监控储罐的充灌速度和监控高极限液位。过低液位时启动泵外输可能导致泵产生气蚀，为确保安全外输和防止"空罐"，利用液位计过低液位测量信号来监控储罐的输液速度和监控低极限液位。

（4）储罐的温度测量

储罐在内罐、罐壁和罐底上均设置温度测量设施，能够保证在开车预冷和正常运行时对储罐不同位置进行准确测温，满足均匀降温预冷、灵活调节的生产操作需要，另外，内罐与外罐夹层底部环隙的温度测点，用于检测是否有液体泄漏。

（5）LNG 的密度测量

长期储存在储罐的 LNG，两个液层之间自发地进行传质传热，同时在液层表面进行蒸发。当两层液体的密度接近平衡点即相等时，就会发生上下剧烈对流和混合，并在短时间内产生大量气体翻滚。

为避免发生 LNG 分层翻滚事故，LNG 储罐可配置具有密度测量功能的液位计，在不同高度上对 LNG 密度进行测量。同时，在进液前，对同一储罐接收具有不同密度的 LNG 进行分析，根据分析结构选择进液管线。高密度 LNG 使用顶部进液管，低密度 LNG 使用底部进液管。

（6）LNG 储罐的维护保养

根据 CJJ 51—2016，液化天然气储罐及管道检修前后应采用干燥氮气进行置换，不得采用充水置换的方式。在检修后投入使用前应进行预冷试验，预冷试验时储罐及管道中不应含有水分及杂质。

另外，根据 CJJ 51—2016，液化天然气储罐的运行、维护应符合下列规定：

1）储罐内液化天然气的液位、压力和温度应定期进行现场检查和实时监控；储存液位宜控制在 20％～90％范围内，储存压力不得高于最大工作压力；

2）不同来源、不同组分的液化天然气宜存放在不同的储罐中；当不具备条件只能储存在同一储罐内时，应采用正确的进液方法，并应根据储罐类型监测其气化速率与温度变化；

3）储罐内较长时间静态储存的液化天然气，宜定期进行倒罐；

4）储罐基础应牢固，应定期进行检查立式储罐的垂直度；

5）应对储罐外壁定期进行检查，表面应无凹陷，漆膜应无脱落，且应无结露、结霜现象；

6）应定期监测储罐的静态蒸发率；

7）真空绝热储罐的真空度检测每年不应少于 1 次；

8）隔热型储罐的绝热材料、夹层内可燃气体浓度和夹层补气系统的状况应定期进行检查。

LNG 储罐的日常维护还应满足 TSG 21—2016 和 GB 150—2011 的相关规定。

5.8.2 LPG 储罐的运行维护

根据 CJJ 51—2016，LPG 储罐及附件的运行、维护应符合下列规定：

（1）应定时、定线进行巡检，并应记录储罐液位、压力和温度等参数。当储罐进、出液时，应观察液位和压力变化情况。

（2）液化石油气储罐的充装质量应符合设计储存量的要求，装量系数不得大于 0.95。

（3）应根据在用储罐的设计压力、储罐检修结果及储存介质等采取相应的降温喷淋措施。

（4）严寒和寒冷地区冬季应对采取保温防冻措施的储罐附件定期进行检查，每月检查次数不得少于 1 次，保温防冻措施应完好无损，并应定期对储罐进行排水、排污。

（5）罐区配备高压注水设施的，注水管道应与独立的消防水泵相连接。消防水泵的出口压力应大于储罐的最高工作压力。正常情况下，注水口的控制阀门保持关闭状态。

（6）储罐设有两道以上阀门时，靠近储罐的第一道阀门应为常开状态。阀门应定期维护，保持启闭灵活。

（7）储罐检修前后的置换可采用抽真空、充惰性气体、充水等方法。当采用充水置换方法时，环境温度不得低于 5℃。

（8）应定期对地下储罐的防腐涂层及腐蚀情况进行检查，设有阴极保护装置的应定期进行检测，每年不应少于 2 次。

（9）储罐区内的水封井应保持正常的水位。运行人员应定期检查防雷设施的有效性；有做阴极保护的储罐，应定期检查阴极保护的保护电位和电流。

LPG 储罐的日常维护还应满足 TSG 21—2016 和 GB 150—2011 的相关规定。

5.9　增压设备

燃气输配系统常用的增压设备有压缩机和低温潜液泵。

5.9.1　压缩机的运行维护

根据 CJJ 51—2016，燃气站厂内的压缩机的运行、维护应符合下列规定：

（1）压力、温度、流量、密封、润滑、冷却和通风系统应定期进行检查和动态监测管理。

（2）阀门开关应灵活，连接部件应紧固。

（3）指示仪表应正常，各运行参数应在规定范围内。

（4）应定期对各项自动、连锁保护装置进行测试、维护。

（5）当有下列异常情况时应及时停车处理：

1）自动、连锁保护装置失灵；

2）润滑、冷却、通风系统出现异常；

3）压缩机运行压力高于规定压力；

4）压缩机、烃泵、电动机、发动机等有异声、异常振动、过热、泄漏等现象。

（6）压缩机检修完毕重新启动前应进行置换，置换合格后方可开机。

（7）压缩机的振动情况应定期进行检查。

（8）压缩机及其附属、配套设施应定期进行排污，污物应集中处理，不得随意排放。

（9）压缩机橇箱内不得堆放任何杂物。

5.9.2　低温潜液泵

低温潜液泵广泛应用在 LNG 储备站和应急气化站，将 LNG 加压后再输往气化设备，实现高压力输入燃气管网。

（1）潜液泵开机运行

启动潜液泵前，应检查所有管路、配件、螺栓和电路接线是否准备就绪，检查所有管路接头部位的密封情况是否达到要求，检查储罐液位与潜液泵吸入口是否有足够的液位差。

现场具备使用条件后，按照低温潜液泵的预冷程序，缓慢打开潜液泵进液阀门让储罐内的低温液体流入 LNG 泵真空绝热腔内，使泵体浸没在低温液体中，观察回气管温度，测点温度达到−120℃时打开回流阀。

满足启动要求后，再启动低温潜液泵。启动后应检查其运转情况，运转应平稳、声音均匀无杂音、密封点无泄漏。如果泵发出异常声音，或排出管路有较大振动，应立即停泵，查找出原因，重新启动。缓慢打开潜液泵出口阀门同时缓慢关闭回流阀，潜液泵运行正常后，填写潜液泵运行记录。

（2）停机

开启回流阀后，缓慢关闭潜液泵出口阀，泵出口完全关闭后停车；然后关闭进口阀，最后关闭回流阀，确认回气阀处于开启状态。

（3）维护保养

根据 CJJ 51—2016，低温潜液泵的运行、维护应符合下列规定：

1）低温潜液泵开机运行前应进行预冷；

2）潜液泵的运行状况应定期进行检查，进、出口压力应符合设定值；当发现泵体有异常噪声或振动时，应及时停机处理；

3）泵罐（泵池）的密封及保冷状况应定期进行检查；

4）潜液泵应定期检修，检修完毕重新投用前，应采用干燥氮气对潜液泵进行置换，置换合格且经预冷后方可开机运行。

5.10 气化设备

5.10.1 气化器的运行

（1）气化器开启前应检查气化器前后阀门的工艺状态，检查气化器外观有无明显变形。应检查所有的管路、配件和螺栓是否安装就绪，检查所有管路元件的密封情况是否达到要求。

（2）气化器运行过程中，应检查所有的管道及焊缝、进出口管连接处有无渗漏，如有渗漏现象，应及时进行维修。

（3）使用单位在气化器出口后的管道处宜设置一个测温连锁装置。当低温液体在气化器内未能完全汽化时，测温连锁装置的温度会急剧下降，当温度测到危险温度限定值时，可以通过电信号与低温泵形成连锁或将电信号传输到中央控制室，使气化器停止工作，从而确保安全。

（4）为了不降低气化器的换热效率，避免安全事故，使用单位在使用过程中应尽量避免蒙灰、沾污，如有上述情况应及时清洗、擦净，除去污迹。去污剂应选用专用清洁剂或四氯化碳，严禁用汽油或煤油等易燃易爆物质去污。

（5）操作程序

1）检查储罐底部出液根部阀门，确保处于常开状态，空温式气化器出口阀门处于开启状态。

2）空温式气化器连续运行时若出气温度低于环境温度 8℃～10℃，或结霜高度达到气化器本体高度的 1/2 时，应切换到另一组气化器，气化器的手动切换过程中应先开后关。

（6）气化器必须定期检漏。在检修维护需补焊时，气化器管道必须先排除管道内的残余气体，再用干燥氮气吹干后方可施工焊接。

5.10.2 气化器的维护保养

根据 CJJ 51—2016，气化器的维护保养应包含下列内容：

（1）应定期检查空温式气化器的结霜情况；

（2）应定期检查水浴式气化器的储水量和水温状况；

（3）气化器的基础应完好、无破损；

（4）应定期检查液化天然气经气化器气化后的温度，并应符合设计文件的要求。当设计文件没有明确要求时，温度不应低于 5℃。

5.11 混气设备

5.11.1 混气设备的运行

（1）运行前准备工作

1）确定各球阀手柄位置正确，通压力表的球阀、通安全阀的球阀、通压力变送器的球阀及取样口的球阀应为"开"，混合气出口阀门、空气入口阀门及排污管球阀"关"。

2）检查气化器入口压力，如低于混气机要求的液化气入口压力，应启动气化器前的液化气增压泵装置。

3）检查混合气出口管网或缓冲罐压力，确认与混气机相连接的出口管网压力不高于混气机的混合气出口压力上限。

4）检查空气吸入管路是否畅通。

5）将便携式氧分仪连接到混合气采样口上。

6）启动基地式氧分仪。

初次启动前，必须用氮气对管网进行置换。

（2）运行

1）合上上级开关柜主电源开关。

2）缓缓打开混气机出口阀门及空气入口阀门。

注意：外管网压力不得高于设定的混合气高限压力。

3）缓缓打开混气机进口阀门，设备开始混气。此时操作人员应密切观察氧含量检测仪的数值，并据此调整调压器及出口阀门，确保混气比例稳定安全。

4）当混合气压力升至用户设定的上止点时，混气机电磁阀自动关闭停止混气，随着混合气的消耗，当混合气压力下降到用户设定的下止点时，混气机电磁阀自动开启再次混气，该过程自动循环往复进行。

注：当由于下列任何原因时，混气机电磁阀自动关闭，混气停止，以确保混气工况安全稳定：

1）气化器水温超限；

2）气化器水位低限；

3）液化气入口压力低于设定的压力下限；

4）混合气出口压力高于设定的压力上限；

5）混合气出口温度低于设定的温度下限。

（3）停用

1）关闭混气机液化气进口阀门，待余气用尽后关闭混合气出口阀门。

2）切断电控柜电源开关和上位供电箱电源开关。

3) 打开排污阀，放掉残留燃气。

4) 关闭混气机内所有阀门。

5.11.2 混气设备的维护保养

(1) 日常点检

每天至少 1 次，检查的内容如下：

1) 检查水位计，水位需在最低液位标记以上；

2) 检查温度计及温控仪，观察水和混合气温度；

3) 检查液化气进口压力与喷射压力；

4) 检查混合气出口压力；

5) 检查空气吸入系统；

6) 检测混气比例；

7) 用肥皂水试漏；

8) 打开排污阀排出管内污物；

9) 确认电压和电流是否在指定的范围。

(2) 定期点检

1) 一个月

① 检查电控柜内接线有无松动（检查时必须断电）；

② 检查气化器水位开关是否动作灵活；

③ 空气吸入系统畅通状况；

④ 各接口检漏。

2) 一年

① 压力表年检；

② 安全阀年检；

③ 更换气化器筒内的水（用自来水），检查镁棒消耗状况；

④ 电加热器三相阻值的均衡度及绝缘检验；

⑤ 设备本体与电气盘接地电阻检验；

⑥ 电气连线绝缘检验。

若混气设备为压力容器，其日常维护还应满足 TSG 21—2016 和 GB 150—2011 的相关规定。

5.12 清管设备

清管设备主要部分包括：收发球筒、清管器、隔断阀、旁通平衡阀和平衡管线、线路主阀以及辅助管线。此外，还包括清管器通过指示器、放空阀、放空管和清管器接受筒排污阀、排污管道以及压力表等。阀门设备前文已阐述，本节只对收发球筒的运行维护进行阐述。

在日常维护管理中，应定期检查收发球筒快开盲板安全连锁装置的有效性，充压过程中若安全销未顶出，应立即关闭进口阀门停止充压，并检查安全连锁装置。应定期对收发球筒进行排污操作，排污时不宜直接就地排污，宜将排污物排入集污池或集污罐。

收发球筒属于压力容器，维护保养人员须取得压力容器操作证，收发球筒的运行管理还应符合 TSG 21—2016 的相关规定。

5.13　输配系统用管道及组成件

5.13.1　燃气管道的投运使用

新建、扩建或改建的城镇燃气管道工程施工安装完成并完成验收后，应立即组织燃气管道的投运工作。燃气管道的投运工作主要是做好投运前准备与燃气管道置换。当燃气管道置换完成，管道系统中充满燃气后，即可投入运行使用。

5.13.2　燃气管道的日常运行管理

燃气管道在投产后即转入日常维护管理。在用燃气管道由于介质和环境的侵害、操作不当、维护不力，往往会引起管道的管件材料性能恶化、失效甚至发生事故。因此必须加强日常管理，强化控制工艺操作指标，认真巡检，才能保证燃气管道的安全运行。

（1）工艺指标控制

1）操作流量、压力和温度的控制

流量、压力和温度是燃气管道使用中几个主要的工艺控制指标。使用压力和使用温度是管道设计、选材、制造和安装的依据。只有严格按照燃气管道安全操作规程中规定的控制操作压力和操作温度运行，才能保证管道的使用安全。其中，CJJ 51—2016 中还明确要求，同一管网中输送不同种类、不同压力燃气的相连管段之间应进行有效隔断。

2）交变载荷的控制

由于用量或温度的不断变化，城镇燃气输配管网中经常反复出现压力波动，引起管道产生交变应力，造成管材的疲劳、破坏。因此运行中应尽量避免不必要的频繁加压、卸压和过大的温度波动，力求均衡运行。

（2）人员培训

要求操作人员熟悉本岗位燃气管道的技术特性、系统结构、工艺流程、工艺指标、可能发生的事故和应采取的措施。操作人员必须经过安全技术培训，经考试合格后方能上岗独立进行操作。

（3）巡检制度

城镇燃气使用单位应根据城镇燃气工艺流程和管网的分布情况，明确职责，制定严格的燃气管道巡检制度。制度要明确检查人员、检查时间、检查部门、应检查的项目，操作人员和维修人员均要按照各自的责任和要求定期按巡回检查路线，完成每个部位、每个检查项目的检查，并做好巡检记录。检查中发现的异常情况应及时汇报和处理。

根据 CJJ 51—2016，燃气管道巡检应包括下列内容：

1）在燃气管道设施保护范围内不应有土体塌陷、滑坡、下沉等现象，管道不应裸露；

2）未经批准不得进行爆破和取土等作业；

3）管道上方不应堆积、焚烧垃圾或放置易燃易爆危险物品、种植深根植物及搭建建

（构）筑物等；

4）管道沿线不应有燃气异味、水面冒泡、树草枯萎和积雪表面有黄斑等异常现象或燃气泄出声响等；

5）穿跨越管道、斜坡及其他特殊地段的管道，在暴雨、大风或其他恶劣天气过后应及时巡检；

6）架空管道及附件防腐涂层应完好，支架固定应牢靠；

7）燃气管道附件及标志不得丢失或损坏。

5.13.3 燃气管道的保护

根据 CJJ 51—2016，在燃气管道保护范围内施工时，施工单位应在开工前向城镇燃气供应单位申请现场安全监护，并应符合下列规定：

（1）对可能影响燃气管道安全运行的施工现场，应加强燃气管道的巡查和现场监护，并应设立临时警示标志；

（2）施工过程中如有可能造成燃气管道的损坏或使管道悬空等，应及时采取有效的保护措施；

（3）临时暴露的聚乙烯管道，应采取防阳光直晒及防外界高温和火源的措施；

（4）燃气管道及设施安全控制范围内进行爆破作业时，应采取可靠的安全防护措施；

（5）架空敷设的燃气管道应设置安全标志，在可能被车辆碰撞的位置，应设置防碰撞保护措施，并应定期对管道的外防腐层进行检查和维护。

5.13.4 埋地燃气管道的检查

根据 CJJ 51—2016，地下燃气管道的检查应符合下列规定：

（1）地下燃气管道应定期进行泄漏检查；泄漏检查应采取仪器检测，检查内容、检查方法和检查周期等应符合 CJJ/T 215—2014 的有关规定；

（2）对燃气管道的阴极保护系统和在役管道的防腐层应定期进行检查；检查周期和内容应符合现行行业标准 CJJ 95—2013 的有关规定；在土体情况复杂、杂散电流强、腐蚀严重或人工检查困难的地方，对阴极保护系统的检测可采用自动远传检测的方式；

（3）运行中的钢质管道第一次发现腐蚀漏气点后，应查明腐蚀原因并对该管道的防腐涂层及腐蚀情况进行选点检查，并应根据实际情况制定运行、维护方案；

（4）当钢质管道服役年限达到管道的设计使用年限时，应对其进行专项安全评价；

（5）应对聚乙烯燃气管道的示踪装置进行检查。

5.13.5 燃气管道的维护保养

维护保养工作是延长燃气管道使用寿命的基础，运行、维护制度应明确燃气管道运行、维护的周期，并应做好相关记录。运行维护中发现问题应及时上报，并应采取有效的处理措施。维护保养的主要内容有：

（1）经常检查燃气管道的防腐措施，避免管道表面不必要的碰撞，保持管道表面完整，从而减少各种电离、化学腐蚀；

（2）阀门的操作机构要经常除锈上油，并定期进行操作，保证其开关灵活性；

（3）安全阀、压力表要经常擦拭，确保其灵活、准确，并按时进行检查和校验；

（4）定期检查紧固螺栓的完好状况，做到齐全、不锈蚀，连接可靠；

（5）燃气管道因外界因素产生较大振动时，应采取隔断振源、加强支撑等措施；发现摩擦等情况应及时采取措施；

（6）静电跨接、接地装置要保持良好、完整，及时消除缺陷，防止故障的发生；

（7）停用的燃气管道应排除管内燃气，并及时置换，必要时做惰性气体保护，外表面涂刷油漆，防止环境因素腐蚀；

（8）禁止将管道及支架作电焊的零线和起重工具的锚点、撬抬重物的支撑点；

（9）及时消除跑、冒、滴、漏；

（10）管道的底部和弯曲处是系统的薄弱环节，这些地方最容易发生腐蚀和磨损，因此必须经常对这些部位进行检查，当发现损坏时，应及时采取修理措施；

（11）对高温管道，在开工升温过程中需对管道法兰连接螺栓进行热紧；对低温管道，在降温过程中需进行冷紧；

（12）低温工艺管道应定期进行检查，管道外保冷材料应完好无损，当材料的绝热保冷性能下降时应及时更换。

5.14　站控

5.14.1　站控系统的使用

（1）站控系统启动

操作人员严格按照集成商或者设备厂家的使用手册顺序进行系统的启动操作，有人机界面系统应以规定的用户名和密码登录，完全启动后检查系统的运行是否正常。

（2）过程监控操作

1）在站控系统运行过程中的设备，严禁进行其他与生产无关的用途，严禁关闭人机界面。

2）运行过程中发现设备的故障应立即报告维护工程师，由维护工程师进行维护。

3）对于无人值守的站点，可控设备的控制权限切换至远程中心操作，设备应定期进行巡检测试，设备损坏应及时维修。

4）站控系统发生报警，应及时查看并进行确认，并做好相关的记录，结合工艺分析发生报警的原因。

5）对于有人值守的站点，应定期查看压力和流量数据的历史曲线及数据记录。

6）流量数据由调度中心密切监视，发生故障立即通知相关人员处理，减少故障造成的损失。

7）对于控制设备，应定期对设备的可控性进行测试。

8）对于站控系统显示数据，应定时（定期）与现场设备比较，发现问题立即报告相关人员并记录在案。

9）对于可以在站控系统远程操作的设备，在生产过程中需要操作时应通知调度人员注意远程监控与本次生产相关的工艺数据。

10) 连接站控系统的设备需要维修时，处在工艺区的设备必须断电后才能进行相关操作。

11) 控制设备发生故障导致中心或者场站人机界面上不能进行监控操作时，应及时通知相关人员加强日常巡检次数及缩短巡检的间隔时间。

（3）站控系统关闭

在正常的运行过程中不允许操作员关闭任何设备，需要检修和维护正常关闭时，必须按照顺序进行停机关闭，禁止直接切断设备的电源，以免对设备产生冲击。

5.14.2 站控系统的维护

（1）定期对系统进行巡检，并做好巡检记录。

（2）定期对站控系统的网络和数据库进行安全检查，对重要的数据进行备份。

（3）站控系统需要停机维护，维护前需要通知本站控系统可能影响的相关场站的工作人员。

（4）对站控系统进行维护和维修或程序更新时，系统可能会出现不稳定状态，应通知值班或场站管理人员加强巡查，并告知调度中心加强相关场站的监控力度。

5.15 仪表

5.15.1 压力（差压）变送器

（1）压力（差压）变送器的运行

1) 按端子接线图检查信号线连接是否正确，然后接通变送器供电电源。

2) 在控制内进行零点和满度的调校。

3) 缓慢打开截止阀，压力变送器投入使用。差压变送器的投入使用应按照下列步骤进行：

① 打开平衡阀；

② 缓慢打开低压侧截止阀；

③ 关闭平衡阀；

④ 缓慢打开高压侧截止阀。

4) 用肥皂水检查过程接口等连接处的气体是否泄漏。

（2）压力（差压）变送器的停止

1) 压力变送器的停止：缓慢关闭截止阀，压力变送器即处于停止状态。

2) 差压变送器的停止：

① 缓慢关闭高压侧截止阀；

② 打开平衡阀；

③ 缓慢关闭低压侧截止阀；

④ 关闭平衡阀。

（3）压力（差压）变送器的维护

1) 外观检查：看仪表外壳是否有破损，连接仪表的防爆软管是否有松动、开裂、破损等现象，一旦发现，现场立即更换破损的防爆软管，仪表设备电气接口处需要做防水处理。

2）盖和 O 形圈的检查：变送器的防水、防尘结构，应确认盖与垫圈有无损坏和老化，另外不允许有异物附着螺纹处。

3）管道的泄漏检查：定期用肥皂水检查静密封点有无流体的泄漏。

4）检定周期：压力（差压）变送器的检定周期可根据使用环境条件、频繁程度和重要性来确定。根据 JJG 882—2004，压力（差压）变送器的检定周期一般不超过 1 年。

5.15.2　温度变送器

（1）温度变送器的运行

1）按端子接线图检查信号线连接是否正确，然后接通变送器供电电源。

2）接通电源后变送器即开始工作。

（2）温度变送器的维护

1）外观检查：看仪表外壳是否有破损，连接仪表的防爆软管是否有松动、开裂、破损等现象，一旦发现现场立即更换破损的防爆软管，仪表设备电气接口处需要做防水处理。

2）盖和 O 形圈的检查：变送器的防水、防尘结构，应确认盖与垫圈有无损坏和老化，另外不允许有异物附着螺纹处。

3）管道的泄漏检查：定期用肥皂水检查静密封点有无流体的泄漏。

5.15.3　流量计算机

（1）流量计算机的使用

1）流量计算机的校准

流量计算机应符合 JJG 1003—2016 和其他相关标准的要求，以确保相关的参数和公式可以被正确地输入软件，并且它可以根据相应的标准进行流量计算。

典型流量计算机的校准，应在全功能校准前进行，它主要包括以下几项：

① 包括零和全流程在内的整个工作范围内进行 5 个指定点上数字转换模拟测试，误差应在允许误差范围内；

② 计算的密度应与计算机在分辨范围内显示的计算密度相一致；

③ 输入范围内以 5 个模拟温度进行的温度输入线性测试，模拟温度和计算温度应在允许范围内相一致；

④ 流量计算机显示的流量值应与按照适当标准计算的流量值一致；

⑤ 脉冲输入测试。

2）全功能校准

在对配套仪表进行测试和校准之后，应用模拟输入对计量系统进行一次全面的功能测试。该测试应包括传感器、信号传输、模拟数字转换和流量计算在内的整个系统的不确定度的验证。

（2）流量计算机的维护

流量计算机的运行维护应与本书第 5.3.1 节计量设备同步进行，运行维护要求参考本书第 5.3.1 节。

5.15.4 可燃气体报警器

（1）可燃气体报警器的使用

可燃气体报警器的操作和维护应由经过专门培训的人员负责，不得私自改装、停用、损坏可燃气体报警器。要避免人为地使用高浓度可燃性气体直接冲击报警器检测元件，高浓度可燃性气体直接接触检测元件可能会降低检测元件的灵敏度，并产生漂移。

（2）可燃气体报警器的维护保养

操作人员应定期检查可燃气体报警器的连接部位、可动部件、显示部位和控制旋钮是否完好，检查检测器防爆密封件和紧固件有无损坏或老化，检测器气体入口是否堵塞。

根据 JJG 693—2011，可燃气体报警器的检定周期一般不超过 1 年。

5.15.5 气质分析仪

（1）色谱分析仪的使用要求

1）气相色谱分析的载气压力应符合使用要求。当压力不符合要求更换载气瓶时，需将色谱分析仪停止分析工作，关闭载气出口阀，关闭瓶口阀。更换载气瓶后应做泄漏测试。确认无泄漏后方可从控制器启动色谱至自动分析。

2）取样压力应符合使用要求。

3）标准气压力应符合使用要求。更换标气瓶后需重新输入新标气的组分，并做一次常规标定，如常规标定不能通过，则需做一次强制标定。标定完成后，启动色谱至自动分析。

（2）色谱分析仪的维护保养

1）应定期巡查一次分析小屋（有人值守站），检查供电、通风、载气压力、标气压力是否正常。如有空调系统，当分析小屋内温度超过28℃时，开启防爆空调。

2）每次更换载气和标气后应对色谱分析仪系统进行一次检漏，并记录系统各项压力。

3）专业维护及故障维修由具有相关资质的相关机构负责。

4）根据 JJG 700—2016，气相色谱仪的检定周期一般不超过 2 年。

5.15.6 压力（差压）表

压力表的选用应根据其工作状态来选择，在稳定的静压下，被测压力的最大值不超过压力表测量上限值的 3/4；在波动（交变）压力下，被测压力的最大值不超过压力表测量上限值的 2/3 或 1/2；任何情况下，工作压力应不低于测量上限值的 1/3；测量真空时，可用全部测量范围。

使用压力表时应注意其必须有完整的检定封印，同时应有未超过有效期的检定证书。新购置的压力表，也必须先检定合格后方可使用。

压力表处于正常工作状态，在被测压力均匀缓慢变化时测量，以保证不过冲、不造成超过允许误差范围的可能。

表壳能保护内部机件不受脏污或损坏，使用中若发现问题，应停用待修，不得取掉封印而触及内部机件。

压力表使用一段时间后，弹性元件会出现弹性失效、内部机件会磨损，致使各种误差和故障产生。为了准确可靠、安全运行，要定期检定。根据 JJG 52—2013，压力表的检定周期为每半年至少 1 次。从而可以发现问题，及时调整或修理纠正。

压力表应保持洁净，表盘上的玻璃应明亮清晰，使表盘内指针指示的压力值能清晰易见，表盘玻璃破碎或表盘刻度不清的压力表应停止使用。要经常检查压力表指针的转动与波动是否正常，检查连接管上的针阀是否全开。

5.15.7　温度计

燃气输配系统广泛使用的温度计为双金属温度计，双金属温度计将绕成螺旋形的热双金属片作为感温器件，并把它装在保护套管内，其中一端固定，称为固定端，另一端连接在一根细轴上，成为自由端。

（1）温度计的使用

温度计应安装在便于观察的位置，要注意避免受辐射、低温及振动的影响。测温仪表应选择正确的探头进行安装。固定端与自由端采用螺纹或法兰连接的，应选用匹配的螺纹或法兰。

（2）温度计的维护保养

温度计应保持洁净，表盘上的玻璃应明亮清晰，使表盘内指针指示的温度值能清晰易见，表盘玻璃破碎或表盘刻度不清的温度计应停止使用。

根据 JJG 226—2001，温度计应定期进行校验，检定周期为每年至少 1 次。

第6章 燃气设备常见故障及处理

6.1 净化设备

燃气供应系统指的净化系统主要是各种天然气输配场站使用的旋风除尘器、过滤分离器及过滤器等设备。净化设备常见故障主要为泄漏、堵塞、净化效果降低等。

6.1.1 过滤器、过滤分离器

过滤器、过滤分离器常见故障与处理见表 6-1。

过滤器、过滤分离器常见故障与处理　　　　　　　　　　　　　　表 6-1

序号	故障现象	故障原因	处理方法
1	法兰或快开盲板泄漏	1. 密封面损坏 2. 密封件损坏或老化 3. 紧固件松动	1. 修磨密封面 2. 更换密封件 3. 紧固螺栓
2	压差增大	1. 滤芯堵塞严重 2. 流量超过设计值	1. 清洗或更换滤芯 2. 调整通过过滤分离器的流量
3	没有压差	1. 滤芯损坏 2. 滤芯位置移动导致气流短路	1. 更换滤芯 2. 检查滤芯固定结构是否正常，重新固定滤芯
4	流量减小	滤芯堵塞	清洗或更换滤芯

6.1.2 旋风除尘器

旋风除尘器常见故障与处理见表 6-2。

旋风除尘器常见故障与处理　　　　　　　　　　　　　　　表 6-2

序号	故障现象	故障原因	处理方法
1	压降过大	1. 气体流速过大 2. 旋风分离器内部堵塞 3. 气体流量过大 4. 旋风分离器设计不合理 5. 含水分或液态烃，导致固液粘结成块	1. 控制进气的流速 2. 清理内部杂质、定期排污 3. 控制气体流量 4. 更换旋风分离器 5. 喷淋冲洗
2	压降降低	1. 旋风分离器内部气流短路 2. 旋风分离结构损坏	修理
3	分离效率降低	1. 旋风分离器内部堵塞 2. 旋风分离器内部气流短路 3. 旋风分离结构损坏	1. 清理内部杂质、定期排污 2. 修理

续表

序号	故障现象	故障原因	处理方法
4	内件磨损	1. 内部气流速度过大 2. 结构设计不合理 3. 主体材料不适用所用流体介质	1. 控制气体流速 2. 调整内部结构，减少内部阻挡物 3. 采用耐磨材料

6.2　计量设备

燃气供应系统指的计量设备主要是天然气输配场站使用的孔板流量计、涡轮流量计、腰轮流量计（罗茨流量计）和超声波流量计等设备。计量设备常见故障主要为管路堵塞、计量不准、出现渗漏等现象。

6.2.1　孔板流量计

孔板流量计常见故障与处理如下：

（1）差压管路堵塞，疏通差压管路。

（2）差压计故障，检查差压计。

（3）差压变送器示值明显偏离，应检查其示值误差。

（4）节流元件安装方向有误，重新安装节流元件。

（5）被测介质工况参数与设计节流装置时采用的参数不一致，按相关公式修正，必要时应重新计算差压值。

（6）节流装置前后直管段长度不够，应调整直管段长度。

（7）直管段内径超差，实测直管段内径，重新计算流量。

（8）节流孔径超差，实测节流孔径，重新计算流量。

（9）节流元件变形，更换节流元件。

（10）节流元件上有附着物，清洗更换节流元件。

（11）孔板的尖锐一侧应该迎向流体流向为入口端，呈喇叭形的一侧为出口端，如果装反了，显示将会偏小很多。

解决办法：检查孔板安装方向，正确安装孔板。

（12）孔板的入口边缘磨损，如果孔板使用时间较长，特别是在被测介质夹杂固体颗粒等杂物情况下，都会造成孔板的几何形状和尺寸的变化，如果造成开孔变大或开孔边缘变钝，测量压差就会变小，流量显示就会偏低。

解决办法：对孔板进行重新加工。

6.2.2　罗茨流量计

罗茨流量计常见故障与处理见表 6-3。

罗茨流量计表常见故障与处理　　　　　表 6-3

序号	故障现象	故障原因	处理方法
1	表芯内各齿轮不转或者转动不灵活	1. 表芯各传动齿轮、涡轮、蜗杆磨损 2. 传动轴轴承磨损，孔径变大或变形 3. 主板故障	1. 更换电池 2. 更换显示屏 3. 联系厂家

续表

序号	故障现象	故障原因	处理方法
2	供气正常，转子正常工作，表芯齿轮不转，计数器不工作	1. 磁钢套与转子轴脱落或者磁钢套与转子轴之间的固定螺钉松动 2. 磁钢从磁钢套上脱落	1. 重新固定磁钢套 2. 重新固定磁钢
3	燃气不通过仪表，表头不计数	1. 过滤器、过滤网罩堵塞 2. 计量室进入异物，出现卡表 3. 安装不当	1. 清洗或者更换滤芯和网罩 2. 打开流量计取出异物，修复转子表面 3. 调整安装管道
4	流量计工作时噪声过大	1. 润滑不好 2. 轴承出现磨损或者轴承钢球碎裂造成转子与计量室和墙板之间出现摩擦	1. 更换补充润滑油 2. 更换轴承
5	密封部分出现渗漏现象	O形圈老化失效	更换O形圈

6.2.3 膜式流量计

膜式流量计常见故障与处理见表6-4。

膜式流量计常见故障与处理 表6-4

序号	故障现象	故障原因	处理方法
1	充值失败	1. 卡插反或插卡方法不对 2. 非本系统或用户卡 3. 插拔卡过快	1. 用户须确认插卡方式是否正确后，正确插入IC卡，IC卡需与表卡槽内读卡部分充分接触 2. 管理人员须检查卡是否为本系统卡，或卡是否拿错 3. 用户须插入卡等燃气表"嘀"声后再拔卡
2	表不读卡	1. 卡槽内有异物阻隔 2. 卡插反或插卡方法不对 3. 表读写卡槽故障 4. 电池电量不足	1. 用户须清除卡槽内异物重新插卡 2. 用户须确认插卡方式是否正确后，正确插入IC卡，IC卡需与表卡槽内读卡部分充分接触 3. 更换卡槽，须由表具公司处理 4. 用户须及时更换新电池
3	表阀开/关不正常	1. 剩余量不足为0 2. 电池电量不足 3. 表周围有强磁或干扰源 4. 电子计数部分故障 5. 通表（负数表） 6. 电机阀故障 7. 管道未通气、表前阀未打开、报警器阀门未打开 8. 长期未使用的燃气表，阀一直处于关闭状态，阀头橡胶与阀口发生粘连 9. 内漏 10. 超级电容故障 11. 内置阀导线有虚焊，或内置阀导线的接插件连接不可靠	1. 用户须及时到营业部门缴费充值并插入表中 2. 用户须及时更换新电池 3. 磁场对计量有干扰作用并导致关阀，须检查周围是否有强磁物体并移除后，解除故障 4. 干簧管故障或移位，须由表厂家处理 5. 一般是阀门故障导致，表余量显示为负数，须检测管道压力是否过高，并联系表厂家处理 6.(1) 检查阀门驱动线是否连接完好； (2) 使用远程或本地开阀操作； (3) 如果还未解决，则更换新表 7. 检查并打开室外管道控制阀门、表前阀、报警器阀门等外部阀门 8. 从入气口猛吹一口气，上述方法失败则更换新表并重新检漏 9.(1) 将表拆下，检查进气口是否有异物堵住，并检查管道是否有铁屑、杂物； (2) 如果有异物则清除，否则更换新表

续表

序号	故障现象	故障原因	处理方法
3	表阀开/关不正常		10.(1) 对超级电容的两个焊点重新焊接; (2) 或更换新的超级电容; (3) 或更换线路板组合 11. 打开燃气表的盖组合,拉动内置阀导线,检查是否有脱落的情况;取下内置阀导线的接插件,检查接插件的状态,是否有脱落
4	表不显示	1. 电池电量不足 2. 电池线断或者电池接口接触不良,检查电池盒片和弹簧是否生锈 3. 电控部分进水短路 4. 检查晶振是否起振 5. 液晶显示部分故障	1. 用户须及时更换新电池 2. 接好电池接口,若还显示返厂维修 3. 将表放置在干燥通风处蒸发表内水分后,重新安装电池 4. 更换好的晶振,若还无显示返厂维修 5. 须由表厂家处理,更换液晶显示模块
5	液晶显示缺段,显示内容不全	显示器虚焊或者连焊	检查液晶 PIN 脚是否虚焊,检查 PIN 脚是否有焊渣连焊
6	表不走字	1. 管道压力严重超压导致表内部结构破坏,无法正常计量 2. 人为干预	1. 须换表处理 2. 燃气公司须检查是否存在人为干预等行为
7	机械计数器走字,但是液晶显示器不走字	1. 断电不关阀 2. 计数器采样部分有故障 3. 计数器采样线虚焊	1. 根据断电不关阀的步骤解决 2. 更换采样部分 3. 对计数器采样线进行重新焊接

6.2.4 涡轮流量计

涡轮流量计常见故障与处理见表 6-5。

涡轮流量计常见故障与处理　　　　　　　　　　　　　　　　表 6-5

序号	故障现象	故障原因	处理方法
1	无显示 (显示屏无任何显示)	1. 电池无电量 2. 显示屏故障 3. 主板故障	1. 更换电池 2. 更换显示屏 3. 联系厂家
2	无瞬时流量 (温度、压力等显示均正常,过气不计量)	1. 气量过小(低于起步流量或下限流量) 2. 转子或叶轮卡死 3. 流量传感器组件损坏 4. 涡轮发讯盘故障 5. 主板故障	1. 检查实际用气量 2.~5. 联系厂家
3	压力异常 (温度正常、压力与管道介质实际工作压力不符)	1. 压力传感器故障 2. 参数设置有误 3. 主板故障	联系厂家
4	温度异常 (压力正常、温度与管道介质实际工作温度不符)	1. 温度传感器故障 2. 参数设置有误 3. 主板故障	联系厂家
5	流量异常 (温度、压力示值正常、累计流量或瞬时流量与实际用气量偏差较大)	1. 流量传感器损坏 2. 前置灵敏度偏低或偏高 3. 前置供电电压异常 4. 参数设置有误	联系厂家

续表

序号	故障现象	故障原因	处理方法
6	无流量走字 （不用气有瞬时量显示，总量有累加现象）	1. 阀门关闭不严，管道泄漏 2. 介质压力波动大，叶轮或转子来回摆动 3. 前置灵敏度偏高 4. 前置组件损坏 5. 接地不良，外电源干扰	1、2. 关闭仪表前后阀门检查 3.～5. 联系厂家

6.2.5 超声波流量计

超声波流量计常见故障与处理见表6-6。

超声波流量计常见故障与处理 表6-6

序号	故障现象	故障原因	处理方法
1	瞬时流量计波动大	1. 信号强度波动大 2. 本身测量流体波动大	1. 调整好探头位置，提高信号强度，保证信号强度稳定 2. 重新选点或参数设置中将阻尼调大
2	外夹式流量计信号低	1. 管径过大或管道结垢严重 2. 安装方式不对，或没有打磨光洁	1. 采用插入式探头 2. 重新选择安装方式、涂上够多的耦合剂
3	插入式探头信号降低	1. 探头可能发生偏移 2. 探头表面水垢厚	1. 重新调整探头位置 2. 清洗探头发射面
4	开机无显示	电源属性与仪表额定值不对应或保险丝烧断	1. 更换合适电源，更换保险丝 2. 若无效，应联系厂家
5	仪表仅有背光而无任何字符显示	一般为显示芯片故障	应联系厂家
6	仪表在现场强干扰下无法使用	1. 供电电源波动范围较大 2. 周围有变频器或强磁场干扰 3. 接地线不正确	1. 给仪表提供稳定的供电电源 2. 将仪表安装在远离变频器和强磁场干扰的地方 3. 规范设置接地线

6.2.6 质量流量计

质量流量计常见故障与处理见表6-7。

质量流量计常见故障与处理 表6-7

序号	故障现象	故障原因	处理方法
1	瞬时流量计波动大	1. 电缆线断开或传感器损坏 2. 变送器内的保险管烧坏 3. 传感器测量管堵塞	1. 更换电缆或更换传感器 2. 更换保险管 3. 疏通后，轻拍传感壳，再测量交、直流仍不成功，则安装应大，重新安装
2	流量增加时，流量计指示负向增加	传感器流向与外壳指示流向相反，信号线接反	改变安装方向，改变信号接线

6.3 换热设备

燃气供应系统指的换热设备主要是天然气输配场站使用的电伴热带、电加热器、水套加热炉、辐射加热器等设备。

换热器内的流体多为有毒、高压、高温物质，一旦发生泄漏容易引发中毒和火灾事故，在日常工作中应特别注意以下几点：

（1）尽量减少密封垫使用数量和采用金属密封垫；

（2）采用以内压力紧固垫片的方法；

（3）采用易紧固的作业方法。

6.3.1 盘管式换热器

盘管式换热器常见故障与处理见表 6-8。

盘管式换热器常见故障与处理　　　　　　　　　　　　　　　　表 6-8

序号	故障现象	故障原因	处理方法
1	两种介质互串（内漏）	1. 换热管腐蚀穿孔、开裂 2. 换热管与管板胀口（焊口）裂开 3. 浮头式换热器浮头法兰密封渗漏	1. 更换或堵死漏的换热管 2. 换热管与管板重胀（补焊）或堵死 3. 紧固螺栓或更换密封垫片
2	法兰处密封泄漏	1. 垫圈承压不足、腐蚀、变质 2. 螺栓强度不足，松动或腐蚀 3. 法兰刚性不足与密封面缺陷 4. 法兰不平或错位，垫片质量不好	1. 紧固螺栓，更换垫片 2. 螺栓材质升级，紧固螺栓或更换螺栓 3. 更换法兰或处理缺陷 4. 重新组对或更换法兰，更换垫片
3	传热效果差	1. 换热管结垢 2. 水质不好、油污与微生物多 3. 隔板短路	1. 化学清洗或射流清洗垢污 2. 加强过滤、净化介质，加强水质管理 3. 更换管箱垫片或更换隔板
4	阻力降超过允许值	壳内、管内外结垢	用射流或化学清洗垢物
5	振动严重	1. 因介质频率引起的共振 2. 外部管道振动引起的共振	1. 改变流速或改变管束固有频率 2. 加固管道，减小振动

6.3.2 列管式换热器

列管式换热器常见故障与处理见表 6-9。

列管式换热器常见故障与处理　　　　　　　　　　　　　　　　表 6-9

序号	故障现象	故障原因	处理方法
1	管束故障	1. 管束的腐蚀、磨损造成管束泄漏 2. 管束内结垢造成堵塞	1. 对冷却水添加阻垢剂并定期清洗 2. 保持管内流体流速稳定 3. 选用耐腐蚀性材料（不锈钢、铜）或增加管束壁厚 4. 当管的端部磨损时，可在入口 200mm 长度内接入合成树脂等保护管束

序号	故障现象	故障原因	处理方法
2	管束振动	1. 由泵、压缩机的振动引起管束的振动 2. 由旋转机械产生的脉动 3. 流入管束的高速流体（高压水、蒸汽等）对管束的冲击	1. 尽量减少开停车次数 2. 在流体的入口处，安装调整槽，减小管束的振动 3. 减小挡板间距，使管束的振幅减小 4. 尽量减小管束通过挡板的孔径
3	法兰盘泄漏	由于温度升高，紧固螺栓受热伸长，在紧固部位产生间隙造成的	对法兰螺栓重新紧固

U 形管式换热器常见故障与处理可参考列管式换热器。

6.3.3 电加热式换热器

电加热式换热器常见故障与处理见表 6-10。

电加热式换热器常见故障与处理   表 6-10

序号	故障现象	故障原因	处理方法
1	进出口法兰处发现渗漏	密封垫圈损坏	更换密封垫圈
2	电源指示灯不亮	1. 系统未送电 2. 指示灯损坏	1. 电源送电 2. 更换指示灯
3	系统无法启动	报警黄色指示灯亮，内部超温报警或漏电动作	检查超温原因并排除
4	系统工作时，温度无法达到设定值，加热器内部和出口温差正常	加热管有部分损坏	备用管替换
5	系统工作时，温度无法达到设定值，加热器内部和出口温差不正常，内部报警频繁启动	流量不正常，系统有堵塞	疏通管路

6.3.4 火焰式换热器

燃气输配系统常用的火焰式换热器一般为水套炉结构，常见故障与处理见表 6-11。

水套炉常见故障与处理   表 6-11

序号	故障现象	故障原因	处理方法
1	燃气温度不足	1. 燃气流速过快 2. 热水温度过低 3. 热水水位过低	1. 降低燃气流速 2. 提高水套炉运行压力，提升热水温度 3. 提升热水水位
2	火筒积水	1. 火筒或烟管焊接质量有缺陷 2. 冷凝水积水无法排出	1. 补焊，并对火筒或烟管进行水压试验 2. 烟囱底部开排水孔，增设排水阀

6.4 流量/压力控制设备

流量/压力控制设备主要包含调压器、调压阀、紧急切断阀及安全阀等，是控制压力、流量的关键性设备。

6.4.1　调压器

调压器是应用于天然气输送领域的阀门配套附件，具有结构紧凑、安装便捷、安全可靠的特点，主要实现调压装置关键阀门-自力式监控调压阀、自力式工作调压阀上的阀后压力设定及自力式控制，使阀门能够稳定的输出用户需求的压力。

调压器常见故障与处理见表 6-12。

调压器常见故障与处理　　　　　　　　　　　　　　　　表 6-12

序号	故障现象	故障原因	处理方法
1	调压器阀口打不开	1. 皮膜破损 2. 调压器进口压力低或者无压 3. 指挥器无进口压力	1. 更换皮膜 2. 检查调压撬入口阀门是否打开 3. 检查指挥器进口取压管是否堵塞或结冰
2	调压器出口压力降低	1. 进口压力不够 2. 实际流量超出设计流量 3. 指挥器引压管路堵塞 4. 过滤器进口堵塞 5. 主弹簧或指挥器弹簧失效或选型不当 6. 阀口结冰或进气口被脏物堵塞	1. 提高进口压力 2. 根据实际流量需要加大调压器口径 3. 进行检查清理疏通 4. 进行检查清理疏通 5. 更换检查弹簧 6. 对进口气体进行加热或打开调压器清洁脏物
3	调压器出口压力升高	1. 调压器阀口关闭不严 2. 调压器皮膜漏气 3. 调压器内密封元件受损 4. 指挥器气体耗散孔堵塞	1. 清理阀口污物或更换阀垫 2. 更换皮膜 3. 更换密封元件 4. 检查指挥器气路
4	调压器喘振	1. 流量过低 2. 气体杂质多 3. 取压管连接错误	1. 选型偏大，减小调压器口径 2. 更换滤芯，提高过滤精度 3. 根据要求重新安装

6.4.2　调节阀

调节阀常见故障与处理见表 6-13。

调节阀常见故障与处理　　　　　　　　　　　　　　　　表 6-13

序号	故障现象	故障原因	处理方法
1	卡堵	1. 节流口、阀筒卡阻 2. 填料过紧，摩擦阻力大	1. 清理管道内杂质，快速开关调节阀，利用气流冲力将杂质冲跑 2. 手动往复开关调节阀使填料顺滑，若无效果，则需解体处理
2	填料泄漏	1. 密封面有损坏 2. 填料老化 3. 压紧部位损坏或毛刺 4. 紧固机构松动	1. 密封面进行修磨 2. 更换填料 3. 修磨 4. 进行紧固
3	阀内漏	1. 阀杆运动距离不足 2. 阀座损坏 3. 密封件损坏	1. 重新进行装配 2. 更换阀座 3. 更换密封件
4	振荡	1. 调节弹簧刚度不足 2. 调节阀选型不当，工况不匹配 3. 管道共振	1. 更换弹簧或更换执行机构类型 2. 根据实际工况选择流量匹配的调节阀或调节阀的调节类型 3. 对管道或支座进行消除振动处理，或更换调节阀结构，使共振频率不同

6.4.3 紧急切断阀

紧急切断阀常见故障与处理见表6-14。

紧急切断阀常见故障与处理   表 6-14

序号	故障现象	故障原因	处理方法
1	内漏、不关闭	1. 密封面积污物 2. 密封面磨损 3. O 形圈损坏 4. 阀瓣密封垫损坏 5. 主膜片损坏	1. 清洗 2. 更换阀座 3. 更换 O 形圈 4. 更换阀垫 5. 更换主膜片
2	切断压力值错误	1. 设定弹簧设定不正确 2. 锁制机构阻力过大	1. 重新设定 2. 更换压力控制器

6.4.4 安全阀

先导式安全阀常见故障与处理见表6-15。

先导式安全阀常见故障与处理   表 6-15

序号	故障现象	故障原因	处理方法
1	关闭不严、漏气	主阀或导阀阀芯软密封件损坏	更换软密封件
2	调节、给定压力不灵	有污物堵塞	清洗连接导阀过滤器
3	安全阀不动作	1. 零件损坏 2. 被脏物、铁屑卡住 3. 安全阀参数不对	1. 更换损坏零件 2. 清洗 3. 更换导阀弹簧

安全放散阀常见故障与处理方式可参考安全阀。

6.5 加臭设备

燃气由于其易燃易爆的特性，同时无色无味，一旦发生泄漏，会引起重大事故，应该有容易察觉的特殊气味，使得燃气的泄漏能够被及时发现，所以无臭或臭味不足的燃气应该加臭。根据臭剂的注入类型，加臭设备可以分为吸收式和注入式。

因吸收式加臭剂添加量不易控制，现加臭设备主要采用注入式加臭方式，注入式加臭设备常见故障与处理见表6-16。

注入式加臭设备常见故障与处理   表 6-16

序号	故障现象	故障原因	处理方法
1	泵输出降低	1. 安全阀螺钉松动 2. 上下单向阀 3. 补油阀有杂质 4. 膜片塑性变形	1. 拧紧安全阀螺钉 2. 拆卸清洗 3. 拆卸清洗 4. 更换膜片
2	泵工作时无输出	1. 泵室内有空气 2. 安全阀螺钉松动 3. 膜片破裂	1. 打开排气阀排放 2. 拧紧安全阀螺钉 3. 更换膜片

续表

序号	故障现象	故障原因	处理方法
3	泵不工作	1. 接线盒内断路 2. 控制器保险丝熔断 3. 控制系统故障	1. 检查线路 2. 更换保险丝 3. 见控制系统说明书
4	控制器 无输出电压	1. 电源输入插头接触不良 2. 输出插头接触不良 3. 保险丝烧断 4. 控制脉冲没加上 5. 控制块损坏	1. 检查修复 2. 检查修复 3. 更换保险丝 4. 若接触不良可修复，非此原因需请专业人员检修 5. 更换控制块
5	自动控制不起作用	1. 采样输入接口接触不良 2. 无采样信号 3. 手/自动控制开关挡位不对	1. 检查修复 2. 检查信号源 3. 检查修复

6.6 阀门设备

阀门是用于启闭管道通路或调节管道介质流量的重要设备，燃气输配系统中以球阀、蝶阀为主。

须知：

（1）任何场合，应首先保证人身安全；

（2）使用阀门时应参照相应的压力-温度额定值；

（3）选择阀门材料时应考虑工作介质对材料的抗腐蚀性和耐磨损的要求；

（4）工作介质是易燃/易爆的，要限制工作温度；

（5）当维修/维护时，打开泄放阀、螺塞，以泄掉中腔压力；

（6）对于所有的电、液或气动阀门，要确保使用前线路是断开的；

（7）维修/维护过程中，应采取适当的保护措施，例如：防护服、氧气面罩、手套等；

（8）当维修/维护阀门时，禁止吸烟，严禁使用任何未经检测的便携式电动设备，未经允许禁止用火，以免发生火灾。

6.6.1 球阀

球阀依靠旋转阀来使阀门畅通或闭塞。球阀开关轻便，体积小，可以做成很大口径，密封可靠，结构简单，维修方便，密封面与球面常在闭合状态，不易被介质冲蚀，在行业内被大量使用。

（1）分体式浮动球阀

分体式浮动球阀的球体是浮动的，在介质压力作用下，球体能产生一定的位移并紧压在出口端的密封面上，保证出口端密封。

浮动球球阀的结构简单，密封性好，但球体承受工作介质的载荷全部传给了出口密封圈，因此要考虑密封圈材料能否经受得住球体介质的工作载荷。这种结构广泛用于中低压球阀。分体式浮动球阀常见故障与处理见表 6-17。

分体式浮动球阀常见故障与处理　　　　　　　表 6-17

序号	故障现象	故障原因	处理方法
1	阀座泄漏	1. 阀门未完全关闭 2. 操作器限位器设定不恰当 3. 阀座环运行不正常	1. 操作阀门至全关位置，关断并排放阀门确保泄漏已停止 2. 适当调节操作器限位器，关断并排放阀门确保泄漏已停止 3. 清洗冲刷阀座环，从阀座注脂口注入少量密封脂
2	阀杆泄漏	1. 阀杆螺钉或螺母松动 2. 阀杆密封损坏	1. 拧紧阀杆螺钉或螺母阻止泄漏，但请勿超过阀门允许的扭矩值 2. 更换阀杆密封，通过阀杆注入口注入少量密封脂
3	阀门难于操作	1. 操作器故障 2. 因管线污染而造成的阀座区域的阻塞 3. 阀腔中有残余试验水或凝析水在低温下导致的结冰	1. 联系厂家 2. 清洗阀座区域 3. 采取保温措施或向阀体和阀颈位置冲洒热水
4	中法兰处泄漏	1. 中法兰螺栓松动 2. 中法兰垫片损坏或失效	1. 拧紧螺栓 2. 更换中法兰垫片

（2）分体式固定球阀

分体式固定球阀的球体是固定的，受压后不产生移动。固定球球阀都带有浮动阀座，受介质压力后，阀座产生移动，使密封圈紧压在球体上，以保证密封。通常在与球体的上、下轴上装有轴承，操作扭矩小，适用于高压和大口径的阀门。分体式固定球阀常见故障与处理见表 6-18。

分体式固定球阀常见故障与处理　　　　　　　表 6-18

序号	故障现象	故障原因	处理方法
1	阀座泄漏	1. 阀门未完全关闭 2. 操作器限位器设定不恰当 3. 阀座环运行不正常	1. 操作阀门至全关位置，关断并排放阀门确保泄漏已停止 2. 适当调节操作器限位器，关断并排放阀门确保泄漏已停止 3. 清洗冲刷阀座环，从阀座注脂口注入少量密封脂
2	阀杆泄漏	1. 阀杆螺钉或螺母松动 2. 阀杆密封损坏	1. 拧紧阀杆螺钉或螺母阻止泄漏，但请勿超过阀门允许的扭矩值 2. 更换阀杆密封，通过阀杆注入口注入少量密封脂
3	阀门难于操作	1. 操作器故障 2. 因管线污染而造成的阀座区域的阻塞 3. 阀腔中有残余试验水或凝析水在低温下导致的结冰	1. 联系厂家 2. 清洗阀座区域 3. 采取保温措施或向阀体和阀颈位置冲洒热水，通过排污阀将阀腔中溶化的水排出阀体
4	注脂嘴泄漏	1. 注脂嘴有碎屑 2. 注脂嘴损坏	1. 向注脂嘴注入少量清洗液洗去碎屑 2. 如有条件安装一个辅助注脂口；当管线泄压后，用新注脂口替换已损坏的注脂口
5	中法兰处泄漏	1. 中法兰螺栓松动 2. 中法兰密封件损坏	1. 拧紧中法兰螺栓 2. 更换中法兰部位的密封件
6	底盖处泄漏	1. 底盖处螺栓松动 2. 垫片或 O 形圈损坏	1. 拧紧底盖螺栓 2. 更换垫片或 O 形圈

6.6.2 蝶阀

蝶阀常见故障与处理见表 6-19。

蝶阀常见故障与处理 表 6-19

序号	故障现象	故障原因	处理方法
1	蝶阀无法自动关闭	旁路（卸油）阀和手动阀这两个阀门的外形和结构形式是一样的。当蝶阀正常运行时，旁路卸油阀应在常关状态，电磁阀前的手动阀应在常开状态。如果误把电磁阀前手动阀关闭了，当蝶阀需关闭时，油压就无法通过电磁阀卸油了，蝶阀也就无法自动关闭	电磁阀有正作用型和反作用型两种形式，正作用型电磁阀是指在蝶阀开启情况下，电磁阀常带电，当电磁阀失电时，蝶阀关闭。反作用型电磁阀是指在蝶阀开启时，电磁阀不带电，当电磁阀得电时，蝶阀关闭。后者更适合电厂采用，因为电厂有稳定的控制电源，电磁阀可保证随时得电打开，也能避免因电源误断电引起蝶阀关闭联动跳泵
2	蝶阀液压系统检修中漏油，包括内外漏油	1. 造成外漏的原因主要是密封部件损坏，近年来由于更换了耐油橡胶密封材料，并且加强大、小修的定期维护，运行中外漏现象基本不再发生 2. 造成内漏的主要原因是各液压控制阀的密封口（线密封）被划伤所致，而造成密封口划伤主要是由于系统中有杂质，积聚在密封口上被挤压后使其留下痕迹，破坏密封线，从而影响密封性 3. 内漏造成的故障现象是多种的，但是引起故障现象的原因并不仅只是内漏，还有可能是电控回路的故障	1. 电控回路的故障，往往需要与电修人员一起检查判别。分析判别内漏故障点的方法主要是根据原理图，采用逐个分析判别排除法进行。可采用"故障分析树图"的方法，把缺陷现象从易到难地排查，判定原因直到最后排除故障的整个过程用树图的形式一一列出，可清晰、方便地判定故障点 2. 避免内漏的一个行之有效的方法是定期清理油箱，过滤压力油，注油时经过严格过滤，检修中避免使用带棉纱头的碎布，这些措施都能保证油的清洁度。目前各蝶阀油系统维护周期是 1 年，基本能满足设备健康运行 3. 摆动油缸的大小活塞电镀层崩缺是近年检修中发现的另一个主要缺陷，估计原因是使用时间长镀层不牢固疲劳脱落。镀硬铬层脱落后粗糙的活塞壁体，将会加剧密封圈的磨损，严重时引起内漏。处理方法是退去镀铬层，重新镀硬铬，重新镀层厚度可在 0.10mm～0.15mm之间。重新电镀处理有退铬，补焊，校中心，粗、精启等工艺 4. 蝶阀液压系统检修后阀门开启不了的缺陷，多数情况是由于调速阀或溢油阀行程错位所致。事实上调速阀（调节油流量）、溢油阀（调节系统最高压力）等液压控制阀在一次调定后就无需再调整 5. 液压系统外漏也曾是一个主要故障点。主要表征是摆动油缸和各调节阀渗漏油，发生严重爆漏时，系统油压将无法维持而引起跳泵。通过开展质量控制活动，统计循环水泵出口蝶阀故障次数，利用柏拉图 80%-20% 原则分析主要故障发生在液压系统外漏，并用鱼骨图分析外漏的主要原因是液压系统密封圈材质选用不当老化和缺乏维护两大因素。在检修中将容易老化的聚氨酯材质的密封件更换为耐油丁腈橡胶材质，并加强维护，坚持每个大修期更换全部密封件，每个小修期进行换油滤油和检查调试

续表

序号	故障现象	故障原因	处理方法
3	密封面泄漏	1. 蝶阀的蝶板、密封圈夹有杂物 2. 蝶阀的蝶板、密封关闭位置吻合不正 3. 出口侧配装法兰螺栓受力均或未压紧 4. 试压方向未按要求	1. 消除杂质，清洗阀门内腔 2. 调整蜗轮或电动执行器等执行机构的限位螺钉以达阀门关闭位置正确 3. 查配装法兰平面及螺栓压紧力，应均匀压紧 4. 按箭头方向进行旋压
4	阀门两端面泄漏	1. 两侧密封垫片失效 2. 管法兰压紧力不均或未压紧	1. 更换密封垫片 2. 压紧法兰螺栓（均匀用力）

6.6.3 截止阀

截止阀常见故障与处理见表 6-20。

截止阀常见故障与处理 表 6-20

序号	故障现象	故障原因	处理方法
1	阀杆配合的螺纹套筒螺纹损坏	1. 阀杆丝扣因种种原因损坏，而造成螺纹套筒磨损和挤压变形损坏 2. 电动阀门开关行程限位不准和力矩扭力大而失去保护 3. 手动操作时用力过大 4. 螺纹套筒的材质不符或不合格	1. 按照说明书正确操作 2. 检验阀杆材质 3. 更换阀杆
2	法兰中部泄漏	1. 紧力不够或紧力偏斜 2. 阀门法兰结合面不平 3. 阀门法兰结合面有贯通沟槽或有凸部位（或有异物） 4. 垫片尺寸不合适或放置偏斜 5. 垫片质量不过关或有缺陷 6. 螺栓材质选择不合理	1. 拧紧螺栓 2. 检查法兰中部密封垫是否有杂质及损坏 3. 检查螺栓材质 4. 更换中部密封垫重新锁紧
3	阀瓣与阀座密封面漏	1. 阀门安装或操作过程中密封面中夹异物 2. 电动阀门没关，行程不到位（手动门没关到位） 3. 阀门检修质量未达标准 4. 因操作不当造成阀门密封面损坏	1. 检查密封面，清除密封面杂质 2. 重新调试电动装置或手轮 3. 更换密封材料 4. 拧紧中部螺栓
4	填料泄漏	1. 填料座圈在加装填料时未到底或偏斜 2. V 形填料反装 3. 紧力不够或卡涩造成紧力不够 4. 填料填装不当、材质不符或尺寸不符 5. 阀杆弯曲或表面腐蚀 6. 阀杆椭圆 7. 频繁操作，松动	1. 压紧填料螺丝，二次预紧 2. 更换填料 3. 检查阀杆表面 4. 检查填料安装是否相反
5	手轮转动不灵活或闸板不能启闭	1. 填料压得太紧 2. 填料压板，压套装置歪斜 3. 阀杆螺母有损坏 4. 阀杆螺母的螺纹严重磨损或断裂 5. 阀杆弯曲	1. 适当旋松填料压板上的螺母 2. 校正填料压板 3. 拆开修整螺纹和清除污杂物 4. 更换阀杆螺母 5. 矫正阀杆

6.6.4　闸阀

闸阀常见故障与处理见表 6-21。

闸阀常见故障与处理

表 6-21

序号	故障现象	故障原因	处理方法
1	阀杆配合的螺纹套筒螺纹损坏	1. 阀杆丝扣因种种原因损坏，而造成螺纹套筒磨损和挤压变形损坏 2. 电动阀门开关行程限位不准和力矩扭力大而失去保护 3. 手动操作时用力过大 4. 螺纹套筒的材质不符或不合格	1. 按照说明书正确操作 2. 检验阀杆材质 3. 更换阀杆
2	阀芯与阀杆脱离，造成开关失灵	1. 修理不当 2. 阀芯与阀杆结合处被腐蚀 3. 开关用力过大，造成阀芯与阀杆结合处被损坏 4. 阀芯止退垫片松脱、连接部位磨损	1. 检查阀芯和阀杆结合处 2. 重新开关检查磨损部件 3. 更换阀芯或者阀杆
3	阀盖结合面渗漏	1. 紧力不够或紧力偏斜 2. 阀门法兰结合面不平 3. 阀门法兰结合面有贯通沟槽或有凸部位（或有异物） 4. 垫片尺寸不合适或放置偏斜 5. 垫片质量不过关或有缺陷 6. 螺栓材质选择不合理	1. 拧紧螺栓 2. 检查法兰中部密封垫是否有杂质及损坏 3. 检查螺栓材质 4. 更换中部密封垫重新锁紧
4	阀芯与阀座密封面渗漏	1. 阀门安装或操作过程中密封面中夹异物 2. 电动阀门没关，行程不到位（手动门没关到位） 3. 阀门检修质量未达标准 4. 因操作不当造成阀门密封面损坏	1. 检查密封面，清除密封面杂质 2. 重新调试电动装置或手轮 3. 更换密封材料 4. 拧紧中部螺栓
5	填料泄漏	1. 填料座圈在加装填料时未到底或偏斜 2. V 形填料反装 3. 紧力不够或卡涩造成紧力不够 4. 填料填装不当、材质不符或尺寸不符 5. 阀杆弯曲或表面腐蚀 6. 阀杆椭圆 7. 频繁操作，松动	1. 压紧填料螺丝，二次预紧 2. 更换填料 3. 检查阀杆表面 4. 检查填料安装是否相反
6	手轮转动不灵活或闸板不能启闭	1. 填料压得太紧 2. 填料压板，压套装置歪斜 3. 阀杆螺母有损坏 4. 阀杆螺母的螺纹严重磨损或断裂 5. 阀杆弯曲	1. 适当旋松填料压板上的螺母 2. 校正填料压板 3. 拆开修整螺纹和清除污杂物 4. 更换阀杆螺母 5. 矫正阀杆

6.6.5　止回阀

止回阀常见故障与处理见表 6-22。

止回阀常见故障与处理

表 6-22

序号	故障现象	故障原因	处理方法
1	阀门内部异响，阀瓣敲打密封面	止回阀前后介质压力处于接近平衡而又互相"拉锯"的状态，阀瓣经常与阀座拍打	保持止回阀前后压差在合理范围之内，止回阀有最低启闭压差值

续表

序号	故障现象	故障原因	处理方法
2	阀瓣打不开或关不上	1. 摇杆与销轴配合太紧或有异物卡住 2. 阀内有异物卡阻	1. 检查配合情况 2. 消除异物
3	阀体与阀盖连接处渗漏	1. 连接螺栓紧固不均匀 2. 法兰密封面损坏 3. 垫片破裂或失效	1. 均匀拧紧 2. 重新修整 3. 更换新垫片
4	阀门声响大、有振动	1. 阀门安装位置离泵太近 2. 管道内介质流动压力不稳	1. 重新安装合适位置 2. 消除压力波动

6.6.6 超低温阀门

超低温闸阀/截止阀常见故障与处理见表 6-23。

超低温闸阀/截止阀常见故障与处理 表 6-23

序号	故障现象	故障原因	处理方法
1	填料渗漏	1. 填料压板螺母松弛 2. 填料圈数不够 3. 填料由于使用过久或保存不妥而失效 4. 阀杆密封面损坏	1. 均匀地拧紧螺母将填料紧压 2. 增加填料圈数 3. 更换新填料 4. 对阀杆按周期进行修理
2	密封面间渗漏	1. 密封面有污物附着 2. 密封面损坏	1. 将污物清除干净 2. 重新加工整修
3	操纵卡阻	1. 填料压得过紧 2. 阀杆螺母的螺纹严重磨损 3. 阀杆弯曲 4. 阀杆螺母、压板、压套与阀杆之间有异物	1. 适当旋松压板螺母 2. 更换阀杆螺母 3. 校正或更换阀杆 4. 清除异物
4	中法兰处渗漏	1. 中法兰螺栓松弛 2. 垫片失效	1. 拧紧中法兰螺母 2. 更换垫片
5	阀体和阀盖破损泄漏	1. 水击破损阀门 2. 疲劳破损 3. 冻裂	1. 要平稳,防止突然停泵和快速关阀 2. 超过使用期限、出现早期疲劳缺陷的阀门应更换 3. 冬天不用的阀门应排除水介质
6	阀芯开不起	1. 阀芯卡死在阀体内 2. 阀杆受热后顶死阀芯	1. 关闭力适当,不宜使用长杠杆扳手 2. 关闭的阀芯在升温情况下,应间隔一定时间,阀杆卸载 1 次,将手轮倒转少许

6.7 储存设备

燃气的储存是保证燃气供需平衡的重要手段,燃气种类不同,储存的方式也不尽相同,常见储气设备主要有储气罐、空压机组等,主要故障发生在储气罐安全阀及空压机部分。

6.7.1　储气罐安全阀

储气罐安全阀常见故障、原因及处理方法有：

（1）经常漏气，其主要原因和处理方法主要有：

1）弹簧发生形变，解决方法是更换弹簧。

2）杠杆或阀杆不垂直；解决方法是校验杠杆或阀杆的位置，使其垂直。

3）阀座和阀芯的密封不严实，或者结合面发生磨损，又或者储气罐中有污垢；解决方法是对阀座和阀芯进行更换，清理掉污垢。

（2）达到开启压力却不开启，其主要原因和处理方法有：

1）当因重锤向杠杆尽头移动或弹簧收得太紧或弹簧压力范围不适当时，可调整重锤位置，适当放松弹簧或更换弹簧。

2）阀座和阀芯被粘住生锈时，可用手做抬起排气试验或用扳手缓缓扳动阀体；研磨阀芯和阀座，使其密合。

3）若阀杆与外壳间隙太小，受热膨胀卡住时，可适当扩大阀杆与外壳间的间隙。

4）如果因为安装原因，则拆下安全阀重新安装。若阀门人口通道有杂物阻塞或盲板未拆除，则清除阻挡物，除掉盲板。

5）若杠杆上有不当重物，则应除去。

6）有的安全阀与锅筒连接处装有截门或取用蒸汽的管道，也应拆除。

7）因阀芯和阀座密封不好造成漏气而减弱作用于阀芯的压力时，应消除漏气。

（3）没有达到开启压力却自动开启，其主要原因和处理方法：

1）安全阀装配后没有达到规定要求，解决方法是重新对安全阀进行安装。

2）安全阀重锤与阀芯支点之间的距离不足，或者调整螺母没有拧到位，又或者安全阀调整不合适；解决方法是重新进行调整，使距离处于合适点。

3）因压力表长时间不校验，指示误差增大时，应更换压力表。

（4）安全阀阀芯回座迟缓，其主要原因和处理方法：

1）因安全阀技术性能没有达标，致使回座压力达不到规定数值，应更换安全阀。

2）因弹簧性能降低，或杠杆安全阀开启后重锤有移动时，应更换弹簧或调整安全阀重锤。

3）因安全阀的排气能力小，降压太慢时，应重新校验或更换安全阀。

6.7.2　储气罐空压机

储气罐空压机常见故障和原因有：

（1）罐空压机不加载

原因：

1）气管路上压力超过额定负荷压力，压力调节器断开；

2）电磁阀失灵；

3）油气分离器与卸荷阀间的控制管路上有泄漏。

（2）罐空压机超温

原因：

1）无油或油位太低；

2）油过滤器阻塞；

3）断油阀失灵，阀芯卡死；

4）油气分离器滤芯堵塞或阻力过大；

5）油冷却器表面被堵塞。

（3）耗油过多

原因：

1）油位过高；

2）油气分离器滤芯失效；

3）泡沫过多；

4）油气分离器滤芯回油管接头处限流孔阻塞。

（4）噪声增高

原因：

1）进气端轴承损坏；

2）排气端轴承损坏；

3）电机轴承损坏；

4）管道气或松动。

（5）排气量、压力低于规定值

原因：

1）耗气量超过排气量；

2）空气滤清器滤芯阻塞；

3）安全阀泄漏；

4）皮带松弛，主机转速下降；

5）油气分离器与卸荷阀间的控制管路上有泄漏。

（6）停车后空气油雾从空气滤清器中喷出

原因：单向阀泄漏或损坏。

（7）停车后空气过滤器中喷油

原因：断油阀堵塞。

（8）加载后安全阀马上泄放

原因：安全阀损坏。

（9）空压机储气罐运转正常，停机后启动困难

原因：

1）使用油牌号不对或用混合油；

2）油质粘、结焦；

3）轴封严重漏气；

4）卸荷阀瓣原始位置变动。

6.8 增压设备

燃气增压设备主要包括动力系统和压缩机。其中动力系统有燃气轮机、变频电机、联

合循环等，天然气压缩机一般选用离心式压缩机或轴流式压缩机。其中，压缩机常见故障与处理见表 6-24。

压缩机常见故障与处理　　　　　　　　　　表 6-24

序号	故障现象	故障原因	处理方法
1	排气量达不到设计要求	1. 气阀泄漏 2. 填料泄漏 3. 气缸余隙容积过大	1. 检查气阀并采取相应措施 2. 检查填料的密封情况采取相应措施 3. 调整气缸余隙容积
2	级间压力超过正常范围	1. 当前级的排气阀故障 2. 当前级的进气压力过大 3. 后一级的进气阀故障 4. 级间管路阻力增大 5. 活塞环泄漏引起排气量不足	1. 检查气阀更换损坏部件 2. 调整入口压力 3. 检查气阀更换损坏部件 4. 检查管路使其畅通 5. 更换活塞环
3	级间压力低于正常范围	1. 前一级进、排气阀故障 2. 吸入管道阻力增大 3. 当前级进气阀故障	1. 检查气阀更换损坏部件 2. 检查管路使其畅通 3. 检查气阀更换损坏部件
4	排气温度过高	1. 排气阀泄漏 2. 进气温度超过规定值 3. 冷却效果不良	1. 检查排气阀，并消除故障 2. 检查温度超高的原因并进行处理 3. 检查冷却系统，提升冷却效果
5	气缸发出异响	1. 气阀有故障 2. 气缸余隙容积过小 3. 油封不严或润滑油过多 4. 气体含水量过大 5. 有异物进入缸体 6. 缸套松动 7. 填料破损	1. 检查气阀并消除故障 2. 检查铝垫等，并适当增大容积 3. 更换油封或适当减少润滑油量 4. 提升脱水效果、加大排污 5. 检查缸体内部并取出异物 6. 检查并采取相应措施 7. 更换填料
6	气缸过热	1. 冷却水供给不足 2. 进、排气阀漏气 3. 当前级的压缩比过高 4. 气缸与滑道对中不良；气缸拉伤	1. 添加冷却水、提高水压、排气 2. 拆卸维修或更换 3. 调整压力 4. 调整滑道位置；清理异物
7	压缩机油压低	1. 油位低 2. 油过滤器堵塞 3. 调节阀、回油阀漏油	1. 补充润滑油 2. 清理润滑油、清洗过滤器 3. 维修或更换相应部件
8	润滑油油温偏高	1. 压缩机运动部件间有摩擦 2. 润滑油冷却效果差 3. 油过滤器堵塞	1. 调整或更换运动部件 2. 提高冷却效果 3. 清理润滑油、清洗过滤器
9	轴承或十字头滑	1. 配合间隙过小 2. 轴和轴承间接触不均匀 3. 润滑油油压过低 4. 润滑油太脏	1. 调整间隙 2. 重新刮研轴瓦 3. 检查油泵或油路情况 4. 更换润滑油

6.9　气化设备

气化设备与换热设备作用类似，只是将液态成分通过换热变成气体。

6.9.1　空温式气化器

空温式气化器常见故障与处理见表 6-25。

空温式气化器常见故障与处理 表 6-25

序号	故障现象	故障原因	处理方法
1	外部结霜严重，气化出口温度偏低	1. 气化器运行时间超过工作运行时间 2. 气化器实际气化量超过设计气化量 3. 气化器焊口有漏孔或开裂 （特别注意低温液体导入管与翅片和低温液体汇流管焊接处的裂纹）	1. 开启备用空温式气化器，关闭主路气化器，化霜 2. 调整气化器前低温截止阀门开度，使气化器通过量满足设计参数 3. 关闭气化器前、后端阀门，放空气化器内残留气量，通知供货厂商修理
2	气化出口温度偏低	环境温度偏低	开启下游水浴式换热器，进行补热
3	气化器进、出口法兰密封处漏气、漏液	1. 低温垫片老化 2. 进、出口法兰变形	1. 更换垫片 2. 通知供货厂家修理
4	气化器翅片变形	运输过程中碰撞、固定不到位；使用过程中热胀冷缩	通知供货厂家修理

6.9.2 其他气化设备

其他气化设备参见本书 6.3 换热设备。

6.10 混气设备

混气机的主要功能是将两种或两种以上的气体按安全的比例均匀的混合。由于气体固有的可燃易爆性，混气机上均设置了自动安全连锁装置，与工作的安全仪表配合，组成安全的控制系统。常用混气设备主要有文丘里（引射式）混气机、高压比例式混气机、随动流量式混气机。

6.10.1 文丘里（引射式）混气机

高压气体由拉法尔超音速喷嘴喷出，并在喷嘴附近形成负压，吸气阀将外界环境空气或低压气体吸入，在文丘里管中扩散后形成均匀的混合气体输入管网中，其设备技术成熟、工况稳定、运行成本低，混合比例也可以调整。

在文丘里混合方式中，当喷嘴及文丘里管一旦确定，则混合气的比例也基本确定，只能在小范围内调整。由于文丘里混气机的单管产气能力是固定的，所以在使用时需以下列措施缓解产量与用量匹配问题：

（1）设置缓冲罐或气柜；

（2）选用多管混气机，并由控制系统根据管网压力自动控制工作的文丘里管数量。

常见故障及处理方法如下：

（1）液化气进口压力低，因混合气中空气比例过高，可调整吸气阀开度或给空气加压后引入文丘里管，检查喷嘴是否破损，若破损应及时更换；

（2）混合气出口压力高，因液化气压力过高，或空吸气阀或过滤器堵塞，检查并更换相关部件以增大空气供气量，降低液化气进口压力；

（3）混合气出口温度低，吸气阀或过滤器堵塞，检查并更换相关部件以增大供气量。

为确保安全，混气机紧急切断后即进入自锁状态，必须在故障排除后由操作人员手动启动。

6.10.2　高压比例式混气机

高压比例混气机可实现两种气体的精确比例混合，两种气体通过调压器后进入混气机，混气机依靠监控调压器控制两种气体以相同的压力进入混气室。气体的物理特性及双气差压基本确定后，流量由混气阀的开孔尺寸决定，混气阀中的活塞既可改变两气体的进口孔比例，又可上下浮动跟随用气量大幅波动。

当双气差压超限报警，液化气、空气压力超限报警或液化气温度低限报警中的任一报警出现时，混气机两个进口上的紧急切断阀即可自动关闭以确保安全。此外通常还将氧含量分析仪或热值仪信号引入连锁回路中，当混气比例超差时，混气机本身自动切断。

常见故障如下：

（1）双气差压超限，监控调压器失效；

（2）液化气压力高，液化气调压器失效；

（3）空气压力高，空气调压器失效；

（4）液化气温度低，气化不充分。

以上故障发生时，装设在混气机两个进口上的紧急切断阀将自动关闭以确保安全，检查更换相应部件后由操作人员手动启动。

6.10.3　随动流量式混气机

随动流量混气机至少要有两种气源，其中一种气源为主动气源，另一种（或多种）气源通过调节阀调节流量，与其主动气源互相配合变化而形成的燃气混合设备，并通过流量计算、信号传输、反馈、指挥调节、比例修正等过程，达到两种或以上气源混配。

随动流量混气机混气精度极高，更可将液化气和空气或其他工业气体按比例均匀混合，以满足用户需求。

随动流量混气机尤其可用于燃气调峰值变化大、控制流程复杂的行业，或起过滤作用，作为备用气源。随动流量混气机更可应用在诸多金属方面要求多气混合的领域。

随动流量式混气机常见故障可参考高压比例式混气机。

6.11　清管设备

清管设备主要用于清理疏通长输管线作业，主要包含收发球筒及清管器。

6.11.1　收发球筒

收发球筒常见故障与处理见表 6-26。

收发球筒常见故障与处理 表 6-26

序号	故障现象	故障原因	处理方法
1	快开盲板渗漏	1. 密封槽、密封面、O 形密封圈表面有污物 2. 密封圈老化	1. 清理干净后，再安装上密封圈 2. 及时更换密封圈

序号	故障现象	故障原因	处理方法
2	放气阀渗漏	密封面有污物	清理干净后,再安装上密封圈
3	连锁装置泄漏	密封面有污物	清理干净后,再安装上密封圈
4	连锁法兰泄漏	法兰垫片老化	泄压后换法兰垫片
5	球筒本体渗漏	—	建议由设备厂家处理

6.11.2 清管器

清管器常见故障与处理见表 6-27。

清管器常见故障与处理 表 6-27

序号	故障现象	故障原因	处理方法
1	清管器漏气	由于清管器磨损而漏气	采用增大推球气量推球或再发一个过盈量较大的清管球推出前一个清管器
2	清管器破裂	清管器在行进中磨损划伤而导致破裂	再发一个清管器(考虑更换清管器类型)将遗留在管内的清管器推出
3	清管器被卡	由于清管器在行进中遇到较大物体或因管道变形而卡在管内	1. 增大推球气量,以加大清管器前后压差,使之运行 2. 降低清管器前的压力,以建立一定压差,使之继续运行 3. 排放清管器后天然气,反推清管器解卡 4. 以上方法均不能解卡时,采取断管取清管器的办法

6.12 输配系统用管道及组成件

输配系统使用的管道及组成件主要有管道、管件、法兰、垫片、紧固件,常见问题为腐蚀、破损、变形等,及时更换即可。

燃气用具连接软管在燃气管道系统中占的比重很小,但是它的安全性很重要,大部分的燃气事故都发生在这个环节。主要问题是胶管质量差,容易老化和腐蚀;没有选用合格的喉箍,加上软管接头不标准,容易产生胶管脱落;由于胶管强度差,没有有效防护,经常发生鼠咬胶管造成燃气泄漏,也会因为机械损伤造成泄漏。选用不锈钢波纹软管及金属包覆软管能有效降低事故的发生率。选用不锈钢波纹软管连接嵌入式燃气灶具应避免重复碰撞软管的情况,如橱柜里面的推蓝,不锈钢波纹软管的弯曲疲劳寿命有限,重复的碰撞、推动,也会产生开裂。优先选用螺纹连接方式,能完全解决软管脱落的问题。对软管接头的尺寸和形状要严格按照国家现行相关标准要求执行。

6.13 站控

站控系统是位于站场的监控站场生产过程的计算机系统,可分为防爆型及非防爆型两大类,主要包含站控计算机、远程终端(RTU)、通信设施及相应的外部设备。站控系统常见故障与处理方法如下:

（1）遥控失败

1）单体遥控失败，判断主站端和通道正常，问题在厂站端，应通知厂站端人员及二次人员，并分析判断厂站端的问题所在。

2）所有开关都遥控失败，应检查执行时有无返校，如有返校，则可以判断主站和通道正常，问题在 RTU 站，应通知厂站维护人员及二次人员处理。如果没有返校，则应检查通道、通道板及 RTL。这种情况下，厂站的上行数据接收正常，所以要检查前置机下行接线端子配线架跳线的下行接线有无松动，如厂站端有人配合，可以采用环回测试的方法来测试通道情况。

3）所有厂站都遥控失败，则应立即检查主站系统及节点定义库、遥控数据库、前置服务器、数据库服务器有无出错异常的情况。

（2）工况退出

如遇某一厂站工况退出，首先应该检查通道上下行接线、主备通道接线是否正确可靠，描述数据库中规约类型、波特率、通信协议填写是否与分站一致，通道板的跳线是否与该通道对应的波特率一致，再确认后通道板收发指示灯是否正常。如果接收指示灯不正常，则要检查通道对应的信道的好坏，用示波器观察输出波形或用万用表测量一下电压和频率是否达到要求值。将某一故障通道在主站上下行环接，观察发送的校时数据能否收到，如收不到，检查主站。在 RTU 站侧将上、下行通道环接，在主站发送数据（校时信号），主站侧如收不到，再查通信信道是否有断线或接触不良状况；如果收到，则问题在 RTU 站；如果在主站调度员工作站显示仅有同步字，可能是通道上、下行有环接短路情况。

（3）遥测异常

首先查看主站端前置机系统、遥测系数等是否存在异常。一般情况，发生遥测异常，问题都出在 RTU 站，可以通知二次人员检查二次回路测控单元和表计等。在采用变送器的厂站，各类变送器也该作为检查的重点，如温度变送器、电压变送器及直流变送器等，由于雷击等各种因素的影响，变送器损坏的概率比较高。

（4）误发遥信

误发遥信的原因来自很多方面，通道上的磁场干扰、通道箱的干扰、耦合干扰、综合自动化设备总控单元的主备切换、主站端 SCADA 系统主备服务器切换、厂站端系统问题等都有可能引起误发遥信。误发遥信有时候难以避免，运行值班人员就要准确地作出判断，分清信号的真伪。

6.14　仪表

仪表广泛用于燃气输配系统中，具有自动控制、报警、信号传递和数据处理等功能。常见仪表主要有压力（差压）变送器、温度变送器、流量计算机、可燃气体报警器、阀位变送器、气质分析仪、压力表、温度计及附件等。

6.14.1　压力（差压）变送器

（1）压力变送器常见故障与处理见表 6-28。

压力变送器常见故障与处理   表 6-28

序号	故障现象	故障原因	处理方法
1	压力变送器不显示	1. 是否提供 24V DC 工作电源 2. 接线是否松动 3. 接线是否错误	1. 按照仪表端子接线图正确提供 24V DC 工作电源 2. 检查端子回路 3. 检查端子回路，检查仪表至 PLC/RTU 之间的接线
2	压力变送器读数与实际压力不符	1. 二阀组是否在正确工作状态 2. 根部针阀是否打开 3. 查不出其他问题	1. 参照二阀组使用说明书，确保在工作状态 2. 打开二阀组与管道连接处根部针阀 3. 重新标定
3	监控压力读数与实际压力不符	1. 监控压力变量是否与现场仪表对应 2. 量程转换是否正确	1. 检查仪表端子回路，确保监控变量与现场仪表对应 2. 按照压力变送器提供的量程进行正确换算

（2）差压变送器常见故障与处理见表 6-29。

差压变送器常见故障与处理   表 6-29

序号	故障现象	故障原因	处理方法
1	差压变送器不显示	1. 是否提供 24V DC 工作电源 2. 接线是否松动 3. 接线是否错误	1. 按照仪表端子接线图正确提供 24V DC 工作电源 2. 检查端子回路 3. 检查端子回路，检查仪表至 PLC/RTU 之间的接线
2	差压变送器读数与实际差压不符	1. 两个取样口根部阀是否都打开 2. 五阀组是否在正确工作状态 3. 查不出其他问题	1. 打开过滤器上连接取压管的 2 个针阀 2. 参照五阀组使用说明书，确保在工作状态 3. 重新标定
3	监控差压读数与实际差压不符	1. 监控差压变量是否与现场仪表对应 2. 量程转换是否正确 3. 量程标定错误	1. 检查仪表端子回路，确保监控变量与现场仪表对应 2. 按照差压变送器提供的量程进行正确换算 3. 将差压变送器量程重新标定

6.14.2 温度变送器

温度变送器常见故障与处理见表 6-30。

温度变送器常见故障与处理   表 6-30

序号	故障现象	故障原因	处理方法
1	温度变送器不显示	1. 是否提供 24V DC 工作电源 2. 接线是否错误	1. 按照仪表端子接线图正确提供 24V DC 工作电源 2. 检查端子回路，检查仪表至 PLC/RTU 之间的接线
2	监控温度读数与实际温度不符	1. 监控温度变量是否与现场仪表对应 2. 量程转换是否正确 3. 量程标定错误	1. 检查仪表端子回路，确保监控变量与现场仪表对应 2. 按照温度变送器提供的量程进行正确换算 3. 将温度变送器量程重新标定

6.14.3　流量计算机

流量计算机作为流量计量的数据记录、处理终端，常见故障与处理见表 6-31。

流量计算机常见故障与处理　　　　　　　　　　　　表 6-31

序号	故障现象	故障原因	处理方法
1	电源故障	系统未送电，检查流量计算机供电线路	流量计算机机柜开关电源是否供电（进线 220V AC，出线 24V DC），出线电源 24V DC 供电至流量计算机
2	LED 未在 CPU 或模块上显示	系统未送电，检查 CPU 电源输入为最低 8V DC	检查电源上的接线连接，电源 8V～24V DC
3	串行通信连接	1. 系统未送电 2. 串行通信接线故障	1. 电源送电 8V～24V DC 2. 检查通讯接线
4	I/O 点故障	1. 系统未送电 2. IO 卡件接线故障 3. 软件组态故障	1. 电源送电 8V～24V DC 2. 检查 IO 卡件接线 3. 重新软件组态
5	组态软件故障	与软件相关，可能软件需重置	1. 热启动重启不会丢失组态或日志数据 2. 冷启动会丢失数据，启动前需备份或下载重要数据，如历史数据、报警日志等 3. 若冷热启动仍无法连接，则使用 CPU 的重置开关，恢复出厂初始设置

6.14.4　可燃气体报警器

可燃气体报警器常见故障与处理如下：

（1）可燃气体报警器无显示

原因分析：供电电压不正常，表头进水，电路板故障。

解决处理：检查保险、线路，清洁电路板并晾干，必要时更换电路板（更换新电路板或新表）。

（2）可燃气体报警器误报警

原因分析：探头或报警器老化。

解决处理：重新标定、更换探头或更换报警器。

（3）可燃气体报警器浓度指示不回零

原因分析：零点漂移，探头护罩留有可燃气体，探头老化。

解决处理：在洁净空气下标定零点；拆卸探头护罩，清理探头积灰，更换探头或仪表。

（4）可燃气体报警器浓度显示值偏差大

原因分析：标定时样气浓度不符合要求，探头老化。

解决处理：使用合格样气重新标定，更换新的探头。

（5）可燃气体报警器标定时示值不在标准值±5％LEL 范围内

原因分析：标定时流量太大或太小，样气已经过期，探头老化。

解决处理：新调整流量在 0.2L/min～0.4L/min，使用合格样气，更换新的探头。

可燃气体探测器常见故障与处理见表 6-32。

可燃气体探测器常见故障与处理　　　　　　　　表 6-32

序号	故障现象	故障原因	处理方法
1	无 4mA～20mA 输出	1. 电源线连接不良 2. 电源线接反 3. 探测器故障	1. 检查接线是否牢靠，电压是否正常 2. 正确连接电源 3. 维修或更换
2	电流输出不稳定	1. 探测器故障 2. 传感器故障或失效	1. 维修或更换 2. 更换新传感器
3	无法标定到指定浓度	传感器故障或失效	更换新传感器

6.14.5 阀位变送器

阀位变送器常见故障与处理见表 6-33。

阀位变送器常见故障与处理　　　　　　　　表 6-33

序号	故障现象	故障原因	处理方法
1	监控信号与实际反馈信号不符合	1. 监控变量是否与现场仪表对应 2. 接线方式不正确	1. 检查仪表端子回路，确保监控变量与现场仪表对应 2. 检查仪表接线常开点或常闭点，与监控状态信号对应
2	设备有动作但无信号输出	1. 工作电源不准确 2. 接线有松动 3. 安装螺丝有松动 4. 接线错误	1. 按照仪表端子接线图正确提供工作电源 2. 检查端子回路 3. 紧固安装螺丝 4. 按照说明书检查从防爆箱端子到外部显示仪表或 PLC/RTU 之间的接线

6.14.6 分析仪

（1）水露点分析仪常见故障与处理见表 6-34。

水露点分析仪常见故障与处理　　　　　　　　表 6-34

序号	故障现象	故障原因	处理方法
1	水分低于正常范围	陶瓷传感器故障	陶瓷传感器维修或更换
2	水分高于正常范围	陶瓷传感器故障	陶瓷传感器维修或更换
3	温度误差	湿度传感器的温度感应装置故障	温度传感器标定，维修或更换
4	无流量	无气流通过传感器测量元件	检查气源回路及相关传感器
5	压力变送器失效	压力传感器不能检测到应有压力	压力变送器标定，维修或更换

（2）H_2S 分析仪常见故障与处理见表 6-35。

H_2S 分析仪常见故障与处理　　　　　　　　表 6-35

序号	故障现象	故障原因	处理方法
1	传感器通信报警	1. 安全隔离栅故障 2. 传感器块连接器可能拔出或松开	检查传感器块底部的直流电压（红线和黑线），Div 1 单元为 10.5V，Div 2 单元为 24V

续表

序号	故障现象	故障原因	处理方法
2	传感器校准报警	1. 没有安装感测磁带 2. 样品室脏了 3. 气体在初始启动校准过程中运行	1. 在样品室和压缩头之间安装感测带 2. 清洗样品室 3. 对未染色的磁带进行传感器校准
3	磁带运动报警	1. 磁带不是安装在磁带计数器滚筒上, 或者磁带损坏 2. 卷筒运动受到抑制 3. 安全隔离栅故障	1. 检查磁带是否在磁带计数器滚筒上运行且没有损坏 2. 松开固定螺丝, 离开板子 3. 检查传感器块顶部的直流电压（红线和黑线）为 5V
4	异常读数	1. 压缩头密封不正确 2. 胶带没有正确地粘好	1. 检查压缩头上的密封 2. 拆卸磁带并重新安装磁带
5	硫的总读数不稳定	炉子不够热	在 GUI 的全局页面中的炉膛脉冲宽度字段中增加值; 如果异常读数伴随着低温报警器（FURN on Analyzer 报警器列表）, 则可能需要更换炉子元件
6	4mA～20mA 输出不符合屏幕上的显示	范围未正确配置	检查 GUI 输出选项卡上的模拟输出范围值
7	在键盘或计划启动后, 校准、引用或零运行都不会运行	在 H_2S 运行时处于警报 1 或 PAA 状态	等到警报条件解除, 校准、引用或零运行, 将按照启动的顺序自动运行
8	LED 电流报警	样品室是脏的, 分析仪是带出来的, 传感器没有校准	清洁样品室, 更换磁带, 用干净的白色磁带重新校准传感器; 在键盘上访问 SenCal; 按编辑键, 然后按回车键将参数切换到 ON; 传感器将校准, 然后自动上线

6.14.7　压力（差压）表

压力（差压）表常见故障及原因如下：

（1）指针不动, 当压力升高后, 压力表指针不动。其原因可能是旋塞未开, 旋塞、压力表连管或存水弯管堵塞, 指针与中心轴松动或指针卡住。

（2）指针抖动。造成指针抖动的原因有游丝损坏; 旋塞或存水弯管通道局部被堵塞; 中心轴两端弯曲, 轴两端转动不同心。

（3）指针在无压时回不到零位。造成这种现象的原因是弹簧弯管产生永久变形失去弹性; 指针与中心轴松动, 或指针卡住; 旋塞、压力表连管或存水弯管的通道堵塞。

（4）指示不正确, 超过允许误差。这主要是由于弹簧管因高温或过载而产生过量变形, 齿轮磨损松动, 游丝紊乱, 旋塞泄漏等原因造成的。

6.14.8　温度计

热电阻测温常见故障现象、原因及处理方法如下：

（1）指示值比实际值低或示值不稳

故障原因 1）：热电阻元件插深不够，没有顶到保护套管端部。

处理方法：

1）查明套管长度，选用合适长度的热电阻元件，安装时保证热电阻元件顶到套管端部；

2）清理保护套管内的铁屑、灰尘。

故障原因 2）：保护套管内积水。

处理方法：

1）清理保护套管内的积水并将潮湿部分加以干燥处理；

2）保护套管做好密封措施，防止再次进水。

故障原因 3）：热电阻测量回路短路或接地。

处理方法：

1）如外回路短路或接地，用万用表检查短路或接地部位并加以消除；

2）如热电阻元件内部短路或接地，应更换热电阻。

（2）显示仪表指示偏大

故障原因 1）：热电阻测量回路断路。

处理方法：

1）如外回路断路，用万用表检查断路部位并加以消除；

2）如热电阻元件内部断路，应更换热电阻。

故障原因 2）：热电阻接线端子虚接或接触不良。

处理方法：

1）检查接线端子及导线，去除氧化部分；

2）紧固接线端子。

（3）显示仪表指示负值

故障原因 1）：热电阻测量回路接线错误。

处理方法：使用万用表检查热电阻回路，恢复正确接线顺序。

故障原因 2）：热电阻测量回路有干扰。

处理方法：

1）检查热电阻测量回路，应使用屏蔽电缆；

2）检查热电阻测量回路，与动力电缆之间最小距离应符合电缆敷设规定；

3）检查电缆屏蔽，应单端可靠接地，接地线应连接牢固可靠；

4）如以上方法仍无法消除干扰，可采取热电阻三相并接电容等抗干扰措施。

6.14.9 液位计

燃气行业常见液位计主要有磁翻板液位计、差压液位计、磁浮子液位计、超声波液位计等。

（1）磁翻板液位计

磁翻板液位计在实际应用中经常会出现故障，在这些故障中，有些是由单个部件故障引起的，有些是由多个部件同时故障引起的。磁翻板液位计的常见故障及其原因分析如下：

1) 显示面板显示异常

造成这种故障的原因通常有以下几种：

① 翻片与导轨间的间隙设计不合理或过小，从而导致摩擦力过大，翻片不翻转；

② 显示面板与浮筒的距离过大，浮子的磁钢驱动力不足，导致翻片不翻转；

③ 翻片中的磁钢过小或磁力消失，导致翻片不翻转或翻转异常；

④ 水或灰尘等杂质渗入显示面板，导致翻片翻转困难；

⑤ 环境温度过低，导致介质结冰，浮子无法移动，翻片不能正常显示液位。

2) 就地显示正常，远传显示不正常

一般来说，造成这种故障通常有以下几个原因：

① 国产玻璃管干簧管易碎，干簧管短路或者开路，会导致远传异常；

② 电阻虚焊；

③ 干簧管的金属触点间隙很小，当介质温度过高，其受热时金属薄片膨胀，容易出现闭合状态；

④ 压力超出额定值，导致开关损坏。

3) 远传和磁翻板都不动

这种故障现象通常就是浮子异常导致，有以下 2 种表现：

① 浮子被卡住，导致显示面板指示不正确

故障分析：磁翻板液位计里的浮子被卡住，通常有以下几个原因：

a) 当浮子使用一段时间后，浮子可能会因为杂质的存在而卡住，不能上升或下降；

b) 浮筒的安装角度小于 87°，导致倾斜，影响浮子的上下移动；

c) 浮子由于本身的磁性吸附铁屑或其他污物导致被卡住；

d) 环境温度过低，导致介质结冰，浮子无法移动。

② 浮子损坏，导致显示面板指示不正确

故障分析：磁翻板液位计里的浮子损坏，通常有以下几个原因：

a) 浮子由于强度设计不对，导致受到过压力时向里面凹陷，变瘪；

b) 在焊接处没焊透或漏焊，导致浮子受到压力时焊缝裂开，浮子进水；

c) 浮子由于使用时间长或者长期高温使用，出现退磁，导致无法使用；

d) 浮子中的磁钢松动，导致浮子无法工作。

（2）差压液位计

差压液位计常见故障与处理见表 6-36。

差压液位计常见故障与处理　　　　　　　　　　　　　　表 6-36

序号	故障现象	故障原因	处理方法
1	无指示	1. 信号线脱落或电源故障 2. 安全栅损坏 3. 电路板损坏	1. 重新接线或处理电源故障 2. 更换安全栅 3. 更换电路板或变送器
2	指示为最大（最小）	1. 低压侧（高压侧）膜片、毛细管损坏，或封入液泄漏 2. 低压侧（高压侧）引压阀没打开 3. 低压侧（高压侧）引压阀堵塞	1. 更换仪表 2. 打开引压阀 3. 清理杂物或更换引压阀

序号	故障现象	故障原因	处理方法
3	指示为偏大（偏小）	1. 低压侧（高压侧）放空堵头渗漏或引压阀没全开 2. 仪表未校准	1. 紧固放空堵头，打开引压阀 2. 重新校对仪表
4	指示值无变化	1. 电路板损坏 2. 高、低压侧膜片或毛细管同时损坏	1. 更换电路板 2. 更换仪表

（3）磁浮子液位计

磁浮子液位计常见故障与处理见表 6-37。

磁浮子液位计常见故障与处理　　　　　　　　　　　　表 6-37

序号	故障现象	故障原因	处理方法
1	输出偶尔显示最大	1. 远传部分与就地指示部分之间的间隙过大，内浮子的磁性不能使干弹簧闭合 2. 温度太高，磁性变弱	1. 调整间隙固定好 2. 更换适当磁性浮子
2	输出稳定在某一值无变化	1. 筒体内部脏污将浮子卡住 2. 浮子本身变形卡在筒体内部	1. 清理筒体 2. 更换浮子
3	输出显示为零	1. 液位过低 2. 内浮子泄漏 3. 内浮子卡在最下面不动 4. 电路板故障	1. 液位报警 2. 更换内浮子 3. 联系厂家 4. 联系厂家
4	输出波动	干簧管故障	联系厂家更换干簧管

（4）超声波液位计

超声波液位计常见故障与处理见表 6-38。

超声波液位计常见故障与处理　　　　　　　　　　　　表 6-38

故障现象	故障原因	处理方法
仪表无液位显示或时有时无	1. 接线故障 2. 液面和超声波换能器（即探头）间有障碍物阻断声波的发射与接收 3. 液面变化太快或有气泡或翻滚 4. 液位计探头安装倾斜，则回波偏离法线使仪表无法收到 5. 仪表安装架（指探头处）有振动 6. 探头安装位置应大于反射角覆盖区 7. 没有液面，或液面太高，进入盲区，致使仪表没有回波信号 8. 探头（换能器）使用时间很长，低液位时，回波弱	1. 检查接线、电源电压 2. 清理探头 3. 待液面平稳后测量 4. 重新安装液位计探头 5. 紧固仪表安装架 6. 将探头的安装位置移至罐顶中部后运行正常 7. 观测液面后调整测量范围 8. 更换探头

6.14.10　附件

测量仪表附件一般有安装支架及电缆等辅材，如挠性管、格兰、穿线管等。分析仪表附件一般有取样装置、过滤预处理装置及排空装置，如取样探头、过滤器等。压力（差压）表附件有引压管、仪表阀、转换接头及密封垫等。温度计的附件有温度套管等。

附件出现问题，及时更换即可。

第7章 技术发展、应用及标准需求与展望

7.1 燃气供应系统发展趋势

城镇燃气的发展推动天然气需求快速增长。我国天然气消费领域主要可以分为城镇燃气、工业燃气、发电用气和化工用气四大类。随着我国经济的快速发展和人民消费水平的不断提升,我国城镇燃气对于天然气的需求占总需求的比例持续提升。根据统计,我国城镇燃气需求占比于2010年的30%提升至2016年的35%,其中2016年城镇燃气需求总量为730亿 m^3,同比大幅增长23%,带动了2016年天然气行业需求的快速增长;同时,2016年~2025年,我国天然气行业迎来了快速发展的黄金十年,2016年~2020年为黄金I期,在"煤改气"顶层政策的推动下和天然气相较于替代能源在城镇燃气和交通领域已具备经济性的情况下,城镇燃气和工业燃料需求将迎来爆发;2020年~2025年为黄金II期,随着天然气价格市场化改革的加速推进,天然气价格下行带动天然气在发电、城镇燃气和工业燃料等诸多应用领域的需求爆发,我国天然气需求在此阶段将维持高速增长趋势。

目前,我国已初步形成常规与非常规国产气、陆上进口管道气、海上进口LNG等多气源互济,"西气东输、北气南下、海气登陆、就近供应"的供气格局;形成地下储气库、LNG接收站两大主力调峰方式,管网覆盖主要产气区以及长三角、珠三角和环渤海等区域。随着产业政策的不断推进,天然气管道建设将进一步加快。

未来我国城镇燃气供应系统用产品主要考虑如下几大领域的应用:
(1) 燃气输配管网安全风险应对;
(2) 调峰、应急、储备设施;
(3) 城镇智能管网网络建设;
(4) 天然气的多能互补集成优化;
(5) 氢能源系统设备;
(6) 生物天然气相关设备;
(7) 页岩气相关设备。

7.1.1 燃气输配管网安全风险应对

城镇化进程的加速一方面创造了较为旺盛的天然气需求,另一方面也加大了管网保护工作的难度。城镇化建设不断推进,建设范围不断扩大,管道建设运行过程中与城乡规划的矛盾日益突出,第三方损伤亦时有发生,对管网的安全运行形成了较大的隐患。

随着我国城镇范围不断扩张,其地下管网长度不断延伸,规模不断扩大,覆盖区域越来越广,加上城市环境复杂多变等诸多因素造成管网安全隐患数量多、分布广、不易发现和处理。燃气管道更因传输介质易燃易爆的特性,一旦发生事故,经常会造成非常严重的

后果，其安全稳定运行关系到国计民生、社会稳定。近年来，我国各地陆续开展燃气管网泄漏检测、燃气管网安全隐患排查工作。

（1）燃气管网作为城镇基础设施，关系人民生命财产安全，属于民生工程。

燃气管网关系人民生命财产安全。燃气易燃、易爆特性决定了燃气危险性极高，极易发生泄漏、火灾、爆炸、中毒等事故，关系到生命财产安全，一旦发生事故，将造成重大生命财产损失。

（2）由于地下管线众多，信息管理系统不健全，燃气企业自己都很难掌握地下燃气管线的精确位置、数量以及老旧程度。难以及时发现安全隐患，构成管网安全运行隐患，近几年燃气管道爆炸等事件时有发生。据统计，燃气企业的事故大多数是由泄漏引起的。

（3）许多大城市兴建地铁，地铁运行带来的杂散电流给城镇燃气埋地钢质管道的安全运行带来新的挑战，如何评价地铁杂散电流对燃气管网的腐蚀以及采取对应的保护措施是城镇燃气企业面临的新课题，与此有关的燃气领域专业标准缺乏。

（4）我国部分城市的燃气管道已运行 20 多年，随着燃气管道老化、腐蚀的加剧、地面交通道路的新建扩建、管线周边区域人口聚居程度增大，管道安全问题已成为关系到公共安全的重大问题，因此，对燃气泄漏进行安全评估，具有很好的现实意义。

（5）我国有关燃气管道泄漏和安全管理的研究工作起步较晚。传统的安全管理侧重于燃气泄漏发生后的补救，不能起到事前预测的作用。往往都是亡羊补牢，而不能未雨绸缪，对在役燃气管网进行泄漏评估，可对管网的安全隐患及时发现并清除，实现从被动抢修到主动预防，将事故消灭在发生前，保障人民生命财产安全。

（6）国务院办公厅《关于加强城市地下管线建设管理的指导意见》（国办发〔2014〕27 号）要求各级政府适应中国特色新型城镇化需要，把加强城市地下管线建设管理作为履行政府职能的重要内容，统筹地下管线规划建设、管理维护、应急防灾等全过程，综合运用各项政策措施，提高创新能力，全面加强城市地下管线建设管理。各城市要督促行业主管部门和管线单位，建立地下管线巡护和隐患排查制度，严格执行安全技术规程，配备专门人员对管线进行日常巡护，定期进行检测维修，强化监控预警，发现危害管线安全的行为或隐患应及时处理。

（7）住房城乡建设部等部门《关于开展城市地下管线普查工作的通知》（建城〔2014〕179 号）要求做好城市地下管线普查工作。全面查清城市范围内的地下管线现状，获取准确的管线数据，掌握地下管线的基础信息情况和存在的事故隐患，明确管线责任单位，限期消除事故隐患。各城市在普查的基础上，整合各行业和权属单位的管线信息数据，建立综合管理信息系统；各管线行业主管部门和权属单位建立完善专业管线信息系统。

（8）燃气泄漏有一个由小到大的发展过程，如果能够尽早发现管网泄漏点并进行处置，就可以避免恶性事故的发生。因此，泄漏检测是各个燃气企业安全运行的重要内容。对于政府或行业监管部门来说，如果能够掌握某个城镇燃气泄漏状况以及泄漏点分布，毫无疑问就能够全面评估该城镇燃气管网的整体安全状况，从而有利于指导和监督燃气企业及时处置安全隐患，预防燃气事故发生。

（9）当前，随着物联网、云计算、大数据、北斗定位以及各类专业检测新技术的发展，制作能够全面反映城镇燃气泄漏状况和泄漏点分布的城镇燃气泄漏云图在技术上已成为可能。因而可应用高新技术对燃气管网进行全面的泄漏检测，把检测结果上传到云端进行分析和计算，从而实现对城镇燃气管网的整体安全评估。

因不同的检测方法、不同的检测设备所检测的精度不同，结果判定差异很大。我国燃气泄漏检测相关设备标准缺失，影响管网泄漏检测评估工作。因此，燃气泄漏检测相关设备标准亟待制定。

7.1.2 调峰、应急、储备设施

燃气基础设施整体仍显薄弱，城镇燃气调峰、应急、储备能力不足。尽管全国性天然气输气干线管网初具雏形，但天然气主干管网系统尚不完善，部分地区尚未覆盖，区域性输配管网不发达。特别是储气能力建设严重滞后，目前储气库工作气量仅占消费量的1.7%，远低于世界12%的平均水平，天然气国家储备制度尚未建立。另一方面，由于城镇燃气用气不均衡的特点及冬季供暖用气量的大幅攀升，城镇燃气峰谷差问题突出，加之调峰、应急储气设施建设滞后，调峰能力不足，造成城镇燃气行业冬季供应紧张的局面。

天然气调峰是通过多种方式相互支撑、共同完成的。世界各天然气消费国，在推广使用天然气的初期，就根据本国的具体情况，建设调峰系统。我国现有的调峰系统，仅是为了满足管道安全运行而设计的，远不能满足市场调峰的需要。

世界各国天然气调峰方式多种多样，一是气田生产调峰，安排部分气田作为调峰气田，用气低谷时降低产量，甚至停产备用，高峰时则根据需要多采气，发挥调峰作用；二是管道调峰，大型输气管道本身就有一定储存能力，调整管道工作压力，可以小范围调节供气量；三是储气库调峰，这是调峰的主力，我国地质情况相对复杂，要研究我国储气库建设的资源条件和建库方法，利用废弃的油气田，加快储气库建设；四是LNG调峰，与管道气配套建设LNG接收站，提高区域调峰能力；五是用户调峰，对用气大户进行双能源设计，可以适时转换使用能源，起到调剂作用；六是用气单位建罐（库）调峰，小量储备解决应急之需。这六种调峰方式之外，要根据资源条件创新调峰方式。但无论哪种方式，都无法孤立地解决调峰问题，调峰不是单靠一个部门、一个地区"大干快上"能做到的，必须政府、企业、社会共同努力，统筹规划，分步实施，由点到面，由局部到全局，从小时调峰起步，逐步解决日调、周调、月调，乃至季度调峰的问题。

2017年冬天的全国范围气荒，给各地政府储气设施、调峰储备能力敲响了警钟。我国天然气储备气源、应急调峰能力与现有的用气规模相差甚远。

中国储气库建设滞后，造成调峰储备能力严重不足，形成夏季限产、冬季限供的尖锐矛盾，也直接影响天然气的安全稳定供应。

当前燃气应急、调峰设备标准缺失，制约了行业发展。相关标准的出台迫在眉睫。

7.1.3 城镇智能管网网络建设

我国智能管网网络建设尚处萌芽阶段，需要设备制造商、电信公司、互联网公司等多方合作，需要攻克智能感知、智能控制和网络通信方面的多项技术难题，需要解决智能网络的标准制定问题，并整合应用数据挖掘和云计算技术，以开拓增值服务业务。燃气企业应主动参与并积极推动该项工作的开展。

当前以物联网、互联网、云计算为基础的互联网技术正在燃气输配领域广泛应用，住建部于2016年发布了《城镇燃气自动化系统技术规范》CJJ/T 259—2016，但有关的支撑配套标准尚不完备，有待补充。

7.1.4 天然气的多能互补集成优化

多能互补集成优化是能源领域的新经济增长点，目前行业仍属"蓝海"，具有广阔的发展前景。我国能源消费增速放缓，煤炭、电炼油等行业均出现一定程度产能过剩，新能源发展受消纳问题制约，能源行业单一品种"大干快上"的时代基本告终，未来重心从"做大"转向"做优"，多能互补集成优化是其重要环节。

多能互补集成优化工程一方面可以减少能源转换和输送环节，提高能源效率，降低用能成本，改善用户体验；另一方面还有利于带动有效投资，培育新业态，促进经济稳定增长。现阶段多数企业仍处于摸索阶段，行业仍是"蓝海"，因此多能互补集成优化必将成为用户、投资方和地方政府未来共同的选择。

解决环保困境的方式中，煤改气是其中重要部分；在加强能源综合利用方面，天然气的多能互补集成优化是其重要环节。所以，天然气行业未来在中国拥有着"远大前程"。

7.1.5 氢能源系统设备

氢能作为一种清洁、高效、安全的能源，被视为 21 世纪最具发展潜力的清洁能源，也被视为解决温室效应问题、提高能源利用率的有效替代二次能源。

作为绿色、高效的二次能源，氢能具有以下特点：

（1）来源广泛，既可以借助传统化石能源如煤炭、石油、天然气等低碳化技术制取，也可以通过风、光等可再生能源制备，是实现化石能源清洁化利用和清洁能源发展的利器；

（2）燃烧热值高，氢燃烧的单位质量热值高居各种燃料之冠，为液化石油气的 2.5 倍，汽油的 3 倍；

（3）利用形式多，既可以通过燃烧产生热能，在热力发动机中产生机械功，又可以作为能源材料用于燃料电池直接产生电能，为燃料电池车、分布式发电设施提供动力，或转换成固态氢用作结构材料；

（4）可储能，实现持续供应、远距离输送、快速补充，多种能源都可以转化为氢气，以压缩气态储氢、液化储氢、金属氢化物储氢、碳质吸附储氢的方式储存起来，实现大规模稳定存储能源，缓解弃风弃光弃水等问题。

世界范围内，随着氢能应用技术发展逐渐成熟，以及全球应对气候变化压力的持续增大，氢能产业的发展在世界各国备受关注，氢能及燃料电池技术作为促进经济社会实现低碳环保发展的重要创新技术，已经在全球范围内达成了共识，多国政府都已出台氢能及燃料电池发展战略路线图，美国、日本、德国等发达国家更是将氢能规划上升到国家能源战略高度。氢能开发与利用已成为发达国家能源体系中的重要组成部分。

目前世界上最经济的氢气是通过天然气水蒸气重整反应来生产，氢能及燃料电池的发展给城镇燃气开辟了新的市场，城镇燃气运营商将在未来的氢能及燃料电池发展中起着不可或缺的作用，也需要面对其迅速发展所带来的机遇和挑战。

城镇燃气作为燃料电池的燃料有两种方式：直接用燃气（天然气、液化石油气、人工煤气）作为燃料电池的燃料；用燃气（主要是天然气）通过水蒸气重整反应或者其他方式，将燃气转化为高纯度氢气后作为燃料电池的燃料。

以氢气作为交通用燃料会极大地降低汽车尾气污染。无论是燃料电池汽车，还是氢发动机汽车，都需要加氢站提供燃料。目前德国、美国等都有加氢站在运行。燃料电池汽车大规模进入市场，需要有完备的氢气供应网络。

目前制约燃料电池汽车发展的一个重要因素是氢气基础设施的缺乏。在燃料电池汽车发展的初级阶段，集中生产氢气再输配到各个加氢站是不现实的。利用现有的城镇燃气输配系统，在各加氢站用燃气水蒸气重整，现场生产氢气已被证明是在氢燃料汽车发展初期为其提供燃料的唯一有效途径。

作为城镇燃气输配系统的拥有者，燃气企业开展加氢站业务具有得天独厚的优势，也有利于扩大经营规模，增加赢利空间。燃料电池发电预计会在未来 10 年内迅速进入市场，其应用包括移动式、备用及应急电源等。目前在移动式电源市场中占据主导地位的还是柴油发电机，但燃料电池发电具有其优点，即高效、可靠、低噪声以及低污染。

可靠的备用电源在一些工业区和居民区非常重要，医院、机场、计算机服务器等需要可靠的备用电源，以保证在没有电网电力供应的时候也能连续工作。如在美国加州地区，如果发生重大的电网电力供应中断，其备用电源可以维持空调的继续运行。

许多欧美公司在研发集成式燃料电池系统用于民用发电。这些民用的天然气水蒸气重整反应器与燃料电池集成在一起，将使分布式发电成为可能，并且与大型集中发电抢占市场份额。夏季是城镇燃气用气低谷，而用电是高峰期。在夏季用燃气通过燃料电池发电可以缓解城镇燃气使用的季节不均匀性，同时缓解城市电力供应紧张局面。利用燃料电池冷热电联产技术可以实现热水、电力及冷量联供。

日本的东京煤气公司、大阪煤气公司在这方面的研发都很深入。

天然气公司的长输管线 SCADA 系统需要可靠的电源供应，而长输管线需要穿越人烟稀少电网覆盖不到的地方。利用长输管线自身输送的天然气转换为氢气，再用燃料电池发电，作为 SCADA 系统 RTU 单元的电源供应是一个非常明智的选择。

国家发展改革委和国家能源局联合发布的《能源技术革命创新行动计划（2016—2030年）》明确提出，把可再生能源制氢、氢能与燃料电池技术创新作为重点任务；把氢的制取、储运及加氢站等方面的研发与攻关、燃料电池分布式发电等作为氢能与燃料电池技术创新的战略方向；把大规模制氢技术、分布式制氢技术、氢气储运技术、氢能燃料电池技术等列为创新行动。

2017 年 5 月，科技部和交通运输部出台的《"十三五"交通领域科技创新专项规划》明确提出，推进氢气储运技术发展、加氢站建设和燃料电池汽车规模示范，形成较完整的加氢设施配套技术与标准体系。

随着科学技术的进步和氢能系统技术的全面进展，氢能将很有可能在社会生活中被广泛应用，如：

（1）家用燃料

1）建立居家小型电站，取消远距离高压输电，通过管道网送氢气至千家万户；

2）家庭有能源供应和回收的完善循环系统。

（2）城镇社区

1）布局氢能制取、加氢站点；

2）氢能运输工具或专用管道；

3）城镇社区有能源供应和回收的完善循环系统。

因而，氢能源相关设备，如家庭用微型热电联产设备等相关标准在未来有可能需要研编。

7.1.6 生物天然气相关设备

沼气是一种清洁、可再生能源，其成分以甲烷、二氧化碳为主，并含有少量的氧气、氢气、氮气、硫化氢等，其中 CH_4 含量为 $50\%\sim70\%$，CO_2 的含量为 $30\%\sim40\%$。与其他可燃气体相比，沼气具有抗爆性良好和燃烧产物清洁等特点。目前，沼气主要应用在发电、供热和炊事方面，沼气中的 CO_2 降低了沼气的能量密度和热值，限制了沼气的利用范围，要去除沼气中的 CO_2，H_2S 和水蒸气等，将沼气提纯为生物天然气（BNG），生物天然气可压缩用于车用燃料（CNG）、热电联产（CHP）、并入天然气管网、燃料电池以及化工原料等领域，汽车使用生物天然气不仅可以降低尾气排放造成的空气污染，而且温室气体的净排放量减少 $75\%\sim200\%$，生物天然气可混入现有的天然气管网，降低对石化能源的依赖性。

沼气提纯生物天然气技术在德国、瑞典等国家取得显著进展，据国际能源署统计，截至 2014 年，沼气提纯厂的总处理规模超过 20 亿 $m^3\cdot a^{-1}$。瑞典计划到 2060 年用生物天然气完全取代化石天然气，成为世界上第一个完全使用可再生能源的国家。

中国的沼气利用起步较早，在小型沼气技术方面走在了世界前列，但是在大型沼气工程及沼气提纯技术方面与发达国家还有差距，国内沼气的用途以炊事为主，利用价值较低。目前我国沼气产量达 160 亿 m^3 左右，如经提纯可取代全国天然气消费量 13% 左右。2010 年，邓舟等人以某生物质垃圾厌氧消化沼气为研究对象，根据工艺过程中能量转化碳排放量为标准，对 4 种主要沼气利用方式——直接燃烧、制热供暖、发电和提纯压缩天然气的碳足迹进行对比，发现采用沼气提纯工艺不仅能极大地降低碳排放量对温室效应的影响，还能通过能量的回收替代传统能源，具有理想的碳减排效益。我国《可再生能源中长期发展规划》将沼气作为重点发展领域，预计到 2020 年，沼气利用量将达到 440 亿 m^3。在此过程中，沼气产业将逐步实现规模化、产业化、市场化、用途高值化，沼气提纯技术是沼气产业化发展的关键技术之一。

根据国家能源发展规划，2020 年非化石能源占比提高到 15%，因地制宜发展生物质能、地热能等。在具备资源条件的地方，鼓励发展县域生物质热电联产、生物质成型燃料锅炉及生物天然气。鼓励符合产品质量标准的生物天然气进入天然气管网和车用燃气等领域。

十一五、十二五期间，科技部对生物质燃气产业技术的研发和转化应用进行了重点支持，推动了一批技术工艺先进、处理规模超过发达国家的生活源、工业源和城市生物质废物燃气化处理设施，初步形成具有相当规模，涵盖环境、化工、生物、材料、能源等领域的生物质燃气战略产业链，然而，由于生物质废物产生于市政、轻工、农业等各领域，较为分散；另一方面，国家层面关于生物天然气产业的稳定高效的优惠政策严重滞后，导致行业发展受阻。

为实现生物质燃气产业的良性、可持续发展，目前亟待推动有利于市场化经营的产品及技术相关标准、体制和商业发展模式建设，构建城乡生物能源与循环经济产业链。为工程设计、商业应用提供技术规范，为沼气提纯的民用、车用天然气等市场化应用提供依据。因而生物天然气提纯相关燃气环保设备标准急需制定。

7.1.7　页岩气相关设备

页岩气是指赋存于富有机质泥页岩及其夹层中，以吸附和游离状态为主要存在方式的非常规天然气。在新的能源格局中，以页岩油气为代表的非常规能源近年来异军突起，成为新增化石能源供给的主力。截至 2018 年 4 月，我国累计页岩气探明地质储量已经超过万亿 m^3。另据英国石油（BP）公司最新发布的《2018 世界能源展望》，到 2040 年，中国将成为仅次于美国的第二大页岩气生产国。

2017 年的冬季，我国多地天然气供给纷纷告急，"气荒"从北方迅速蔓延到了南方，随后是气价的大幅上涨。我国能源结构不断优化调整，天然气等清洁能源需求持续加大，为页岩气大规模开发提供了宝贵的战略机遇。

页岩气勘探开发将在未来 3 年内进入快速发展阶段，其储量、产量也随之实现新的跨越。我国已在四川盆地探明涪陵、威远、长宁、威荣 4 个整装页岩气田，产能超过 130 亿 m^3。公开资料显示，2017 年我国勘查新增探明地质储量超过千亿立方米的页岩气田有 2 个，分别是四川盆地涪陵页岩气田和威远页岩气田。自此，我国逐步成为与美国、加拿大鼎足而立的页岩气勘探开发大国，迈入世界前三。

另一方面，中国的页岩气资源储量丰富，未来将成为常规天然气的重要补充。十三五规划将页岩气开采目标进一步提升，在政策支持到位和市场开拓顺利情况下，2020 年力争实现页岩气产量 300 亿 m^3。

因而页岩气开发后续相关设备急需研发，有关标准需要制定。

7.2　燃气供应系统主要新产品及装备

我国燃气技术水平和国外发达国家相比仍有不小差距，主要表现在：燃气的开采和利用还处于较低的水平，对煤层气和页岩气的利用远远不够；燃气输配设备、计量设备和安全设备生产工艺差，技术精度不高，自动化程度不够；燃气应用技术上存在瓶颈，节能产品研发和推广力度不够；新能源利用上存在差距，分布式能源和燃料电池还处于起步阶段。此外深层、深水及火山岩等新领域天然气地质理论、认识滞后于勘探开发实践需要。复杂气藏勘探开发核心技术缺乏，深水油气开发技术与装备落后，规模效益开发页岩气、煤层气的关键技术体系尚未形成。技术与装备水平的落后在很大程度上导致了天然气开发成本居高不下。燃气轮机、LNG 运输、大型 LNG 船用发动机等重大装备国产化水平低，直接导致了天然气利用效率低，抬高了用气成本。

7.2.1　天然气调峰和应急相关装备

（1）地下储气库装置

地下储气库因其储气规模大、单位投资成本与调峰成本低、调峰能力强、供气稳定等优点，成为国际上有气田、管网架设良好的国家的通用储气调峰方式，但针对我国当下调峰缺口大、调峰需求急迫的现状，投建地下储气库并不是最优选项。从空间上看，为了及时响应调峰、应急供给需求，地下储气库的选址必须同时满足枯竭油气田、盐穴、多孔含水层的地质要求与接近重点用气地区的市场要求。利用枯竭油气田建立地下储气库是最简便可行、投资量最小、建设周期最短的建库方式。

用孔性含水岩层储气时，岩层内的水被注入气体挤向四周，气体被上、下不渗透地层和四周的水所圈闭，形成储气条件。用盐穴储气时，由地面向盐岩层钻凿井眼，往井眼内注入淡水，待盐岩溶解后从井眼中取出盐水，随盐岩溶解、井眼逐渐扩大，形成适合储气的溶造盐穴。与其他储气方式相比，地下储气库具有储量大、储气成本低等特点。早在1915年，加拿大已建成世界上第一座地下储气库。1975年大庆油田建成中国第一座地下储气库。至1998年世界上已有地下储气库596座，总储气容积达5755亿 m³。单个地下储气库的储气能力可达几亿至几十亿 m³。储气库除用于供气调峰外，还用于管道在发生事故时的应急供气及平抑气价。

以枯竭油气田地下储气库为例，地下储气库一般由三部分组成，即注气系统、采气系统和注采井。注气系统包含天然气进气管道、过滤分离器、天然气压缩机组、注气汇管等；采气系统主要包含采气油嘴、生产分离器、注醇雾化器、预冷器、换热器、J-T 阀、低温分离器、外输阀组和乙二醇再生装置等；注采井是气库注气、采气的桥梁，包括采气树、井下安全阀等。

目前，地下储气库的总体设计应符合《地下储气库设计规范》SY/T 6848—2012 的规定，尚无其他相关标准支撑和配套，急需制定相关标准规范行业，保障安全。

(2) LNG 调峰系统设备

尽管 LNG 储气设施建于地表，但由于 1/600 的液气体积比，设施占地面积较小，同时安全性能良好，在接近用气中心的市镇区亦可投建；随着 LNG 储罐建设技术与设备材料的研发升级，近年来 LNG 储罐建设成本大幅下降，已逐步接近地下储气库单位成本，城燃企业可根据自身供应需求灵活选择罐型，此外建设周期也大幅缩减，万方级别的储罐从订单合同签订到建成交货仅需 1 年左右时间，可快速响应不同地域的储气需求。LNG 来源丰富，城燃企业既可自行液化淡季剩余天然气进行储存，亦可通过从天然气液化厂外购获得，还能利用进口渠道从海外购买，供应源多量稳。另一方面，由于我国幅员辽阔，天然气管网架设并不完善，部分已完成"煤改气"燃料系统替换任务的乡镇地区缺少可靠的输气管道，在此类用气地区更应该发挥 LNG 储运灵活的特性，结合撬装技术建立点供系统，可以扩大供应面，更好覆盖各用气地区。与此同时，由于我国 LNG 接收站多建于东部沿海地区，与我国用气负荷区空间匹配度高，可通过加装气化装备迅速调用 LNG 接收站库容参与调峰，短期内便可加大 LNG 调峰气供应量，防止严峻的"气荒"问题再度出现。

LNG 储气设施相关产品主要为 LNG 储罐。从长远角度看，由于天然气用气波动性将进一步加大，城燃企业、大用户出于经济性考虑亦有可能扩建现有储气设施，提高储气能力以应对 LNG 市场价格波动，也将会进一步增加 LNG 储气市场需求。

1) LNG 储罐

对于 LNG 接收站，LNG 储罐按对气、液的包容性可分为单容罐、双容罐、全容罐和薄膜罐；根据储罐的放置方式，又可分为地上储罐和地下储罐。地下储罐多采用薄膜罐，而地上储罐多采用单容罐、双容罐和全容罐。

① 单容罐

单容罐是 LNG 储罐较初使用的形式，在大型 LNG 储罐建设的早期，单容罐占据了非常重要的地位，其分为单壁罐和双壁罐。出于安全和绝热考虑，单壁罐仅应用于液化天然气初期发展阶段，目前已很少在 LNG 产业中使用。双壁罐的外壁是用普通碳钢制成，不能承受低温 LNG 和低温气体。

易泄漏是单容罐的一个较大的风险和隐患，因此单容罐安全防护距离较大，对安全检测和操作的要求较高。单容罐设计压力较低，一般小于 14kPa，较大操作压力约为 12kPa。由于操作压力低，卸船过程中产生的 BOG 不能利用储罐与船上储罐的压差返回到 LNG 船上储罐中，需增加一台返回气压缩机，增大了 LNG 接收站的造价和运行费用。单容罐造价较低，但罐间安全距离较大，并需设置围堰，也增大了接收站占地面积及造价。

② 双容罐

双容罐的内罐和外罐均能单独包容 LNG，一旦内罐泄漏，液体会外泄，而液体将由外罐包容不会泄漏，安全性较单容罐高。吊顶上、下的气相空间通过吊顶上的孔洞相连接。

与单容罐相比，双容罐的主要优势在于一定程度上提高了泄漏时的安全性；罐与罐、罐与其他建（构）筑物或设备之间的安全距离小于单容罐。但双容罐较单容罐造价高、施工周期长。双容罐的设计压力与单容罐相近，也需要设置返回气风机。双容罐目前在国外应用较多。

③ 全容罐

全容罐由外罐和内罐组成。内罐采用 9％Ni 钢，而罐顶和外罐有钢结构和预应力混凝土结构两种类型（对应双金属全容罐和预应力混凝土全容罐）。内罐用于储存 LNG，外罐可作为 BOG 的主容器，当内罐泄漏时，外罐可储存全部的泄漏液体，并保持结构上的气密性，避免 LNG 及 BOG 泄漏至周围环境中，其安全防护距离较小。

双金属全容罐操作压力低，一般为 12kPa～15kPa；预应力混凝土全容罐设计压力为 29kPa，其允许的较大操作压力为 25kPa，设计温度为 −165℃。由于预应力混凝土全容罐操作压力较高，在卸船时可利用全容罐与 LNG 船上储罐的压差，使卸船过程中产生的 BOG 返回到 LNG 船上储罐中，不需要返回气风机。因此，相比预应力混凝土全容罐，双金属全容罐应用较少。目前已投产的较大容积的地上式全容罐 LNG 有效储存容积达 $20 \times 10^4 \mathrm{m}^3$，LNG 有效储存容积为 $27 \times 10^4 \mathrm{m}^3$ 的全容罐正在韩国建设。

④ 薄膜罐

薄膜罐由一个薄的钢质主容器（即薄膜，材质为 36Ni 钢或不锈钢）、绝热层和一个预应力混凝土罐组成，作用在薄膜上的全部静压荷载及其他荷载均通过绝热层传递至预应力混凝土罐上，蒸发气储存在储罐顶部。

目前，LNG 储罐无产品标准，通常其设计、施工和验收均参照《固定式压力容器安全技术监察规程》TSG 21—2016、《压力容器》GB/T 150.1～150.4-2011、《固定式真空绝热深冷压力容器》GB/T 18442.1～18442.5-2011 和《真空绝热深冷设备性能试验方法第 5 部分：静态蒸发率测量》GB/T 18443.5—2010 等通用标准。

2）LNG 离心增压泵

LNG 离心增压泵又名低温潜液泵，是一种在低温环境下使用的高速离心式液体泵，它的叶轮工作在液面以下。当电机带动叶轮旋转时，叶轮对低温介质作功，介质从叶轮中获得了压力能和速度能。当介质流经导流器时，部分速度能将转变为静压力能。介质自叶轮抛出时，叶轮中心成为低压区，与吸入液面的压力形成压力差，于是液体不断地被吸入，并以一定的压力排出。该泵在工作过程中介质零泄漏。低温潜液泵加压到高压管网压力，气化后直接补充高压管道用气。由于液态加压比气态容易且节省大量能耗，所以LNG一般采用潜液泵液态加压而不是气化后再加压工艺。

LNG离心增压泵通常采用泵撬方式集成安装，撬内安装离心泵及离心泵配套的低温阀门、压力变送器、安全阀及放散阀、压力表、温度传感器、防爆接线箱、离心泵真空绝热泵池、接口连接软管、过滤器、现场防爆操作柱等。

LNG离心增压泵实现了液相增压再气化后进高压管网，相比较气化后压缩机增压进高压管网，效率高且更为节能。

目前，LNG离心增压泵无产品标准，通常其设计和制造参照《石油、重化学和天然气工业用离心泵》API 610和《石油、重化学和天然气工业用无密封离心泵》API 685等标准。

3）车载式应急气源设备

车载移动式CNG/LNG设备除了常规固定式CNG/LNG站具备的卸气、过滤、换热、调压、计量、加臭等功能以外，还具备以下特点：

① 机动灵活，可快速投入使用

采用撬装技术，可以使整套装置的底盘依附于牵引车头而自由移动，机动性很强。设备到达现场以后可以通过快速连接（管道连接采用铠装软管＋快装接头的形式），少量的供电（尽可能少使用用电的部件，减少对电源的依赖；调压器、切断阀、安全阀等设备均选择燃气自力式），使车载移动式CNG/LNG站在最短的时间内安装完成，投入使用。

② 安全环保、噪声低

车载移动式CNG/LNG站考虑整套设备的安全性，在减压装置的一级调压器前、二级调压器本体上均装有紧急切断阀，紧急切断阀直接从下游取压，提供动作信号，防止使用压力传感器可能导致的误差累计；采用与电磁阀不同的密封原理，真正做到零流量时完全零泄漏，避免了高压天然气进入燃气管网，以此提高供气的安全性。

天然气的调压过程也不会产生过大噪声，即使是在居民区和商业区，其安全性、环保性都符合国家现行有关标准，不会影响到周围的生产、生活。

气源必须方便获得和便于储存，目前国内可选择的气源主要有压缩天然气（CNG）和液化天然气（LNG）两种，相比较而言，目前很多城市本身或周边城市均已建有CNG加气母站，因此选择CNG作为气源的方案易于实施。

以CNG/LNG作为移动气源的供气方案可解决以下几方面问题：

① 对支状供应管道（不成环）、小区管道用户和重要工业用户，在供气管道事故（检修）工况下的应急供气；

② 对供气不均匀系数较大的城市，可作为城市管道天然气的调峰，供气末端用户季节性的小时调峰，对民用燃气系统的用气量进行调节。

但是目前，该系统产品尚无相关标准，急需制定相关标准规范行业，保障安全。

7.2.2　管网安全相关设备

随着我国城镇燃气突飞猛进的发展，管网压力级制越来越高，里程越来越大，系统越来越复杂。未来城镇燃气管网的安全性尤其重要，关系千家万户的生命财产安全。

燃气管网的切断、放散、过流、超压、泄漏、防雷、接地等相关安全设备标准急需研制，保障燃气供应系统的安全。

燃气是易燃、易爆气体，安全管理技术至关重要。作为城市生命线工程的城市供气系统，安全管理贯穿了施工、验收、运行、维护等各个环节。燃气安全技术的发展主要体现在安全供配气技术、应用于不同条件的燃气检漏技术和防灾系统和抢修技术等方面。

安全供配气技术方面，超压/欠压紧急切断和安全放散等本质安全装置已成熟并有相关标准，但缺少具有监控和安全系统的高性能、大流量调压装置以及对燃气设备监测的安全预警系统，急需研究并制定相关标准。

7.2.3　天然气计量相关设备

当前，国际天然气交易主要以热值为计量单位，更能体现不同天然气品质差别。而国内天然气贸易通常是按照体积计量，进口天然气也是按照热值进行结算。随着我国天然气资源多元化发展，不同气源，特别是进口 LNG 因组分差异导致的品质差异很大，计量单位的不统一不仅影响中国天然气市场国际化进程，也不利于油气管道基础设施第三方准入的实施。

目前我国推行天然气能量计量的基础条件已基本具备。为了使我国天然气计量方式与国际惯例接轨，我国对天然气以能量计量的研究已经有十余年，早在 2003 年，全国天然气标准化技术委员会就成立了天然气能量的测定标准技术工作组，并于 2009 年发布实施了首个国家标准《天然气能量的测定》GB/T 22723—2008。首个天然气联网混输的国家指导性标准《进入长输管网天然气互换性一般要求》GB/Z 33440—2016 也于 2017 年 7 月起实施。我国在天然气组分分析测量、天然气热值计量的方法上已经有了完善的标准，测量的技术和设备也均已成熟，且已国产化。天然气热值计量在实践中也已经有所应用。目前大规模改革天然气的计量计价方法正当时。

天然气热值计量相关产品主要为质量流量计、气相色谱仪等。

7.2.4　管网智能化相关设备

（1）信息化的集成共享是提高管控效率的重要手段

引进 SAP 系统等，通过业务流程优化，调整机构和公司治理模式；在生产系统开发和应用方面率先使用云技术，提高数据处理能力和处理速度；以战略绩效为主线，实现各类业务数据实时在线集成，管理层能随时获取各业务数据及相应的分析报告，实现了绩效会议实时在线召开，信息化高效的决策支持作用得以充分发挥。

以好用、适用和实用为目标，实现公司两级跨时间、跨区域、跨部门的集团协同办公，信息化系统之间使各业务打破了物理边界，用户通过一个统一访问入口就能开展工作，办事效率极高。

（2）NBIoT 无线远传膜式燃气表

燃气表通过累加器采集流量数据、温度传感器采集温度数据（可选），传入 MCU 主控单元进行计量计费和数据存储，并通过 NBIoT 信道定时将燃气表读数上传至抄表平台；有用户交互功能时，可以在燃气表控制器显示单元上显示相关信息；有电机阀门时，抄表平台通过 NBIoT 信道，将指令发送给 MCU 主控单元，使其控制阀门驱动电路对阀门进行开关控制。

控制模块示意图见图 7-1。

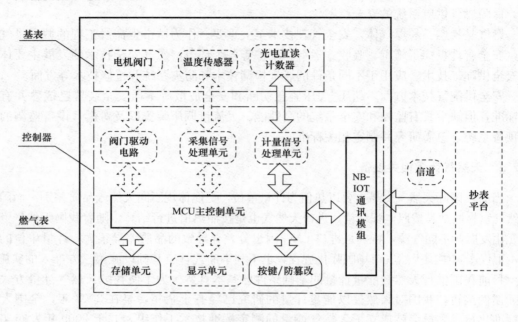

图 7-1　无线远传抄表控制模块示意图

NBIoT 无线通信技术具有广覆盖、信号强、大连接和低功耗等特点，相比 GPRS 具有如下优势：增加了 3 倍的覆盖距离、多穿透了 1 堵墙、同时 50000 台海量连接和锂电池 10 年运行免维护，解决燃气运营企业上门抄表难、抄表一次成功率低和电池寿命短等问题。

NBIoT 无线远传膜式燃气表为新技术产品，目前无产品标准，设计和制造等参照《无线远传膜式燃气表》CJ/T 503—2016、《住宅远传抄表系统应用技术规程》CECS 303—2011 和《膜式燃气表》GB/T 6968—2019 等。实际使用中，各燃气公司均结合自身要求建设抄表系统、通信协议及安全等级，故急需制定 NBIoT 无线远传膜式燃气表相关标准，规范行业。

（3）燃气管道自动清洁系统

随着我国城镇燃气突飞猛进的发展，管网压力级制越来越高，里程越来越大，系统越来越复杂，燃气的清洁度对下游设备至关重要。未来城镇燃气管网的清洁也是一个难题，长输管道从气源到输送均有严格的脱水、除尘、过滤等设施，且能有效控制燃气中的污染物。但是城镇燃气管道系统尤其庞大，且经常有施工维修、运行抢险等进行。势必会引入泥土、焊渣等杂物，危及下游设备安全。

燃气管道自动清洁系统的检测流程为：采用软体泡沫清管→采用硬质清管装置测量较大的变形→采用测径清管装置测量一般变形→采用磁力清管装置吸附铁磁性杂质→采用漏

磁检测系统精准测量和定位几何变形（位置、变形量）。其中，漏磁检测系统由漏磁检测器、变形检测器、地面通信定位装置、数据分析软件、惯导单元等组成，但该系统目前基本完全依赖进口，因而，为保障燃气供应系统的安全，急需研制燃气管网的自动清洁系统相关安全设备。

（4）多能互补集成优化相关设备

在多能互补集成优化综合能源供应系统中，将涉及储能、地热能利用、P2G、ICT 等多个领域的技术。其中 P2G（Power to Gas）技术作为核心之一，是指将电力转化为燃料气体的技术，主要包括电转氢和电转甲烷两种技术。电转氢技术主要通过电解水生成氢气和氧气。电转甲烷则在电转氢的基础上，附加甲烷化过程，即在加温加压环境下，氢气进一步与二氧化碳反应，产生水和甲烷。

P2G 设备利用富余的风电、光电转化为天然气的优势，除了可带来直接的售能收益外，同时还可为系统提供备用、碳捕获等辅助服务，从而带来辅助服务收益。因此，在可再生能源大规模接入的电-气互联系统中，P2G 设备将成为提高可再生能源消纳、促进多能互补、提供辅助服务的重要手段。但同时，建造技术及投资成本仍是 P2G 设备规模化的重要阻碍。电-气互联系统示意图见图 7-2。

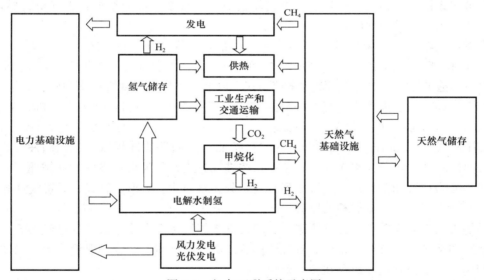

图 7-2　电-气互联系统示意图

7.2.5　燃气绿色发展应用相关设备

（1）天然气分布式能源站

2017 年初，国家能源局发布《关于加快推进天然气利用的意见》（征求意见稿），《意见》提出逐渐将天然气培育为我国现代能源体系的主体能源，并大力发展天然气分布式能源。2017 年将是天然气分布式能源快速发展的元年，十三五期间，天然气分布式能源项目将会成为重要投资热点，也将成为天然气下游领域新兴需求的增长点。

天然气分布式能源项目与传统集中式供能相比，能效高、清洁环保、安全性好、削峰填谷、经济效益好。项目通过冷、热、电三联供等方式实现能源的梯级利用，综合能源利用效率在 70％以上，因为项目单体容量小，更适合工业园区等集中用能地区，在负荷中心就近实现能源供应，节约了输送成本。通过典型项目测算，预计税后利润 IRR 在 13％以上，现金流 IRR 18％以上。

根据中国城市燃气协会数据，目前，我国天然气分布式能源项目（单机规模小于 50MW，总装机容量在 200MW 以下）已建成的有 127 个，总装机容量达到 147 万 kW，另有 69 个项目在建，装机容量 160 万 kW，正在筹建的有 90 个，预计装机容量 800 万 kW，仅考虑在建及筹建项目，天然气分布式能源装机可达 1100 万 kW。按照 2011 年国家发展改革委牵头发布的《关于发展天然气分布式能源的指导意见》，至 2020 年，装机规模将力争达到 5000 万 kW。保守预计至 2020 年，天然气分布式能源装机达到 1500 万 kW，在气源充足且运行状况良好的情况下，2020 年分布式项目天然气消费量将会达到 200 亿 m^3。

CCHP 系统主要包括原动机系统、发电机组、余热利用系统和控制系统。原动机为 CCHP 系统的核心设备，主要用于将天然气的化学能转化为机械功，可以是燃气轮机、微型燃气轮机、发动机，也可以是燃料电池、Stirling 发动机等。

燃气轮机是一种以空气及燃气（或燃油）为工质的旋转式热力发动机，将燃料在高温燃烧释放出来的热量转化为机械功，燃气轮机驱动系统由三部分组成：压气机、燃烧室、燃气轮机（透平或动力涡轮）。

微型燃气轮机（简称微燃机）的发电量一般在 300kW 以下，以天然气、煤制气、甲烷、LPG、汽油、柴油等为燃料，与大型燃气轮机不同的是，微燃机为了降低燃烧室温度而使用常规材质的透平材料，过剩空气系数常控制在 7 以上，燃烧室温度维持在 900℃左右。

燃气发动机属于内燃机，有多种分类方式。按照所使用燃料，分为汽油机、柴油机、煤油机、燃气发动机和多燃料发动机等；按照点火方式，分为点燃式（Spark-ignition，SI）和压燃式（Compression-ignition，CI）；按照一个循环的冲程数，分为四冲程、二冲程；按照冷却方式，分为水冷式、风冷式；按进气方式，分为自然吸气式和增压式；按气缸数目，分为单缸和多缸；按气缸排列方式，分为直列式、V 形、卧式、对置气缸等。

（2）减少温室气体排放相关设备

燃烧天然气同样要产生二氧化碳，美国、日本等发达国家使用天然气已经实现"密闭性燃烧"和零排放，有利于减少温室气体排放。而我国目前碳回收问题没有完全解决，在清洁利用技术上与发达国家存在较大差距。

碳交易是为促进全球温室气体减排，减少全球二氧化碳排放所采用的市场机制。联合国政府间气候变化专门委员会通过艰难谈判，于 1992 年 5 月 9 日通过《联合国气候变化框架公约》。1997 年 12 月于日本京都通过了《公约》的第一个附加协议，即《京都议定书》（简称《议定书》）。《议定书》把市场机制作为解决二氧化碳为代表的温室气体减排问题的新路径，即把二氧化碳排放权作为一种商品，从而形成了二氧化碳排放权的交易，简称碳交易。

2011 年 10 月国家发展改革委印发《关于开展碳排放权交易试点工作的通知》，批准北京、上海、天津、重庆、湖北、广东和深圳等七省市开展碳交易试点工作。在国家发展改革委的指导和支持下，深圳积极推动碳交易相关研究和实践，努力探索建立适应中国国情且具有深圳特色的碳排放权交易机制，先后完成了制度设计、数据核查、配额分配、机构建设等工作。2013 年 6 月 18 日，深圳碳排放权交易市场在全国七家试点省市中率先启动交易。

7.3　燃气供应系统标准需求与展望

7.3.1　燃气供应系统标准化发展新机遇

党中央、国务院、住房城乡建设部高度重视标准化工作，2015 年 3 月 26 日，国务院印发了《关于深化标准化工作改革方案的通知》（国发〔2015〕13 号），针对标准缺失老化滞后、交叉重复矛盾、体系不够合理、协调推进机制不完善等突出问题，部署标准体系和标准化管理体制改革，改进标准制定工作机制，强化标准的实施与监督，更好发挥标准化在推进国家治理体系和治理能力现代化中的基础性、战略性作用，促进经济持续健康发展和社会全面进步。

住房城乡建设部 2016 年 8 月 9 日印发了《深化工程建设标准化工作改革意见的通知》（建标〔2016〕166 号），部署了建设领域标准化改革。我国工程建设标准经过 60 余年发展，已形成标准体系，在保障工程质量安全、促进产业转型升级等方面发挥了重要作用。但仍存在着标准供给不足、缺失滞后等问题，需要加大标准供给侧改革，建立新型标准体系。

2016 年起，住房城乡建设部燃气标准化技术委员会在住房城乡建设部、国家标准化管理委员会的统一部署下开展了我国燃气领域的强制性标准整合精简、推荐性标准复审和标准体系梳理工作，为燃气标准的体系完善做了积极努力，明确了我国燃气行业标准化工作方向。

当今，新材料、新技术、物联网、云计算、大数据及互联网技术发展迅猛，更由于中国目前实施标准化体制改革、实施"中国制造"、"走出去"战略、全面与国际标准接轨等大政方针指导下，我国燃气行业标准化工作迎来了新的机遇和挑战：

（1）我国燃气供应系统越来越大，压力级制越来越高，其安全性关乎整个输配系统安全；

（2）行业发展过于迅速，企业生存压力很大，面临着技术与成本的考量；

（3）国家新型城镇化基础设施建设、煤改燃、蓝天工程，助推燃气行业发展；

（4）我国城镇化发展太快，燃气基础设施步伐滞后，加之我国幅员辽阔，地区间经济发展、生活水平、生活习惯差异较大，地区间燃气供应系统发展差距较大；燃气标准如何适应复杂的国情，产品标准如何与工程标准配套协调、发挥更好的支撑作用，成为新时期标准化工作领域的重点问题；

（5）在"一带一路"、"中国标准走出去"、"中国制造 2025"等国家政策引导下，国外工程项目带动促进工程标准输出，为更好地发挥辅助和支撑作用，产品标准不仅需要与国际技术接轨，还要考虑外文版的编制。

7.3.2　燃气供应系统标准化发展新需求

行业要发展，标准必先行。产品标准是行业发展的重要技术基础，也是产品质量检验的重要依据，产品标准的更新与提高促进了产品的升级，进而提高了产品质量水平与行业质量。

当今科学技术发展日新月异，新技术、新材料、新应用层出不穷。我国标准化工作者应当与时俱进、开拓创新，着眼于行业发展，制定缺失的有关法律法规、标准，完善输配产品标准体系，指导生产，适应国内需求并与国际接轨，提高我国燃气技术水平，促进行业发展。

（1）加强有关技术法规制定

加快推动城市地下管线管理条例立法工作。加强法规标准建设，完善城市基础设施技术标准，提高安全和应急设施的标准要求，增强抵御事故风险、保障安全运行的能力。加快燃气输配设备安全基本技术要求全文强制技术规范制定，保障产品质量安全。

（2）完善燃气标准体系

为完善、健全标准体系，在如下关键领域、新兴领域、行业急需领域应增加标准供给，给予技术支持：

1）气化设备（LPG、LNG）；

2）混气设备；

3）燃气管网安全相关设备，如燃气泄漏检测设备、燃气设备安全监测预警系统；

4）应急、调峰、储存设施，如燃气应急、调峰设备、地下储气库等；

5）管网智能化相关设备，如 NBIoT 无线远传膜式燃气表、燃气智能化设备等；

6）天然气计量相关设备，如燃气计量装置；

7）天然气的多能互补集成优化相关设备；

8）燃气绿色发展应用相关设备；

9）氢能源系统相关设备；

10）生物天然气相关设备，如生物天然气提纯设备；

11）页岩气天然气相关设备；

12）相关设备外文标准的制定。

（3）加强燃气标准实施监管

燃气供应系统产品标准与工程应用的衔接，需要加强标准的实施监管，加强城镇燃气安全管理。开展执法检查，严格执行有关标准，压实燃气经营企业安全主体责任，落实燃气主管部门监管责任，守住安全底线。

7.3.3 城镇燃气供应系统标准化建设规划

根据行业需求，住房城乡建设部广泛征集各有关单位及燃气标委会的建议，制定了我国城镇燃气供应系统标准规划，在关键领域、行业急需领域，以及新兴、未来发展前景广阔的领域给予技术支持，引领行业发展，规划项目见表7-1。

我国城镇燃气供应系统标准远期规划 表 7-1

序号	标准名称	标准级别	标准状态	备注
1	煤层气	待定	待编	
2	页岩气	待定	待编	
3	燃气供应测量站	待定	待编	

续表

序号	标准名称	标准级别	标准状态	备注
4	城镇燃气管道运营规范	待定	待编	
5	燃气器具橡胶材料规范	待定	待编	
6	LPG 气化器	待定	待编	
7	燃气混气设备	待定	待编	
8	燃气管道泄漏检测设备	待定	待编	
9	燃气设备安全监测预警系统	待定	待编	
10	燃气应急、调峰设备	待定	待编	
11	燃气地下储气库	待定	待编	
12	LNG 低温潜液泵	待定	待编	
13	NBIoT 无线远传膜式燃气表	待定	待编	
14	氢能源系统设备	待定	待编	
15	天然气的多能互补集成优化相关设备	待定	待编	
16	燃气绿色发展应用相关设备	待定	待编	
17	生物天然气提纯设备	待定	待编	
18	页岩气天然气相关设备	待定	待编	
19	相关外文标准的制订[①]	待定	待编	

注：①支撑"一带一路"、"中国标准走出去"等国家战略计划。

197